应用型本科机电类专业“十二五”规划精品教材

机床电气与 PLC 应用

主　编　郑钧宜　黄　媛　刘艳丽
副主编　姜存学　刘　辉　秦　伟　林明玉

华中科技大学出版社
中国·武汉

内容提要

本书内容充实，体例新颖，图文并茂，易于学习。全书共分六章，内容包括机床驱动电动机基础、机床常用低压电器、机床电气控制电路的基本环节、可编程控制器（PLC）、典型机床电气控制电路及电路设计基础、典型机床 PLC 控制系统设计。

各章设有内容提要、教学导航、本章小结、思考复习题；结构合理，重点突出，实用性强，深入浅出地阐述机床电气控制与 PLC 应用，使学生能很快地掌握机床电气控制系统的分析和设计的基本能力。

本书可作为高等院校机械设计制造及其自动化、机械电子工程、电气工程及其自动化等专业的教材，也可供其他相关人员参考。

图书在版编目（CIP）数据

机床电气与 PLC 应用/郑钧宜，黄媛，刘艳丽主编. —武汉：华中科技大学出版社，2014.10（2024.7重印）
ISBN 978-7-5680-0469-5

Ⅰ.①机… Ⅱ.①郑… ②黄… ③刘… Ⅲ.①机床-电气控制-高等学校-教材 ②plc 技术-高等学校-教材 Ⅳ.①TG502.35 ②TM571.61

中国版本图书馆 CIP 数据核字（2014）第 244031 号

机床电气与 PLC 应用　　　　郑钧宜　黄　媛　刘艳丽　主编

策划编辑：袁　冲
责任编辑：胡凤娇
封面设计：李　嫚
责任校对：马燕红
责任监印：张正林
出版发行：华中科技大学出版社（中国·武汉）　　电话：（027）81321913
武汉市东湖新技术开发区华工科技园　　邮编：430223
录　　排：华中科技大学惠友文印中心
印　　刷：广东虎彩云印刷有限公司
开　　本：787mm×1092mm　1/16
印　　张：15.5
字　　数：382 千字
版　　次：2024 年 7 月第 1 版第 7 次印刷
定　　价：39.00 元

前言

机床电气控制是机床必不可少的重要组成部分，随着机床自动化程度的不断提高，单纯的继电器-接触式控制系统已不能满足工业生产自动化要求，兼备计算机控制和继电器控制两个方面优点的可编程控制器，已被普遍应用于工业控制。

全书共分六章，包括机床驱动电动机基础、机床常用低压电器、机床电气控制电路的基本环节、可编程控制器(PLC)、典型机床电气控制电路及电路设计基础、典型机床 PLC 控制系统设计。书后附录列出了常用机床电气元件的图形与文字符号，便于学生学习时查找。

本书以培养学生的基本技能为目标，采用通俗易记的图形符号，对机床电气控制电路的工作原理进行描述，使学生不仅能快速掌握机床控制电路的工作过程，而且能充分了解电路中电气元件的状态变化及其变化原因，牢固掌握电气控制电路的基本内容。全书以机床电气控制电路的基本环节为主线，对复杂控制电路的讲解采用先“化整为零”，再“聚零为整”的方式；书中不仅介绍了机床继电器-接触式控制系统，而且还介绍了机床电气控制系统的 PLC 应用。电气元件的技术数据采用图表形式给出，图文并茂，激发学生的学习兴趣。各章均设有内容提要和教学导航，并由此给出本章的知识要点和技术要点；各章末尾处均设有本章小结，对本章的基本概念和基本内容进行高度概括和总结。思考复习题采用多样化形式，以此考查学生对基本内容和重要概念掌握的准确度以及对基本技能掌握的熟练程度。

本书是集体智慧的结晶。由郑钧宜、黄媛和刘艳丽主编，参加编写的还有：湖北工业大学商贸学院的刘辉、林明玉老师；大连工业大学秦伟老师；江汉大学文理学院的姜存学老师。

在本书编写过程中，编者参考了大量的国内外相关资料，由于篇幅有限，未能一一列举，在此向相关学者一并表示衷心感谢。由于编者的编写水平有限，书中的错误在所难免，恳请广大读者批评指正。

录

第1章 机床驱动电动机基础

【内容提要】

内容提要	知识要点	(1)直流电动机的工作原理、结构特点、图形及文字符号； (2)交流电动机的工作原理、结构特点、图形及文字符号； (3)直流电动机的机械特性、电气控制； (4)交流电动机的机械特性、电气控制。
	技术要点	(1)直流电动机的调速方法及机械特性； (2)交流电动机的调速方法及机械特性。

【教学导航】

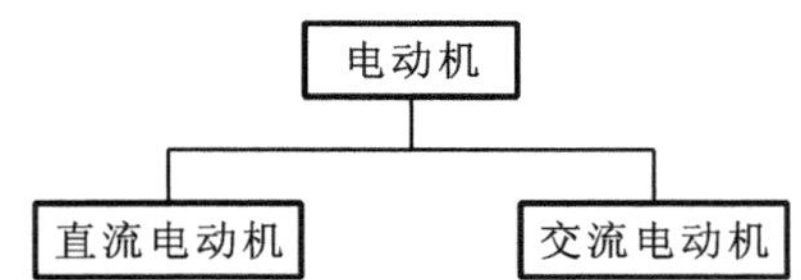

机床电气控制主要是对机床驱动电动机的控制，驱动电动机包括普通电动机和控制电动机，控制方法有继电器-接触器控制、PLC控制及计算机数字控制等。普通机床的驱动电动机为普通电动机。普通电动机有直流电动机和交流电动机两大类，控制方法大多采用继电器-接触器控制。随着计算机数字技术、PLC技术及变频技术的发展，新的控制方法在机床上的应用也日益广泛，采用PLC代替继电器-接触器控制的设备，能简化电路、降低故障率且便于维护。机床电气控制的主要对象是电动机，因此，要学好机床电气及PLC应用的前提是先了解和掌握机床驱动电动机及其拖动的基本知识。

1.1 直流电动机基础

直流电动机具有启动转矩大、便于大范围平滑调速及转速稳定等优点，但需要换向装置，同时又有结构较复杂、价格昂贵、维护维修较困难等缺点。

到目前为止，虽然交流电动机的调速问题已得到解决，但对调速要求较高的生产机械，

仍然采用直流电动机来驱动。

1.1.1 直流电动机的基本结构及工作原理

1. 直流电动机的基本结构

直流电动机由定子(静止部分)和转子(转动部分)两大部分组成。其基本的工作原理是建立在电磁感应和电磁力的基础上的,因此,这两大部分包括了基于其工作原理的主磁极、电枢、电刷装置及换向器等主要部件。主磁极、电刷装置在定子部分,电枢、换向器在转子部分。转子和定子两部分由空气隙分开。

图 1-1 所示为典型直流电动机的基本结构图,各主要部件分别介绍如下。

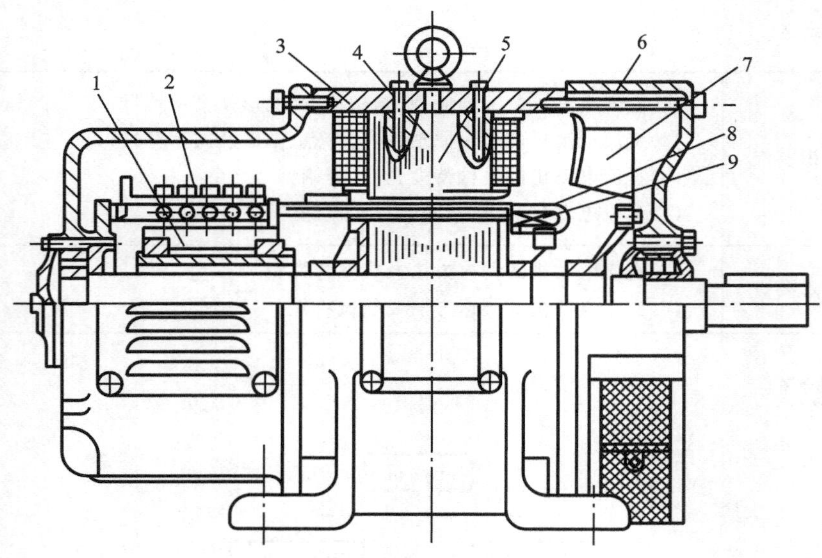

图 1-1 典型直流电动机的基本结构图

1、5—换向器;2—电刷装置;3—机座;4—主磁极;6—端盖;7—风扇;8—电枢绕组;9—电枢铁芯

1)主磁极

主磁极由铁芯和套在铁芯上的励磁绕组组成。其主要作用是产生主磁场。为了减小励磁涡流,铁芯通常用低碳钢片冲压叠成,铁芯的上部称为极身,下面扩大部称为极靴,极靴的作用是使通过空气隙中的磁通分布更为均衡。

2)电枢

电枢包括电枢铁芯、电枢绕组、换向器及转轴。

为了减小电动机磁通变化产生的涡流损耗,电枢铁芯通常采用硅钢片冲压叠成,并在铁芯槽内嵌入电枢绕组。因此,电枢铁芯的作用有两个:一是作为磁路的一部分;二是将电枢绕组安放在铁芯槽内。

电枢绕组由许多形状相同的线圈按一定的排列规律连接而成。每个线圈都有两个边分别嵌在电枢铁芯槽里,这两个边称为有效边,其作用是产生感应电动势和电磁转矩。

3)电刷装置及换向器

电刷装置包括电刷及电刷座。电刷与换向器保持滑动接触,其作用有两个:一是使转子

绕组与电动机外部电路接通；二是与换向器配合，完成直流电动机外部直流电与内部交流电的互换。换向器中有多个换向片，换向片与换向片之间由云母板隔离绝缘。换向器与电刷装置配合，在直流电动机中能将电枢绕组中的交流电动势或交流电流变成电刷两端的直流电动势或直流电流，是直流电动机的关键部件。

2. 直流电动机的工作原理

直流电动机是将直流电能转换成机械能的电气装置，其工作时，首先要在励磁绕组上通入直流励磁电流，产生恒定磁场，再通过电刷装置和换向器向电枢绕组通入直流电流，使电枢绕组有效边流过电流后，在磁场中产生电磁力（电磁转矩），从而驱动电动机转动。

直流电动机的工作原理模型图如图 1-2 所示。

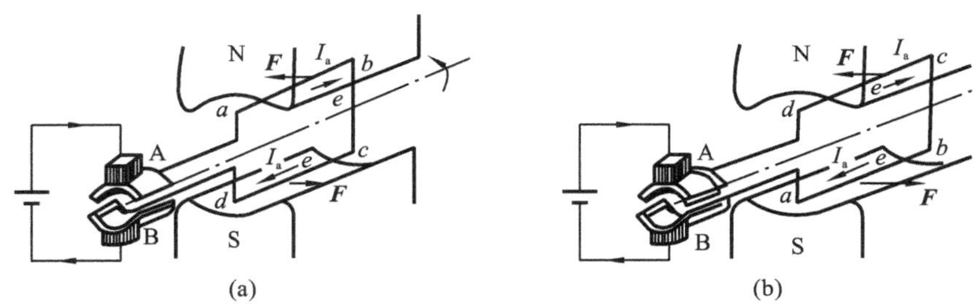

图 1-2　直流电动机的工作原理模型图

图 1-2 中，N、S 为定子中的一对主磁极，$abcd$ 是安放在电枢铁芯上的一个线圈，线圈的首端、末端 a、d 连接到相互绝缘并可随线圈一同旋转的两个换向片上。直流电动机的外加电压通过电刷 A、B 及换向器中的换向片加到线圈上，从而在线圈的有效边上产生电磁力，形成电磁转矩。电磁转矩的方向为逆时针，使直流电动机保持逆时针旋转。当线圈转过 180°，如图 1-2(b)所示，在电刷及换向片的共同作用下，线圈中的电流方向改变，电磁转矩方向仍为逆时针，使直流电动机一直保持逆时针方向旋转。通过换向器，电刷 A 始终和 N 极下的导线相连，电刷 B 始终和 S 极下的导线相连，使得在 N 极与 S 极下的导线电流方向始终保持不变，所以，直流电动机的电磁转矩和旋转方向始终保持不变。

1.1.2　直流电动机的机械特性

直流电动机的机械特性是指直流电动机在电枢电压、励磁电流及电枢回路电阻均为常数的条件下，即电动机处于稳态运行时，电动机的转速与电磁转矩之间的关系

$$n = f(T)$$

直流电动机的机械特性一般表达式如下：

$$n = \frac{U}{C_e\Phi} - \frac{R}{C_eC_T\Phi^2}T = n_0 - \beta T = n_0 - \Delta n \tag{1-1}$$

式中：n——直流电动机的转速；

C_e——直流电动机的电动势常数；

Φ——直流电动机的主磁通；

C_T——直流电动机的转矩常数；

R——电枢回路电阻；

T——直流电动机的电磁转矩。

直流电动机的机械特性具有如下特点。

(1)$T=0$ 时，$n_0=\dfrac{U}{C_e\Phi}$，称为理想空载转速，实际上，直流电动机总存在空载制动转矩，使直流电动机靠本身的作用不可能上升到 n_0，这就是“理想”的含义。

(2)直流电动机的机械特性曲线为一条下降的直线，如图 1-3 所示，即当直流电动机的转矩增加时，直流电动机的转速比空载转速有所下降，$\Delta n=\dfrac{R}{C_eC_T\Phi^2}T$，称为转速降落值。

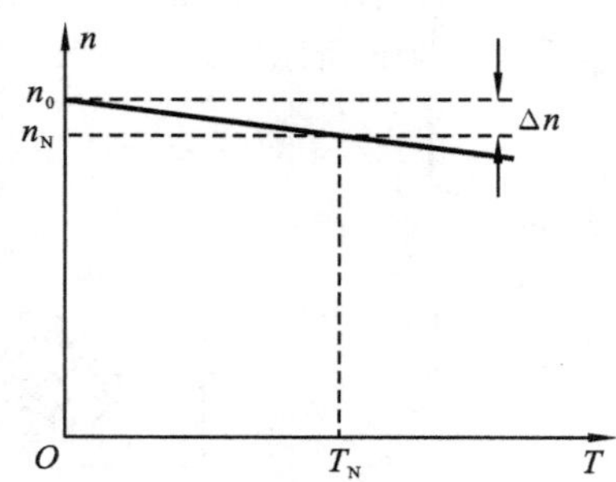

图 1-3 直流电动机的机械特性曲线图

(3)$T=T_N$ 时，$n=n_N$，为电动机额定工作点，其中 T_N 为额定转矩，n_N 为额定转速。

(4)$U=U_N$，$\Phi=\Phi_N$，$R=R_a$ 时的机械特性称为固有机械特性，直流电动机的固有机械特性曲线较硬，即直流电动机所带负载变化大时，其转速变化较小，运行的稳定性较好。

(5)$n=0$，即当直流电动机启动或堵转时，启动转矩 T_{st} 和启动电流 I_{st} 都比额定值大很多，会损坏直流电动机的换向器。

(6)改变直流电动机的电枢电压、磁通和电枢电阻得到的机械特性称为人为机械特性。通过改变电枢电压、磁通、电枢电阻而改变直流电动机的机械特性时，也可改变直流电动机的转速。

1.1.3 直流电动机的启动

直流电动机的启动电流和启动转矩都很大，易损坏换向器。直流电动机启动时要将电流限制在允许值之内，其常用的启动方法有电枢串入电阻启动和降压启动。

1. 电枢串入电阻启动

为了限制直流电动机的启动电流，直流电动机常采用电枢回路串入多级电阻逐级切除启动电阻的方法进行启动。图 1-4 所示是采用直流电动机串入三级电阻逐级切除启动电阻的电路原理图及其机械特性曲线图。

直流电动机开始启动时，接触器的控制触点 S 闭合，而控制触点 S_1、S_2、S_3 断开，电枢电路中接入全部电阻，阻值为 $R_a+r_{st1}+r_{st2}+r_{st3}$，启动电流 I_1 和启动转矩 T_1 均达到最大值(通常为额定值的两倍左右)，此时的机械特性曲线为图 1-4(b)中的人为机械特性曲线 1。启动后，直流电动机加速，电动势 E_a 逐渐增大，电枢电流和电磁转矩逐渐减小，工作点沿人为机械特性曲线 1 箭头方向移动。当直流电动机转速上升到 n_1，电流降至 I_2，转矩降至 T_2(见

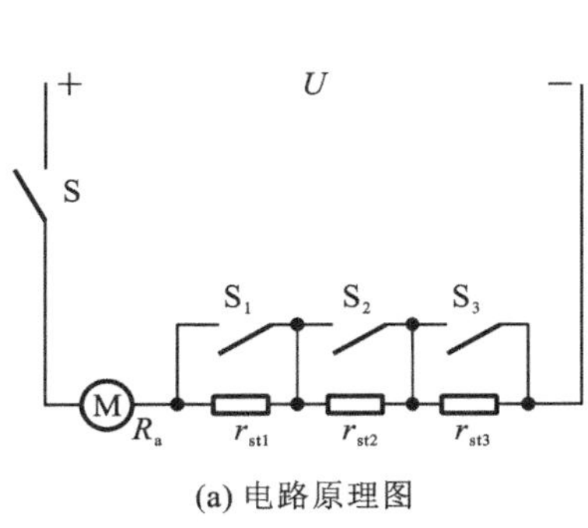

(a) 电路原理图

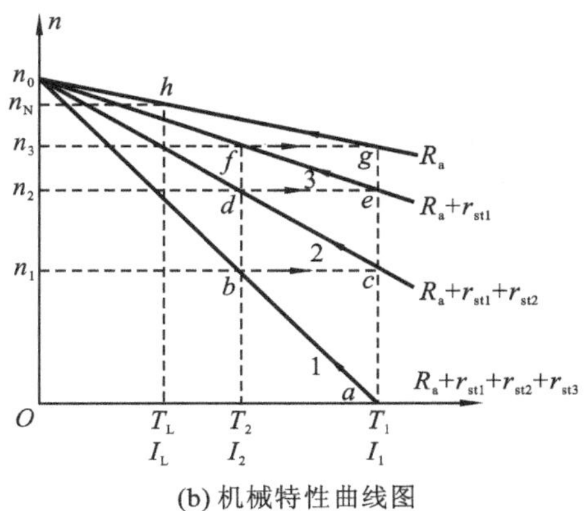

(b) 机械特性曲线图

图 1-4　直流电动机串入三级电阻启动电路原理图及其机械特性曲线图

图 1-4 中点 b)时，控制触点 S_3 闭合，短接(切除)一级电阻 r_{st3}，电枢电路中的电阻值减小为 $R_a+r_{st1}+r_{st2}$，对应的人为机械特性曲线为图 1-4(b)中的人为机械特性曲线 2。切除电阻瞬间，由于机械惯性转速不能突变，但电枢电路电流增大、转矩增大，直流电动机的工作点由点 b 沿水平方向跃变到人为机械特性曲线 2 上的点 c。如果各级启动电阻选择适当，可保证点 c 的电流为 I_1，转矩为 T_1，切除一级启动电阻后，直流电动机又在最大转矩 T_1 的作用下加速，工作点沿人为机械特性曲线 2 箭头方向移动。当电流再次降至 I_2，转矩降至 T_2(见图 1-4中点 d)时，直流电动机转速上升至 n_2，此时控制触点 S_2 闭合，短接(切除)二级电阻 r_{st2}，电枢电路中的电阻值减小为 R_a+r_{st1}，对应的人为机械特性曲线为图 1-4(b)中的人为机械特性曲线 3，工作点由点 d 平移到人为机械特性曲线 3 上的点 e，点 e 的电流及转矩仍为最大值，直流电动机继续加速，工作点在人为机械特性曲线 3 上移动。当电流再次降至 I_2，转矩降至 T_2，转速升至 n_3(见图 1-4 中点 f)时，短接(切除)最后一级电阻 r_{st1}，直流电动机将过渡到固有机械特性曲线上，在固有机械特性曲线上加速到点 h，直流电动机稳定运行，启动过程结束。

2. 降压启动

降压启动需要专用电源，使直流电动机在启动过程中，电枢电源可调。直流电动机启动时，给电枢输入较低的电源电压，限制启动电流，随着直流电动机转速升高，反电动势逐渐增大，再逐渐提高电源电压，使启动电流和启动转矩保持在一定的数值上，从而保证直流电动机按需要的加速度加速，又能限制启动电流。

降压启动的专用电源过去多采用直流发电机-电动机机组，现在多用晶闸管整流电源。降压启动设备投资较大，但启动平稳，启动中能量损耗小，应用较广泛。

1.1.4 直流电动机的制动

本节所介绍的直流电动机的制动是指电气制动。直流电动机电气制动的运行特点是：直流电动机的转矩 T 与转速 n 方向相反，此时直流电动机吸收的机械能转换为电能。

直流电动机常用的电气制动方法有能耗制动、反接制动和回馈制动。

1. 能耗制动

直流电动机的能耗制动是将运行中直流电动机的电枢端的直流电源断开，接入制动电阻。电源断开后，由于机械惯性，转子仍旋转，切割磁力线，根据左右手定则不难确定，这时转子感应电流与直流电动机磁场相互作用产生了制动转矩，使直流电动机迅速停转。在制动过程中，转子的机械能转换为电能，消耗在电枢电路的电阻上，即能耗制动。直流电动机能耗制动的电路原理图及其机械特性曲线图如图 1-5 所示。

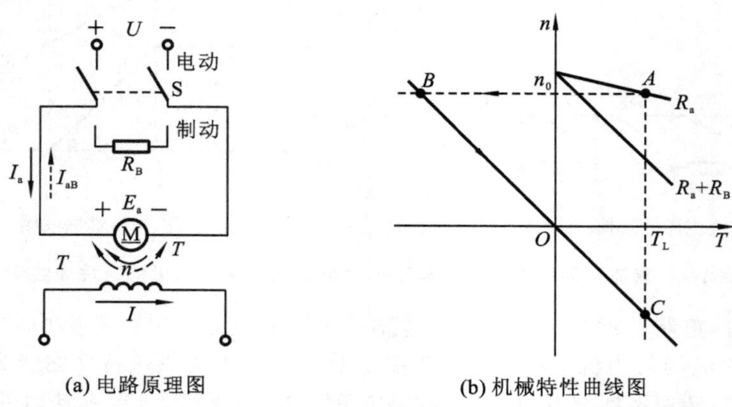

图 1-5　直流电动机能耗制动的电路原理图及其机械特性曲线图

能耗制动时的机械特性是在 $U=0,\Phi=\Phi_N,R=R_a+R_B$ 条件下的人为机械特性。其特点如下。

(1)人为机械特性曲线通过坐标原点，特性表达式为：$n=-\dfrac{R_a+R_B}{C_eC_T\Phi_N^2}T$ 。

(2)R_B 在制动过程中耗能，改变 R_B 的阻值可以改变制动效果；R_B 越小，制动转矩越大，制动效果越强。但 R_B 的最小值受制于电枢回路中允许的制动电流值，通常限制最大制动电流不超过 2～2.5 倍的额定电流。

(3)直流电动机带动负载为反抗性负载时，制动使直流电动机转速降为零，制动过程结束；负载为位能性负载时，制动使直流电动机转速降为零后，直流电动机进入反转，且反向转速逐渐升高，到达稳定运行点(见图 1-5(b)中的点 C)后，稳定而匀速运行。

2. 反接制动

反接制动分为电源反接制动和倒拉反接制动两种方式。

1)电源反接制动

将运行中的直流电动机电枢电源极性对调，由于机械惯性，直流电动机的转速方向不能立即改变，电动势的方向不变，而电流方向与电源反接前相反，根据左手定则，磁场与电流相互作用而产生的电磁转矩方向与转速方向相反，直流电动机进入电源反接制动状态。直流电动机电源反接制动的电路原理图及其机械特性曲线图如图 1-6 所示。

直流电动机电源反接制动时的机械特性曲线是在 $U=U_N,\Phi=\Phi_N,R=R_a+R_B$ 条件下的人为机械特性曲线。其特点如下。

(1)直流电动机电源反接制动时的机械特性表达式为 $n=-\dfrac{U_N}{C_e\Phi_N}-\dfrac{R_a+R_B}{C_eC_T\Phi_N^2}T$ ，转速为零时，转矩不为零，且人为机械特性曲线通过$(0,-n_0)$点。这表明：电源反接制动使电动机的转速降为零后，若不断开反接电源，电动机会进入反转状态。

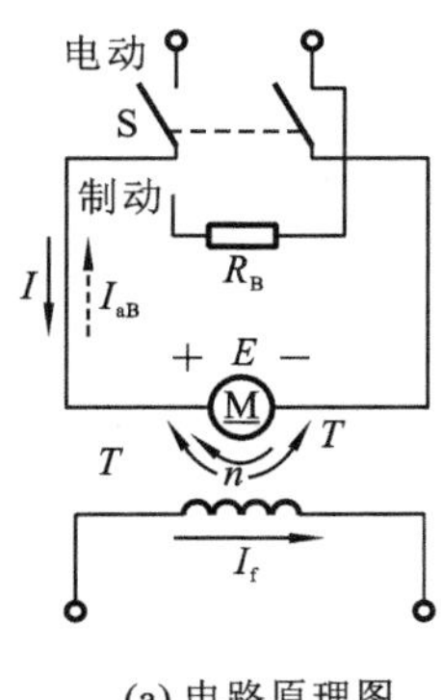

(a) 电路原理图

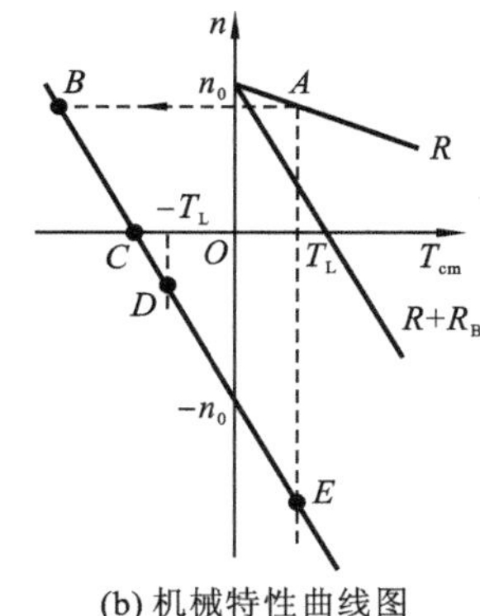

(b) 机械特性曲线图

图 1-6　直流电动机电源反接制动的电路原理图及其机械特性曲线图

(2)直流电动机电源反接制动时，电枢回路内电压 U 与电动势 E_a 串联，共同产生很大的反接电流，电枢回路串接电阻 R_B 起到限流作用。改变 R_B 的阻值可以改变制动效果：R_B 越小，制动转矩越大，制动效果越强；反之亦然。但 R_B 的最小值也受制于电枢回路中允许的制动电流值，通常限制最大制动电流不超过 2～2.5 倍的额定电流。

(3)若直流电动机带动负载为反抗性负载，制动使直流电动机转速降为零后反接制动过程结束，直流电动机进入反转状态，反向转速升高，到达稳定运行点(见图 1-6 中的点 D)后，稳定而匀速运行；负载为位能性负载时，制动使直流电动机转速降为零后，直流电动机进入反转状态，反向转速逐渐升高，且位能性负载使直流电动机的转速超过反向理想空载转速，直流电动机进入回馈制动状态，最后到达稳定运行点(见图 1-6 中的点 E)后，稳定而匀速运行。

2)倒拉反接制动

倒拉反接制动只适用于位能性恒转矩负载。

如果在带动位能性负载的直流电动机电枢回路中串入一个较大的电阻 R_B，将得到一条斜率较大的人为机械特性曲线。串入大电阻后，直流电动机正转减速，正转转速降为零后，位能性负载拉动直流电动机进入反转，由于励磁方向和电流方向未变，直流电动机的电磁转矩方向不变，进入反转后，直流电动机进入倒拉制动状态。直流电动机倒拉反接制动的电路原理图及其机械特性曲线图如图 1-7 所示。

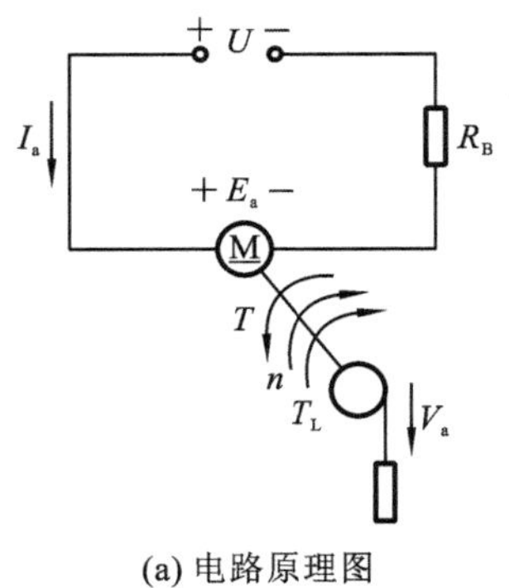

(a) 电路原理图

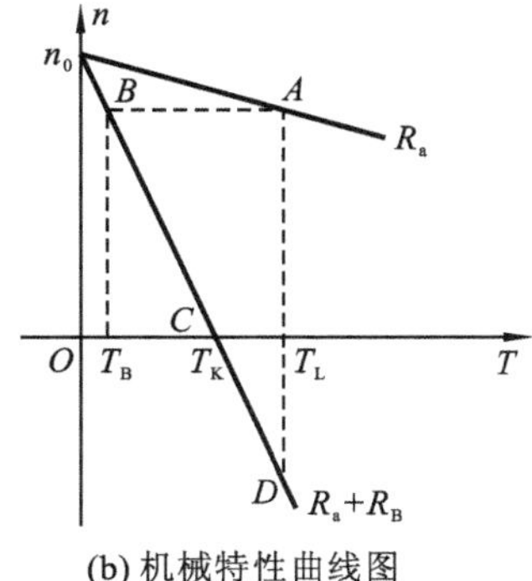

(b) 机械特性曲线图

图 1-7　直流电动机倒拉反接制动的电路原理图及其机械特性曲线图

3. 回馈制动

电动状态下运行的直流电动机，在某种条件下会出现运行转速 n 高于理想空载转速 n_0 的情况，此时 $E_a>U$，电枢电流反向，电磁转矩方向随之发生改变而与转速方向相反，直流电动机进入回馈制动状态。回馈制动时，直流电动机把机械能转换为电能 E_a 回馈给电网，直流电动机处于发电状态。

降压调速时产生的回馈制动特性曲线图及电车下坡时直流电动机的回馈制动特性曲线图如图 1-8 和图 1-9 所示。

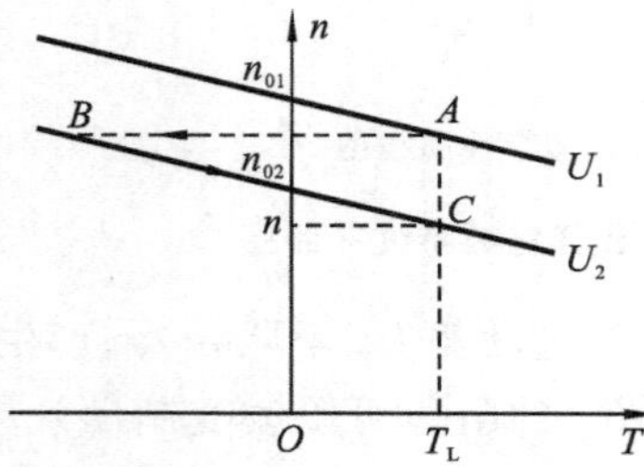

图 1-8　降压调速时产生的回馈制动特性曲线图

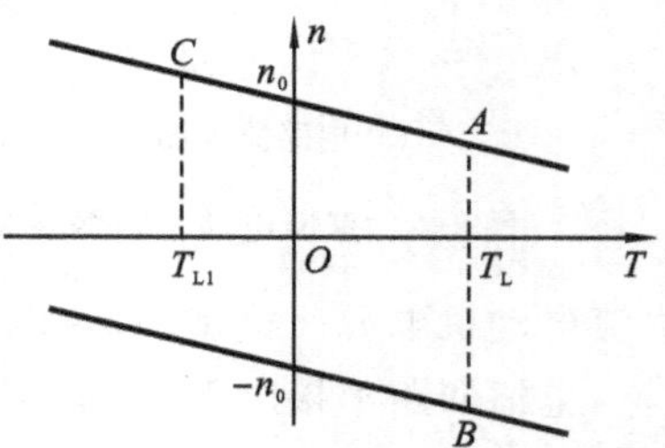

图 1-9　电车下坡时直流电动机的回馈制动特性曲线图

1.1.5　直流电动机的调速方法及特性

1. 直流电动机的调速性能指标

直流电动机的调速是根据生产工艺要求来改变直流电动机转速的。为了评价各种调速方法的性能，通过一些技术经济指标来对调速方法的优缺点进行评价。常用以下四个方面的指标评价调速性能。

1）调速范围

调速范围是指直流电动机在额定负载下可能运行的最高速度和最低速度之比，通常用 D 来表示，即

$$D = n_{\max}/n_{\min} \tag{1-2}$$

不同的生产机械对直流电动机的调速范围有不同的要求。要扩大调速范围，必须尽可能地提高直流电动机的最高转速和降低直流电动机的最低转速。直流电动机的最高转速与其机械强度、换向条件、电压等级等有关，而其最低转速则与低速运行时转速的相对稳定性有关。

2）静差率（速度的稳定性）

在评价直流电动机的调速方法时，必须考虑负载的变化对转速的影响，即速度的相对稳定性。速度的相对稳定性是指直流电动机所带负载变化时，转速变化的程度。直流电动机在某一机械特性上运行时，负载由理想空载增加到额定负载时，转速降落（理想空载转速 n_0 与额定负载转速 n_N 之差 Δn）与该机械特性的理想空载转速之比用静差率 δ 来表示。

$$\delta = \frac{n_0 - n_N}{n_0} \times 100\% = \frac{\Delta n}{n_0} \times 100\% \tag{1-3}$$

静差率越小，转速变化越小，直流电动机的相对稳定性也就越好。静差率越大，转速变

化越大，直流电动机的相对稳定性也就越差。如果负载变化时，直流电动机的转速也会有很大变化，往往不能满足生产工艺要求，因此静差率的要求常会限制直流电动机的调速范围，即系统可能达到的最低转速 n_{min} 取决于低速特性的静差率。调速范围和静差率这两项指标不能彼此孤立，必须同时一起使用才有意义。

静差率与直流电动机的机械特性曲线有关，直流电动机的机械特性越硬（特性曲线越平直），负载变化时的转速变化越小，静差率越小，调速稳定性就越好。反之，直流电动机的机械特性越软（特性曲线越陡峭），负载变化时的转速变化越大，静差率越大，调速稳定性就越差。

3）调速的平滑性

调速的平滑性用相邻两级转速的线速度之比来衡量，相邻两级转速的线速度之比称为平滑系数，用 φ 来表示。

$$\varphi=\frac{n_i}{n_{i-1}} \tag{1-4}$$

调速的级数越多，则认为调速越平滑，φ 等于 1，称为无级调速。调速不连续，级数有限时称为有级调速。

4）调速的经济性

调速的经济性主要用调速时的设备投资、电力消耗、维护即运行费用来评价。

2. 直流电动机的调速方法及特性

在负载转矩不变的情况下，改变电枢电压、磁通、电枢电阻可改变直流电动机的转速。直流电动机有三种基本的调速方法：调压调速法、调磁调速法和调阻调速法。

1）调节直流电动机的电枢电压 U（调压调速法）

当直流电动机拖动负载运行时，保持直流电动机的励磁磁通和电枢回路的电阻不变，调节直流电动机的电枢电压 U，直流电动机的转速可随之发生改变。降低电枢电压调速的机械特性曲线图如图 1-10 所示。

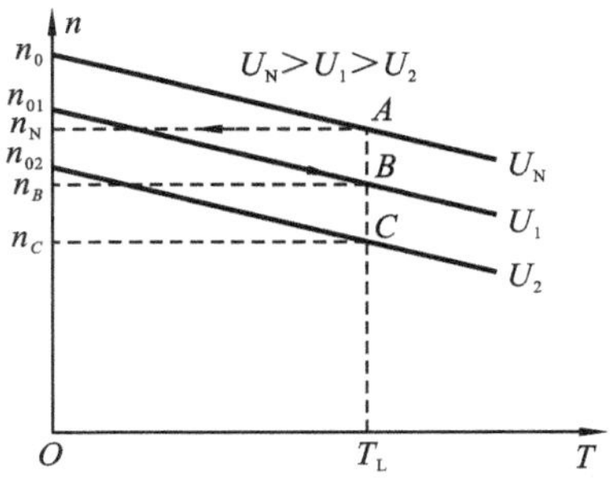

图 1-10　降低电枢电压调速的机械特性曲线图

这种调速方法具有以下特点：

（1）改变电枢电压 U 的人为机械特性，使其与固有机械特性平行，即机械特性硬度不变，调速的稳定度较高；

（2）当电枢电压连续变化时，可连续平滑调速，即可实现无级调速；

（3）调速运行范围较大，且无论轻载还是重载，调速范围相同，但电枢电压不能超过直流电动机的额定电压，即调节的电压均低于额定电压，调节的转速均低于额定转速；

(4)调速稳态后，保持电流不变，且磁通未变化，故电磁转矩不变，属恒转矩调速；

(5)调速时的电能损耗小，可利用调速的降压设备解决直流电动机启动问题，不需要其他设备。

由于这些特点，调压调速法在大型设备或精密设备上得到广泛的应用。直流电动机过去多采用直流发电机组、电机放大机组、整流器等来调节电压，目前较多采用可调直流电源、晶闸管整流装置和晶体管脉宽调制放大器等供电系统。

2)调节串入电枢回路的外加电阻 R_{ad}(调阻调速法)

当直流电动机拖动负载运行时，保持直流电动机的励磁磁通和电枢电压不变，调节电枢回路的电阻，直流电动机的转速可随之发生改变。如图 1-11 所示，在电枢回路中串入不同的外加电阻 R_1、R_2，控制 S_1、S_2 依次断开，依次将 R_1、R_2 接入电枢电路，从而使电枢电阻值依次变为 R_a+R_1、$R_a+R_1+R_2$，就可得到不同的转速 n_B、n_C。

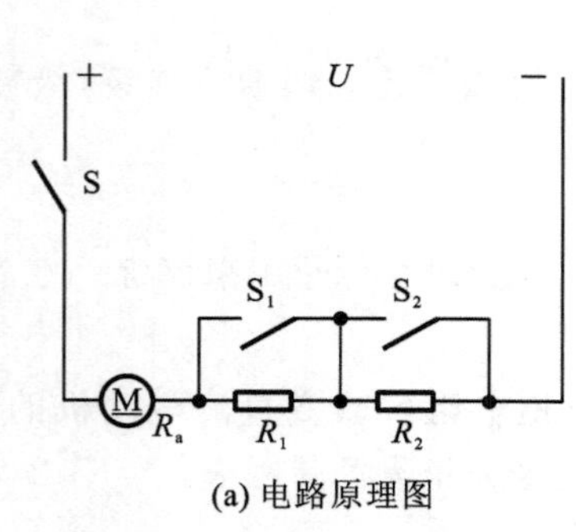

(a) 电路原理图

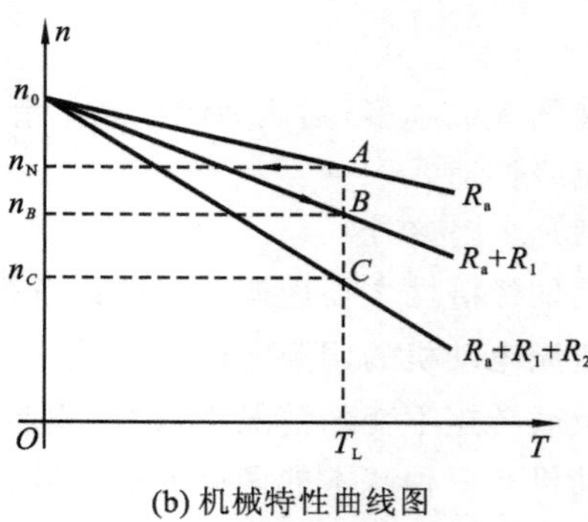

(b) 机械特性曲线图

图 1-11 电枢回路串入电阻调速的电路原理图及其机械特性曲线图

这种调速方法具有以下特点：

(1)外串电阻为 0 时，直流电动机运行于固有机械特性曲线的“基速”上，随着串入的外加电阻阻值的增大，转速减小，电枢回路串入电阻调速所得的转速永远不会超过“基速”；

(2)调阻调速所得的各条人为机械特性曲线均经过相同的理想空载点 n_0，阻值不同，机械特性曲线的斜率不同，阻值增加后机械特性曲线变软，外串电阻阻值越大，机械特性曲线越软，运行稳定性越差；

(3)调阻调速平滑性差，无级调速困难，一般只在需要降低转速且采用分级调速时使用；

(4)轻载时调速范围不大，重载时会发生“堵转”现象；

(5)调速电阻上消耗电能大，但调速设备相对简单。

由此，这种调速方法只是用于对调速性能要求不高的中小直流电动机，大容量直流电动机不宜采用。

3)调节直流电动机的主磁通 Φ(调磁调速法)

当直流电动机拖动负载运行时，保持直流电动机的电枢电压和电枢回路的电阻不变，调节励磁磁通，直流电动机的转速可随之发生改变。调节直流电动机的主磁通调速的机械特性曲线图如图 1-12 所示。

这种调速方法具有以下特点。

(1)由于直流电动机设计时一般总使磁通接近在饱和区域，不易再增加主磁通 Φ，所以

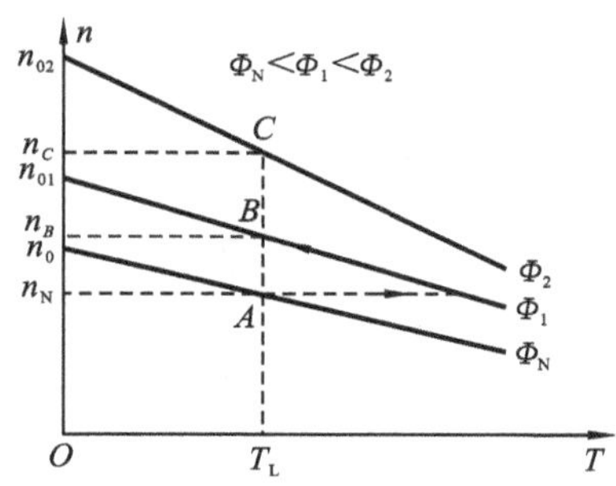

图 1-12　调节直流电动机的主磁通调速的机械特性曲线图

调磁调速一般只能进行弱磁调速，而弱磁调节后的转速将超过额定转速。

(2)由于直流电动机的最高转速不得超过额定转速的 1.2～1.5 倍，所以弱磁调速的调速范围不大。调磁调速通常与调压调速配合使用(n_N 以下用调压的方法，n_N 以上用调磁通的方法)，这样可得到很大的调速范围，且调速运行损耗小、效率高，并能获得较好的调速方式与负载的配合关系。

(3)能在 n_N 以上进行无级调速。

(4)调速时的人为机械特性变软，且受直流电动机换向条件的限制。

(5)调速时保持电枢电压 U 和电枢电流 I_a，即功率 $P=UI_a$ 不变，属恒功率调速。

(6)由于弱磁后转速增长较快，过分弱磁可能造成“飞车”事故，因此使用中必须有弱磁保护安全措施。

在直流电动机的调速方法中，调压调速的调速性能相对较好，目前对调速性能要求较高的电力拖动系统，大多以闭环控制的调压调速方法为主。

3. 调速方式与负载类型的配合

调速方式根据负载类型分为恒转矩调速和恒功率调速两种，而负载的类型较多，为了使直流电动机带动负载运行合理，应根据负载的性质，选用相应的调速方式，使直流电动机的机械特性与生产机械的负载特性尽量相配合。

1.2　异步电动机基础

交流电动机按品种可分为同步电动机和异步电动机两大类，本书只介绍异步电动机。

异步电动机具有结构简单、制造方便、价格低廉、坚固耐用、运行可靠等优点，在机床即设备拖动装置中应用广泛。

1.2.1　异步电动机的基本结构及工作原理

1. 异步电动机的基本结构

异步电动机由定子和转子两大部分构成。定子和转子之间有一定气隙。定子由定子铁芯、定子绕组和机座组成，是异步电动机中的静止不动部分。定子绕组和定子铁芯的主要作用是产生异步电动机工作所需的磁场及构成磁路。转子由转子铁芯、转子绕组和转轴组成，是异步电动机中的旋转部分。转子铁芯和转子绕组的作用是构成磁路，将电磁能转换为机械能从转轴输出。异步电动机的结构图如图 1-13 所示。

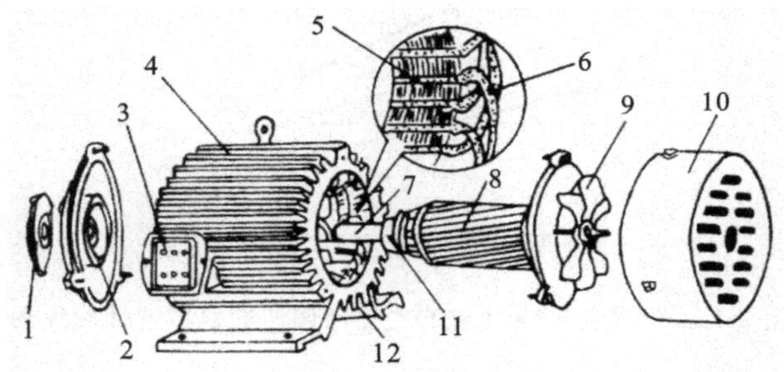

图 1-13　异步电动机的结构图

1—轴承盖；2—端盖；3—接线盒；4—散热筋；5—定子铁芯；6—定子绕组；
7—转轴；8—转子；9—风扇；10—罩壳；11—轴承；12—机座

异步电动机的转子绕组有笼式绕组和绕线式绕组两种类型。笼式绕组是在转子铁芯槽里插上铜条，在铜条两端各用两个端环把全部铜条连接起来，如图 1-14(a)所示，笼式绕组的结构形状像个笼子，因此称为笼式转子。对于中小型异步电动机，笼式转子一般用铸铝浇铸的方法，把转子导条、端环、风扇叶片一次铸成，如图 1-14(c)所示。

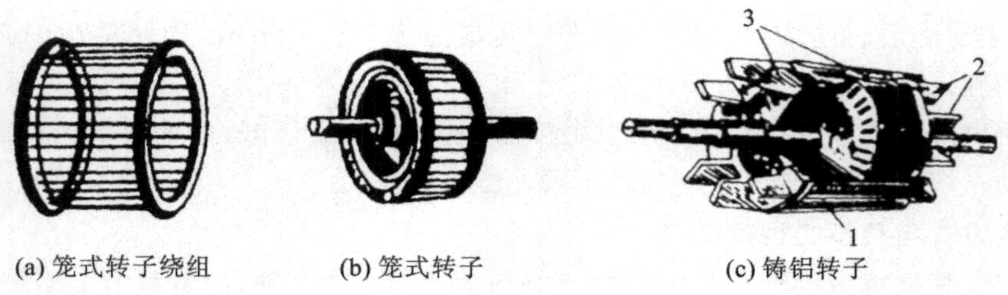

(a) 笼式转子绕组　(b) 笼式转子　(c) 铸铝转子

图 1-14　笼式转子绕组的结构图

1—转子铁芯；2—风扇；3—铸铝条

绕线式绕组与定子绕组相似，由线圈组成绕组放入转子铁芯槽里，转子绕组通过电刷和集电环可外接电阻以改善异步电动机的运行性能，如图 1-15 所示。

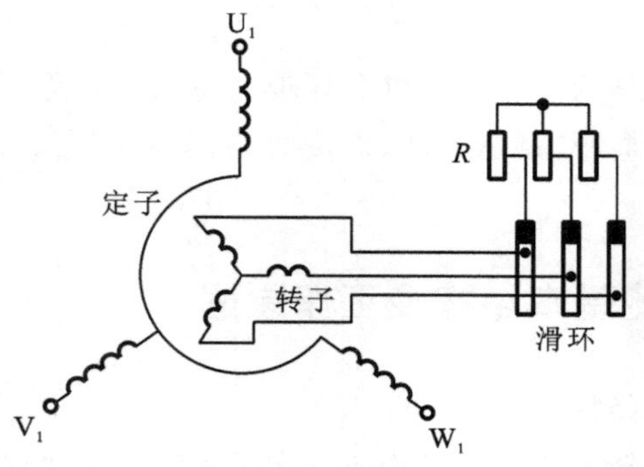

图 1-15　绕线式转子绕组与外加电阻的连接

2. 异步电动机的工作原理

异步电动机的工作原理示意图如图 1-16 所示。当定子三相绕组接三相对称电源通电后，异步电动机内会形成旋转磁场，假设旋转磁场以转速 n_0 顺时针旋转，转子导体则相对于磁场逆时针方向运动，切割磁力线而产生感应电动势 e，方向由右手定则来判定，由于转子绕组用端环连接形成闭合绕组，于是转子绕组中便有感应电流，载流绕组在磁场中产生电磁力 $\boldsymbol{F}$，形成电磁转矩 T，电磁力的方向根据左手定则来确定。由电磁力形成的电磁转矩的方向还是顺时针的方向，转子在电磁转矩的作用下顺时针方向旋转。

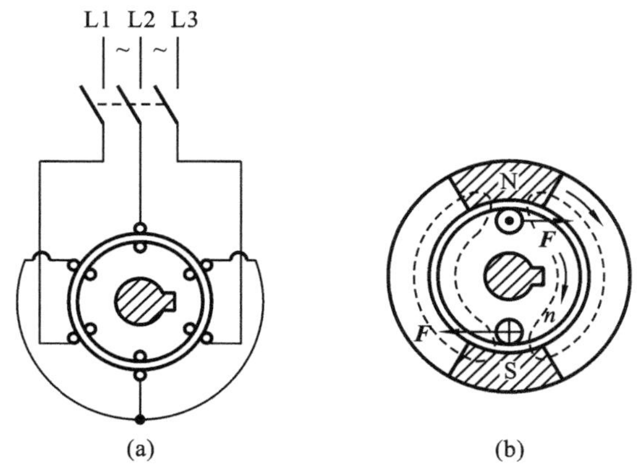

图 1-16　异步电动机的工作原理示意图

异步电动机的转子转速 n 总是小于旋转磁场的转速 n_0，使得转子绕组和旋转磁场之间保持相对运动，因此，异步电动机转子上能够继续产生同方向的电磁转矩，使异步电动机能继续同方向旋转。

异步电动机内旋转磁场的转速 n_0 称为同步转速，异步电动机转子的实际转速 n 与同步转速不同，总是低于同步转速，故异步电动机的名称由此而来。

异步电动机的同步转速 n_0 与定子绕组磁极对数 P 成反比，与定子侧电源频率 f_1 成正比。其关系表达式如下：

$$n_0 = \frac{60f_1}{P} \tag{1-5}$$

转子实际转速与同步转速的相对运动，在异步电动机中用转差率 S 来衡量，其关系表达式如下：

$$S = \frac{n_0 - n}{n_0} \tag{1-6}$$

1.2.2　异步电动机的机械特性

异步电动机的机械特性是指在一定的条件下，异步电动机的转速与电磁转矩之间的关系为 $n = f(T)$。由于异步电动机的转速与转差率存在一定的关系，异步电动机的机械特性也常用电磁转矩与转差率的关系 $T = f(S)$ 来表示，T-S 曲线转换为 n-T 曲线，更符合机械特性的习惯画法。异步电动机的机械特性也分为固有机械特性和人为机械特性。

1. 异步电动机的固有机械特性

异步电动机在额定电压和额定频率下，用规定的接线方式，定子和转子电路中不串入任何电阻或电抗时的固有机械特性曲线，如图 1-17 所示。异步电动机的固有机械特性有以下特点。

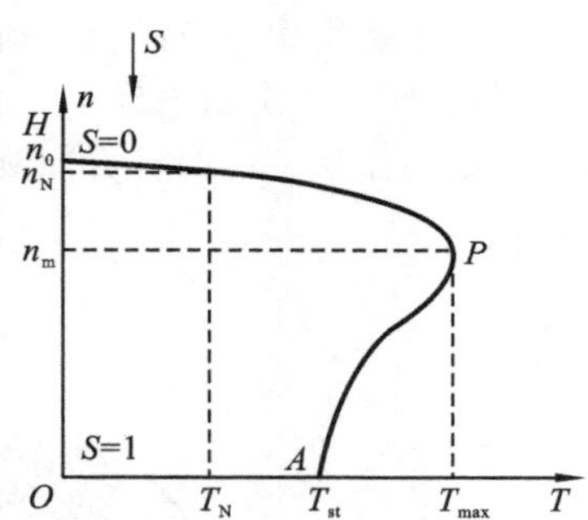

图 1-17　异步电动机的固有机械特性曲线图

(1)整个固有机械特性曲线由两部分组成。HP 部分，即转矩为 $0 \sim T_{max}$ 部分，转差率为 $0 \sim S_m$ 部分。异步电动机此部分的机械特性曲线接近于一条直线，电磁转矩增加时转速降低，符合异步电动机带负载工作的稳定运行条件。异步电动机带一般负载时，基本工作在此部分。PA 部分，即转矩为 $T_{max} \sim T_{st}$ 部分，转差率为 $S_m \sim 1$ 部分。异步电动机此部分的机械特性曲线为一条曲线，若电磁转矩增加，转速也增加，只有当异步电动机带通风机负载时，才能在此部分稳定运行。

(2)$T=0, n=n_0, S=0$ 时，异步电动机处于同步转速，也称理想空载转速。由于摩擦力矩的存在，异步电动机的实际转速小于理想空载转速，理想空载转速只是一个理论值。

(3)$T=T_N, n=n_N, S=S_N$ 时，为异步电动机额定工作点，此时额定转矩为

$$T_N = \frac{9550P_N}{n_N} \tag{1-7}$$

(4)$T=T_{max}, n=n_m, S=S_m$ 时，异步电动机工作在临界点(图 1-17 中的点 P)。当异步电动机的负载转矩超过此点的最大电磁转矩时，易造成异步电动机“堵转”。通常把异步电动机的固有机械特性曲线上的最大转矩与额定转矩之比称为异步电动机的过载能力系数，用 λ_m 表示，即

$$\lambda_m = \frac{T_{max}}{T_N} \tag{1-8}$$

绕线式异步电动机的过载能力系数往往大于笼式异步电动机，因此绕线式异步电动机多用于起重、冶金等机械设备上。

(5)$T=T_{st}, n=0, S=1$ 时，异步电动机工作在启动工作点(图 1-17 中的点 A)。通常把固有机械特性曲线上的启动转矩与额定转矩之比称为异步电动机的启动能力系数，用 λ_{st} 表示，即

$$\lambda_{st} = \frac{T_{st}}{T_N} \tag{1-9}$$

λ_{st}是衡量异步电动机启动能力的一个重要数据。

(6)机械特性曲线的 PA 部分，即转矩为 $T_{max} \sim T_{st}$ 部分，转差率为 $S_m \sim 1$ 部分，此部分

随着转矩减小，转速也减小，机械特性曲线为一条曲线。只有当异步电动机带通风机负载时，才能在这部分稳定运行；而对于恒转矩负载或恒功率负载，这一部分不能稳定运行。

2. 异步电动机的人为机械特性

改变异步电动机的外加定子电压 U_1、定子电源频率 f_1、定子或转子回路中串入电阻，改变异步电动机的转差率 S、磁极对数 P 均可获得异步电动机的人为机械特性。

1.2.3　三相异步电动机的启动

1. 三相笼式异步电动机的启动

三相笼式异步电动机有直接启动和降压启动两种方法。

1）直接启动

直接启动时，异步电动机定子绕组直接承受额定电压，启动电流较大，可达到额定电流的 4～7 倍。为避免过大的启动电流对异步电动机本身和电网带来的不利影响，一般直接启动只允许在小功率异步电动机（P_N≤10 kW）中使用。

2）降压启动

通过启动装置使异步电动机在启动开始阶段，其定子绕组承受的电压小于额定电压，异步电动机转速上升到某一值时，再使异步电动机定子绕组承受额定电压，启动完成后使异步电动机在额定电压下以额定转速稳定工作。

（1）定子绕组串入电阻或电抗降压启动。

三相异步电动机启动时通过给定子电路串入电阻或电抗，使定子绕组上的电压降低，减小启动电流的降压启动方法，其接线电路图如图 1-18(a)所示，定子电路串入电阻或电抗时的人为机械特性曲线图如图 1-18(b)所示。由于定子端电压降低，异步电动机的电磁转矩与 U_1 的平方成正比而减小，因此如果电压降得太低，也会大大降低异步电动机的过载能力和启动能力，但串入电阻或电抗后的最大转矩要比直接降低电源电压时的最大转矩大一些。因此，在一些要求低成本的三相异步电动机启动场合，在启动过程中，可采用定子串入电阻或电抗的启动方法。

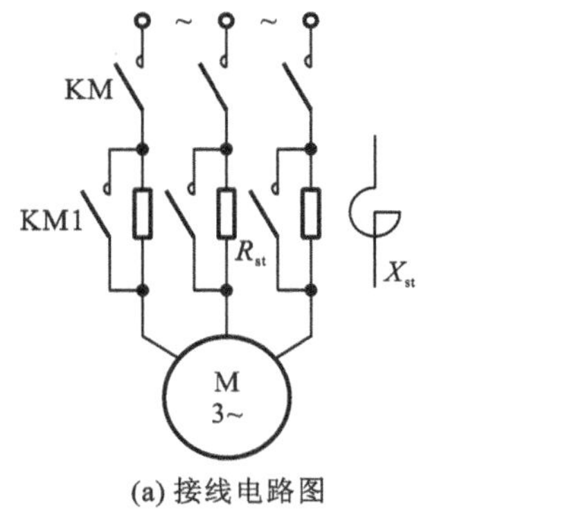

(a) 接线电路图

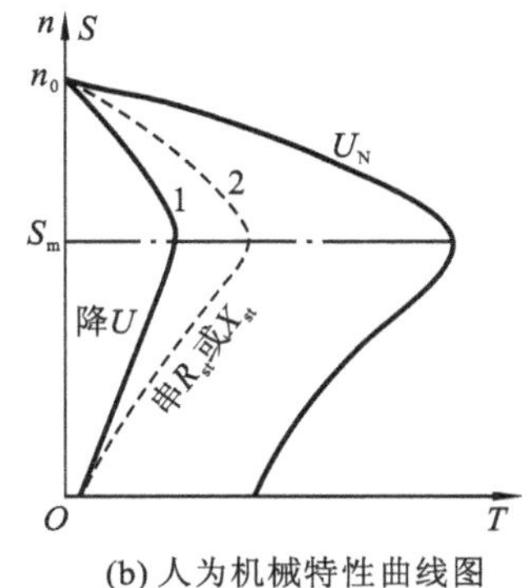

(b) 人为机械特性曲线图

图 1-18　定子电路串入电阻或电抗降压启动接线电路图及其人为机械特性曲线图

（2）星形-三角形（Y-△）启动。

在相同交流电源给定子供电的情况下，异步电动机定子绕组接成“Y”形时绕组的端电压为接成"△"时的端电压的$\frac{1}{\sqrt{3}}$,此时接成"Y"形的绕组上流过的电流为接成"△"形时的电流的 1/3。因此,对于定子绕组正常接法为"△"形的异步电动机,启动时将定子绕组接成"Y"形,使定子绕组上的电压降低,减小启动电流,启动完成后要将定子绕组接成"△"形使异步电动机在额定电压下以额定转速稳定工作。

星形-三角形(Y-△)降压启动接线电路图如图 1-19(a)所示,其人为机械特性曲线图如图 1-19(b)所示。启动时,定子绕组上的电压降低,异步电动机的机械特性曲线为人为机械特性曲线,电压的变化并不影响理想空载转速 n_0 和临界转差率 S_m,只影响异步电动机的电磁转矩,电磁转矩与定子电压的平方成正比。因此,定子绕组接成"Y"形启动时的启动转矩为正常接法时的 1/3。

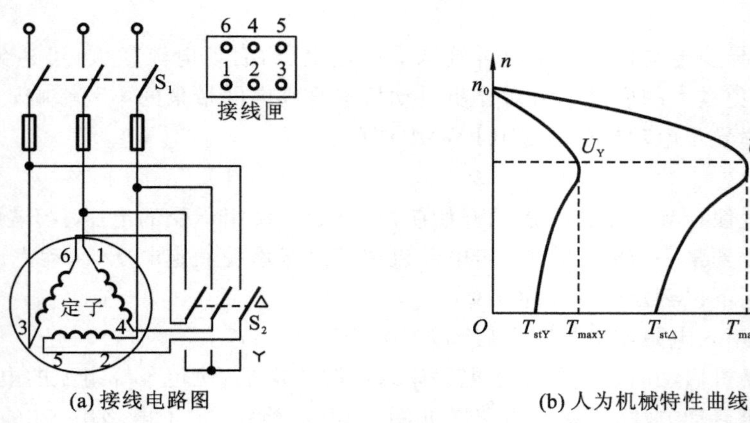

(a) 接线电路图　　(b) 人为机械特性曲线图

图 1-19　星形-三角形降压启动的接线电路图和人为机械特性曲线图

Y-△启动操作方便,启动设备简单,得到广泛应用。

2. 绕线式异步电动机的启动

绕线式异步电动机转子绕组通过集电环、电刷可外接电阻,转子外接电阻时,异步电动机的人为机械特性曲线图如图 1-20 所示。转子串入电阻对理想空载转速 n_0、最大转矩 T_{max} 没有影响,但临界转差率 S_m 则随着串入电阻的增大而增大,转子串入电阻后的人为机械特性比固有机械特性软些,即负载转矩变化时,转速的变化增大,但只要串入电阻选得合适,启动转矩 T_{st} 随着串入电阻的增大而增大,启动电流却减小,因此绕线式异步电动机具有较好

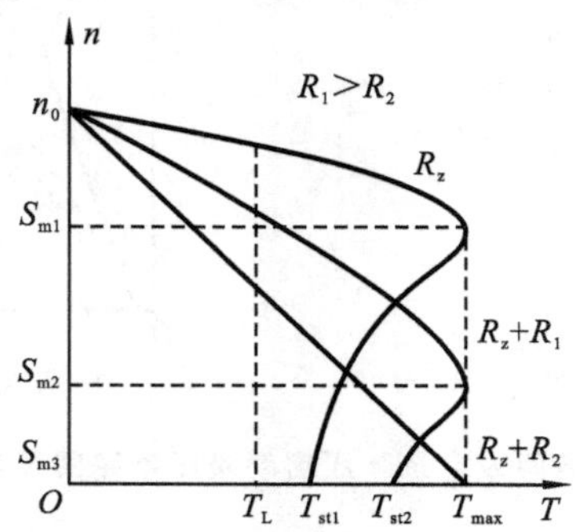

图 1-20　交流异步电动机转子串入电阻的人为机械特性曲线图

的启动特性。

在生产实践中，绕线式异步电动机应用较多的启动方法有转子串入电阻逐级切除启动和转子串接频敏变阻器启动两种。

绕线式异步电动机转子串入电阻逐级切除启动时的接线电路图及其机械特性曲线图如图 1-21 所示。开始启动时，电路接入全部电阻，启动转矩最大，随着转速上升，在事先确定的切换电磁转矩（或切换电流）下，逐级切除启动电阻，直到启动电阻全部切除，异步电动机的电磁转矩与负载转矩平衡，异步电动机稳定运行。

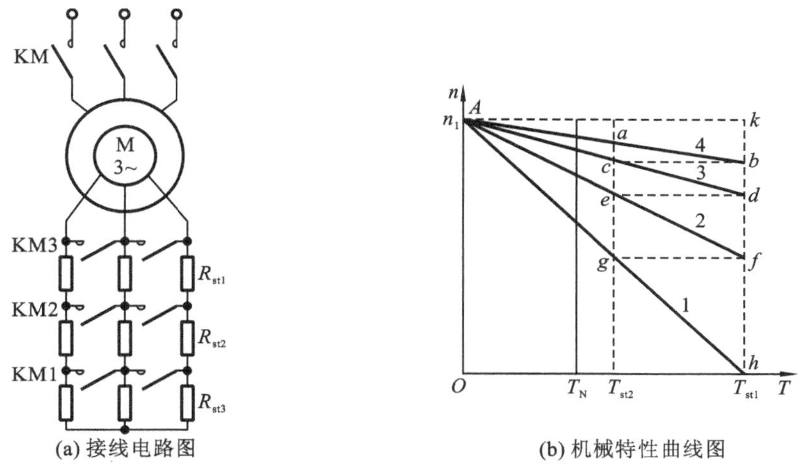

图 1-21　绕线式异步电动机转子串入电阻逐级切除启动时的接线电路图及其机械特性曲线图

启动电阻常用高电阻系数合金或铸铁电阻片制成，在大容量异步电动机中，也有用水电阻的。

绕线式异步电动机转子串入频敏变阻器启动，是利用频敏变阻器的铁耗随频率变化而变化，实质上频敏变阻器的等效电阻也随频率变化而变化的特性。在启动过程中，随着转子转速上升，转子频率逐步降低，频敏变阻器的铁耗和相应的等效电阻也随之减小，这就相当于在启动过程中逐级切除转子电路串入的电阻。启动结束后，转子频率很低，频敏变阻器的等效电阻很小，相当于将频敏变阻器切除。转子串入频敏变阻器启动过程中能够无级减小电阻，如果频敏变阻器参数选得恰当，可以在启动过程中保持启动转矩不变。转子串入频敏变阻器启动接线电路图和机械特性曲线图如图 1-22 所示。

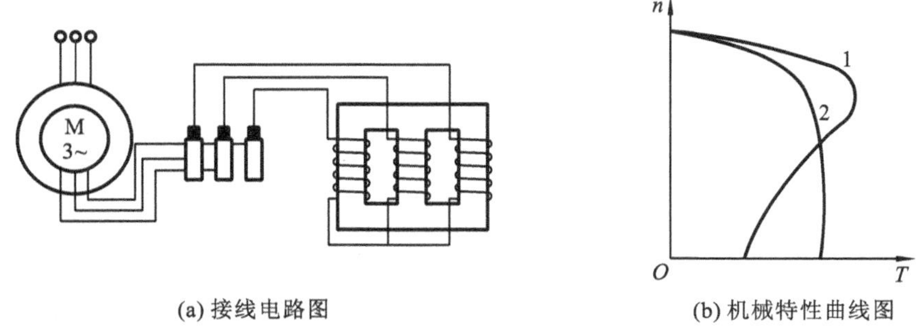

图 1-22　转子串入频敏变阻器启动接线电路图及其机械特性曲线图

1.2.4 异步电动机的制动

异步电动机的制动可分为能耗制动、反接制动和回馈制动三类。

1. 能耗制动

异步电动机的定子绕组从交流电源上切断后，接入直流电源。定子输入直流电，在异步电动机中产生固定磁场，转子切割磁力线，根据左右手定则不难确定，这时转子感应电流与固定磁场相互作用产生了制动转矩，使异步电动机迅速停转。在制动过程中，转子的动能转换为电能，消耗在转子电路的电阻上，即能耗制动。三相异步电动机能耗制动的接线电路图及机械特性曲线图如图 1-23 所示。

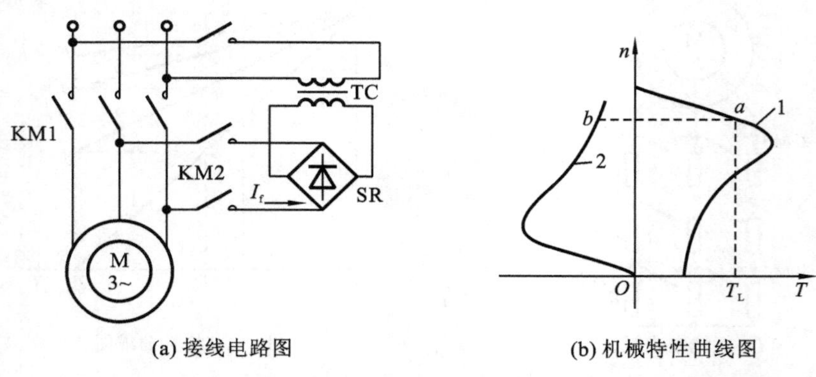

(a) 接线电路图　　(b) 机械特性曲线图

图 1-23　三相异步电动机能耗制动的接线电路图及其机械特性曲线图

2. 反接制动

反接制动分为电源反接制动和倒拉反接制动。

电源反接制动是通过对调运行中的三相异步电动机的两相接线，改变相序来改变旋转磁场的方向，从而使三相异步电动机产生制动转矩，让三相异步电动机进入反接制动运行状态。三相异步电动机电源反接制动的接线电路图及机械特性曲线图如图 1-24 所示。

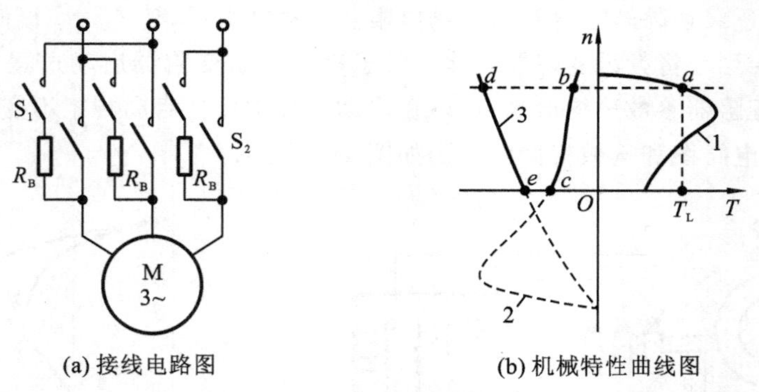

(a) 接线电路图　　(b) 机械特性曲线图

图 1-24　三相异步电动机电源反接制动的接线电路图及机械特性曲线图

在电源反接制动过程中，转子、定子的电流很大，为了限流，常在定子绕组上串接比较大的限流电阻。

三相异步电动机的倒拉反接制动一般在绕线式异步电动机带位能性负载时使用。

如图1-25所示，绕线式异步电动机的转子串接大电阻，位能性负载倒拉异步电动机转向后，异步电动机的转向与电磁转矩的方向相反，异步电动机处于倒拉反接制动状态。

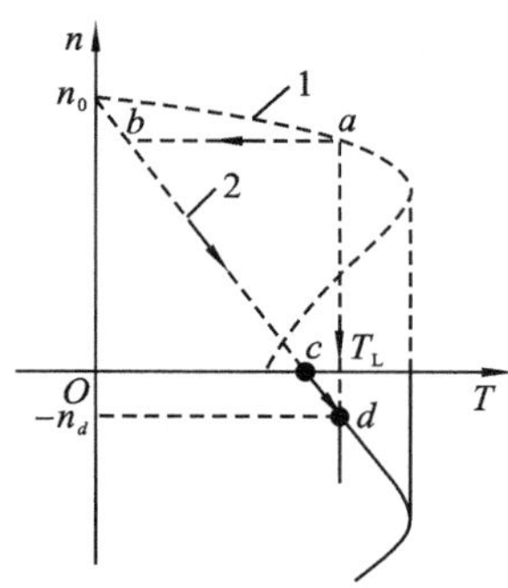

图1-25　绕线式异步电动机倒拉反接制动的机械特性曲线图

1.2.5　异步电动机的调速方法及机械特性

异步电动机的实际转速 n 与异步电动机定子电源频率 f_1、转差率 S 和磁极对数 P 的关系如下：

$$n = n_0(1-S) = \frac{60f_1}{P}(1-S) \tag{1-10}$$

由此可知，异步电动机的调速方法有改变磁极对数 P、改变定子频率 f_1 及改变转差率 S 三种方法。异步电动机的调速方法及其比较如表1-1所示。对于笼式异步电动机多用改变磁极对数与改变定子频率调速的方法，对于绕线式异步电动机多采用转子串入电阻调速等方法。

表1-1　异步电动机的调速方法及其比较

调速方法	改变磁极对数 P	改变定子频率 f_1	改变转差率 S	
调速根据	改变异步电动机的磁极对数 P	PWM变频（变 U/f）	改变定子输入电压 U	改变转子串入电阻
调速类别	有级	无级	无级	有级
调速范围	小	较大	较小	较小
调速精度	高	最高	一般	一般
功率因素	良	优	良	良
运行节能效果	高效	最高效	低效	低效
控制装置	简单	复杂	较简单	简单
设备初投资	低	最高	较低	较低
适用范围	只需几档速度下恒速运行的场合	长期低速运行，启停频繁或调速范围较大的场合	长期在高速范围内调速运行的小容量异步电动机	调速范围不大，硬度要求不高的绕线式异步电动机

变极调速、变频调速的调速性能较好，本节主要介绍异步电动机的这两种调速方法。

1. 变极调速

通过改变磁极对数来改变异步电动机的同步转速，从而实现调速的目的。通常采用改变定子绕组的接法来改变绕组电流的方向，从而达到改变磁极对数的目的。

图 1-26 所示为改变定子绕组接法以改变磁极对数的原理图。

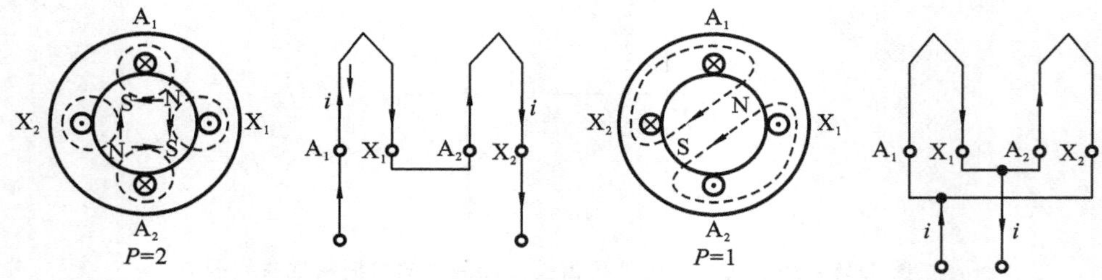

图 1-26　改变定子绕组接法以改变磁极对数的原理图

结论：只要改变半相绕组的电流方向，就可使磁极对数减少一半。一般采用定子绕组 YY 形接法来实现改变半相绕组的电流方向，使磁极对数减少一半。由于三相异步电动机的定子绕组通常采用△形接法或 Y 形接法，所以变极调速常采用△/YY 接法或 Y/YY 接法来实现。

如图 1-27 所示，低速时，T_1、T_2、T_3 输入，T_4、T_5、T_6 开路，定子绕组采用△形接法；高速时，T_4、T_5、T_6 输入，T_1、T_2、T_3 连接在一起，定子绕组采用 YY 形接法。

如图 1-28 所示，低速时，T_1、T_2、T_3 输入，T_4、T_5、T_6 开路，定子绕组采用 Y 形接法；高速时，T_4、T_5、T_6 输入，T_1、T_2、T_3 连接在一起，定子绕组采用 YY 形接法。

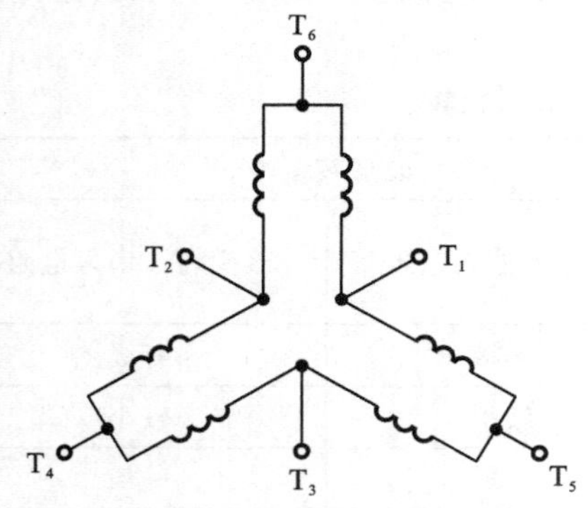

图 1-27　△/YY 接法变极调速

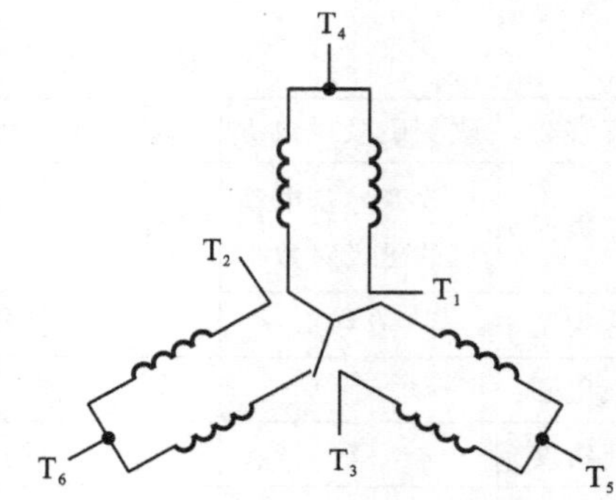

图 1-28　Y/YY 接法变极调速

注意：变极调速采用 YY 形接法时，为了不改变原先的相序，保持旋转方向不变，必须交换相序。

采用改变磁极对数调速的异步电动机多为笼式异步电动机，变极调速有如下特点：

(1)转速几乎是成倍变化，级差较大，不能获得平滑调速；

(2)具有较硬的机械特性，稳定性良好；

(3)接线简单、控制方便、价格低；

(4)△/YY 接法的调速属于恒功率调速方式，Y/YY 接法的调速属于恒转矩调速方式。

2. 变频调速

由异步电动机转速与频率的关系式可以看出，只要改变电源电压的频率 f_1，就可以调节转速的大小，但事实上仅改变 f_1 并不能正常调速。在实际应用中，往往要求在调速范围内，具有恒转矩能力。根据公式

$$U_1 = 4.44 f_1 N_1 \Phi \tag{1-11}$$

只要保持磁通恒定，就可以保证恒转矩调速，所以在变频调速时，常要同步调节电源电压的大小。△/YY 变极调速的机械特性曲线图如图 1-29 所示。同步调节电源电压时变频调速的机械特性曲线图如图 1-30 所示。

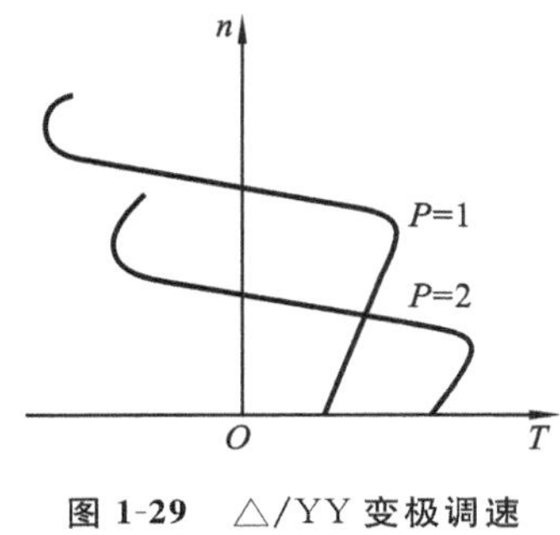

图 1-29 △/YY 变极调速机械特性曲线图

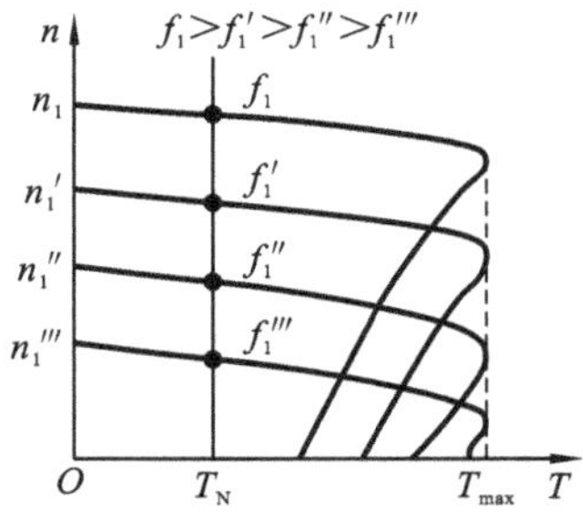

图 1-30 同步调节电源电压时变频调速机械特性曲线图

本章小结

本章从使用角度出发，介绍了普通机床电气控制中常用的直流电动机和交流电动机，重点介绍了直流电动机和三相异步电动机的机械特性、启动、制动和调速方法。

直流电动机和交流电动机的基本工作原理的理论基础是电磁定律，利用转子(电枢)导体切割磁场磁力线产生感应电动势及通电导体在磁场中产生电磁力，继而在转子上形成电磁转矩，从而完成电能与机械能的转换。

直流电动机的机械特性是直流电动机拖动运行的基础，直流电动机固有机械特性较硬，可通过在电枢回路中串入电阻、改变电枢电压、改变磁通而得到不同的人为机械特性。

直流电动机启动要限制启动电流在其允许的范围内，常用的启动方法有电枢回路串入电阻与降压启动两种。

直流电动机的调速方法有三种：改变电枢回路串电阻调速、改变电枢电压调速和弱磁调速。其中改变电枢回路串入电阻调速与改变电枢电压调速只能在额定转速以下调速，属于恒转矩调速方式；弱磁调速在额定转速以上调速，属于恒功率调速。

异步电动机的机械特性分为工作部分和曲线部分，异步电动机运行时基本上在工作部分，其机械特性曲线接近于一条直线，能进行稳定运行。

三相异步电动机的启动方法根据不同的异步电动机类型各不相同。一般小容量异步电动机多采用直接启动；容量较大的笼式异步电动机采用降压启动；绕线式异步电动机采用转子串入电阻启动。

交流异步电动机的调速，对于笼式异步电动机多采用改变磁极对数调速与变频调速。变频调速是一种近代出现并逐步得到广泛应用的高新技术，数字式智能型变频器以其优良

特性而成为变频调速的控制器。

直流电动机和交流电动机的电气制动方法有三种：能耗制动、反接制动和回馈制动。由于直流电动机与交流电动机的结构及工作原理不同，其各自实现电气制动的方式不尽相同，但在制动过程中的能量关系上却是相同的。从能量关系来看，能耗制动时，电动机将机械能转变成电能，大部分能量消耗在转子回路上；反接制动时，电动机将机械能转变为电能，电网仍在供电，大部分能量消耗在制动电阻中；回馈制动时，电动机的实际转速超过其理想空载转速，此时电动机将机械能转变成电能并送回电网。

学习和掌握机床电气控制和PLC技术，必须首先了解和掌握机床电气控制中常用电动机的基础知识，它是学习机床电气控制的基础。

思考复习题1

1. 填空题

(1)采用Y/△形连接降压启动时：启动电流为直接用△形接法启动时的__________，所以对降低启动电流很有效；启动转矩也只有直接用△形接法启动时的__________，因此只适用于__________启动。

(2)三相异步电动机的调速方法有：改变__________调速，改变__________调速，改变__________调速。

(3)直流电动机主要由__________、__________和__________三部分组成。

(4)三相异步电动机的“异步”是指__________________________________。

2. 选择题

(1)把运行中的异步电动机三相定子绕组出线端的任意两相电源接线对调，异步电动机的运行状态变为(　　)。

A. 反接制动　　B. 反转运行　　C. 先是反接制动，随后反转运行

(2)直流电动机的电枢又称为(　　)。

A. 转子　　B. 定子　　C. 铁芯

(3)三相异步电动机的转差率 S 的取值范围是(　　)。

A. $S\neq1$　　B. $S\geqslant1$　　C. $0\leqslant S\leqslant1$

(4)当要求机床工作时有很好的制动和调速性能，则应选用(　　)。

A. 直流电动机　　B. 交流电动机　　C. 异步电动机

3. 判断题

(1)全压启动的优点是电气设备少、电路简单、电流小。(　　)

(2)三相异步电动机降压启动与直接启动相比，启动电流变小，而启动转矩变大。(　　)

(3)只要是笼式异步电动机，就可以用Y/△形连接降压启动。(　　)

(4)异步电动机Y形降压启动瞬间，电流和启动转矩均为△形启动时的1/3。(　　)

(5)绕线式异步电动机启动时可在转子电路中串入电阻，达到减小启动电流、增大启动转矩的目的。(　　)

4. 简答题

(1)什么是降压启动？常用的降压启动方法有哪几种？

(2)三相交流异步电动机降压启动的目的是什么？降压启动的特点是什么？

(3)三相笼式异步电动机降压启动有几种方法？什么情况下采用降压启动？

(4)运行时定子绕组为Y形接法笼式异步电动机能否用Y/△形连接降压启动方法？为什么？

(5)如何判断一台直流电动机是运行于发电工作的状态还是电动工作的状态？

(6)直流电动机有几种调速方式，它们各有什么样的特点？

(7)三相异步电动机通入三相电流，但转子绕组开路，异步电动机能否转动？为什么？

5.叙述题

(1)简述交流电动机的工作特性。

(2)简述直流电动机的基本结构及主要部件的作用。

(3)试述旋转磁场的产生条件，三相异步电动机的基本工作原理。

(4)试述三相异步电动机同步转速与频率、磁极对数及额定转速之间的关系。

第2章 机床常用低压电器

【内容提要】

<table>
<tr><td rowspan="2">内容提要</td><td>知识要点</td><td>(1)刀开关、组合开关和万能转换开关的工作原理、结构特点、图形及文字符号；
(2)控制按钮开关、行程开关、接近开关和主令控制器的工作原理、结构特点、图形及文字符号；
(3)接触器(如交流接触器、直流接触器等)和继电器(如电磁式继电器、中间继电器、时间继电器、速度继电器、电流继电器、电压继电器等)的工作原理、结构特点、图形及文字符号；
(4)电磁铁及电磁阀的工作原理、结构特点、图形及文字符号；
(5)熔断器、热继电器的工作原理、结构特点、图形及文字符号。</td></tr>
<tr><td>技术要点</td><td>(1)开关电器的种类、型号及选用；
(2)主令电器的种类、型号及选用；
(3)接触器、继电器的种类、型号及选用；
(4)执行电器的种类、型号及选用；
(5)保护电器的种类、型号及选用。</td></tr>
</table>

【教学导航】

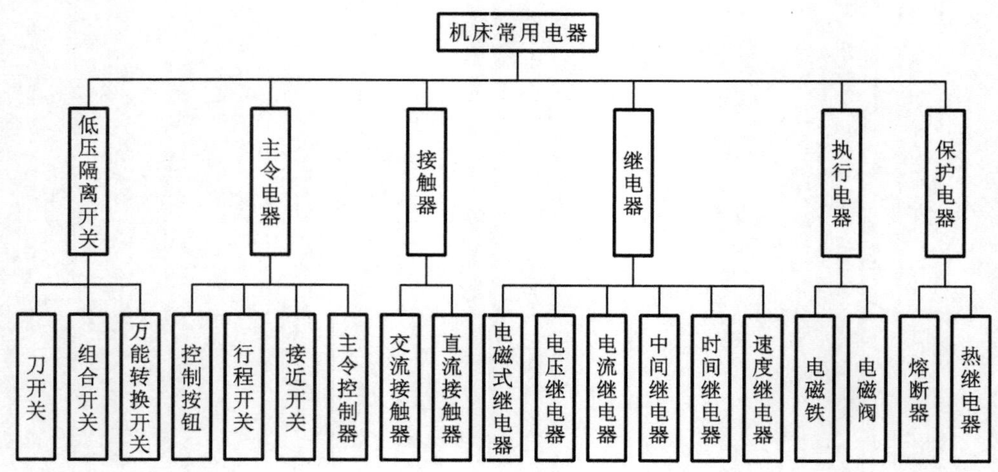

2.1　低压电器的基础知识

低压电器是指在交流 50 Hz(或 60 Hz)、交流电压 1 200 V(或直流电压 1 500 V)以下的电路中，用于接通或断开电路，对电路和电气设备进行保护、检测、控制与调节等作用的电器。低压电器是机床电力拖动控制系统的基本组成单元，生产机械上大多数电器元件都属于低压电器。

2.1.1　低压电器的分类

低压电器的种类繁多，结构各异，功能多样，用途广泛。其在机床中常用的分类方法如下。

- 低压电器的分类
  - 按用途和控制对象分
    - 配电电器
    - 控制电器
  - 按操作方式分
    - 自动电器
    - 手动电器
  - 按工作原理分
    - 电磁式电器
    - 非电量控制电器

配电电器是指用于电能的输送和分配的电器。这类电器包括刀开关、转换开关、空气断路器和熔断器等。

控制电器是指用于各种控制电路和控制系统的电器。这类电器包括接触器、启动器和各种控制继电器等。

自动电器是指通过电器本身参数变化或外来信号(如电、磁、光、热等)自动完成接通、分断、启动、反向、停止等动作的电器。常用的自动电器有接触器、继电器等。

手动电器是指通过人力直接操作来完成接通、分断、启动、反向、停止等动作的电器。常用的手动电器有刀开关、转换开关和主令电器等。

电磁式电器是指依据电磁感应原理来工作的电器。常用的电磁式电器有接触器等。

非电量控制电器是指靠外力或某种非电量的变化而动作的电器。常用的非电量控制电器有行程开关、速度继电器等。

2.1.2　低压电器的组成

低压电器的种类繁多，结构各异，没有统一固定的结构形式。按电器元件各组成部分的作用来分，低压电器主要由感测部件、执行部件和灭弧机构三个基本部分组成。

1. 感测部件

感测部件是指用来感测外界信号，并做出特定的动作或反应的部件。不同的低压电器，具有不同的感测部件。例如，手动电器的感测部件是操作手柄，电磁式电器的感测部件是电磁机构(或称电磁铁)。

电磁机构的主要作用是将电磁能量转换成机械能量，带动执行部件（如触点）动作，从而完成接通或分断电路的功能。

1）电磁机构的组成

电磁机构主要由吸引线圈、铁芯和衔铁三个部分组成。如图2-1所示，常用的电磁机构有三种结构形式：沿棱角转动的拍合式、沿轴转动的拍合式和直动式。

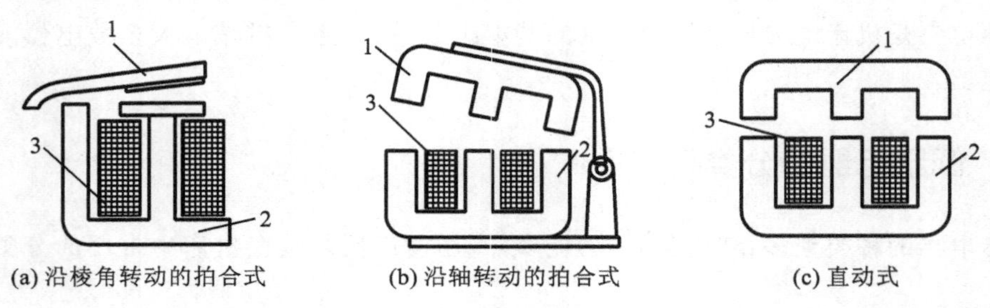

图2-1 三种结构形式的电磁机构

1—衔铁；2—铁芯；3—吸引线圈

2）电磁机构的工作原理

当线圈通入电流后，产生磁场，磁通经铁芯、衔铁和工作气隙形成闭合回路。此时作用在衔铁上有两个力：一个是磁场所产生的电磁吸力，方向是由衔铁指向铁芯；另一个是复位弹簧的作用力，方向与电磁吸力相反。只有当电磁吸力大于复位弹簧的作用力时，衔铁才能被铁芯吸住。

3）电磁机构的分类

吸引线圈的作用是产生磁通，衔铁在电磁力的作用下产生机械位移，使铁芯吸合。按通入吸引线圈的电流种类的不同，吸引线圈可分为直流线圈和交流线圈，与之相对应的有直流电磁机构和交流电磁机构。

对于直流线圈，铁芯不发热，只有线圈发热，因此直流线圈可做成无骨架、高而薄的瘦高形，以便线圈散热。铁芯和衔铁用软钢或工程纯铁制成。

对于交流线圈，除线圈发热外，由于铁芯中有涡流损耗和磁滞损耗，铁芯也会发热，因此在铁芯与线圈之间留有散热间隙，而且把线圈做成有骨架的矮胖形。铁芯用硅钢片叠成，以减少涡流损耗，这样可以有利于线圈和铁芯的散热。

对于交流电磁机构，因为通以交流电流，所以在铁芯中产生的磁通也是交变的，造成对铁芯的吸力时大时小，有时为零。在弹簧反力的作用下，有释放的趋势，造成衔铁振动并发出噪声。为了消除交流电磁铁产生的振动和噪声，需在铁芯的端面开一小槽，在槽内嵌入铜制短路环，如图2-2所示。

2. 执行部件

执行部件是指根据感受机构的指令，接通或分断电路。在机床电气控制电路中，这个工作一般由触头完成，因此触头是电器的执行部分，起到接通和分断电路的作用。

1）触头的分类

触头的结构形式很多，在机床中常用的分类方法如下。

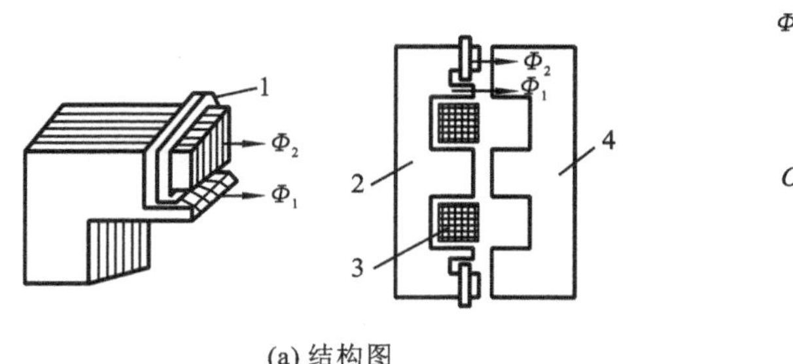

(a) 结构图

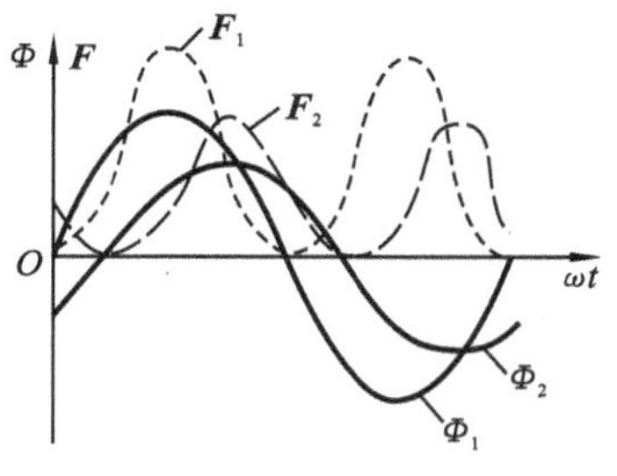

(b) 电磁吸力图

图 2-2　交流电磁机构的短路环

1—短路铜环；2—静铁芯；3—吸引线圈；4—衔铁

触头分类
- 按所控制的电路分类
  - 主触头
  - 辅助触头
- 按原始状态分类
  - 常开触头
  - 常闭触头
- 按电流种类分类
  - 直流触头
  - 交流触头
- 按触头的接触形式分类
  - 点接触
  - 面接触
  - 线接触

主触头是指用于接通或断开主电路的触头，它允许通过较大的电流。例如接触器的主触头，一般用于机床电气控制电路的主电路中。

辅助触头是指用于接通或断开控制电路的触头，它只能通过较小的电流。例如继电器的触头，一般用于机床电气控制电路的控制电路中。

常开触头是指原始状态时断开，线圈通电后闭合的触头。例如继电器的常开触头、接触器的常开触头。

常闭触头是指原始状态时闭合，线圈通电后断开的触头。例如继电器的常闭触头、接触器的常闭触头。

原始状态是指线圈未通电或未受外力作用时的状态。

2）触头的接触形式

触头的接触形式如图 2-3 所示。

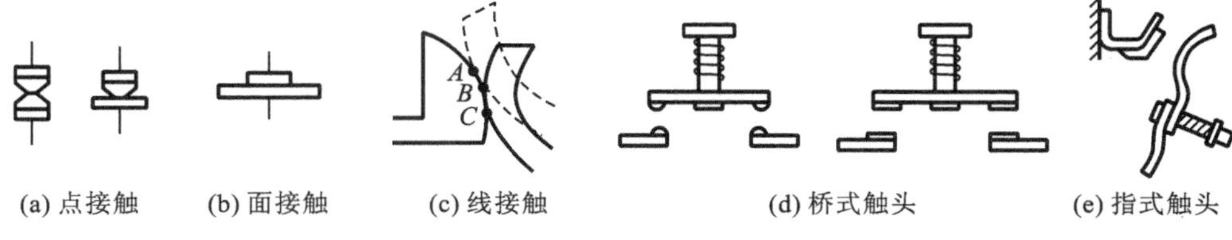

(a) 点接触　(b) 面接触　(c) 线接触　(d) 桥式触头　(e) 指式触头

图 2-3　触头的接触形式

对于点接触的触头，如图 2-3(a)所示，其接触区域为一个点，因此这类触头只能用于小电流的电器中，例如接触器的辅助触头和继电器的触头。

对于面接触的触头，如图 2-3(b)所示，其接触区域为一个面，因此这类触头允许通过较大的电流，例如接触器的主触头。

对于线接触的触头，如图 2-3(c)所示，其接触区域为一条直线，触头在通断过程中有滚动动作，这样可以清除触头表面的氧化膜，使其不易烧焦，从而保证了触头的良好接触。因此这类触头多用于中等容量的触头，例如接触器的主触头。

除了上面的触头形式以外，在继电器和接触器中主要有桥式触头(见图 2-3(d))和指式触头(见图 2-3(e))两种形式。桥式触头是指点接触和面接触形式的触头。指式触头是指线接触形式的触头。

3. 灭弧机构

灭弧机构是指用于迅速熄灭电弧的装置。

1)电弧的产生与危害

电弧是指当触点断开大电流的瞬间，触点之间的距离极小，电场强度较大，使触头表面的大量电子溢出从而产生的弧光放电现象。

电弧一经产生，就会产生大量热能，而且电压越高，电流越大，所产生的电弧功率也就越大。电弧的存在不仅会烧蚀触头，降低电器的使用寿命，还会妨碍电路及时分断，产生弧光短路，所以必须采取一定的灭弧措施。

2)灭弧的措施

(1)迅速增加电弧长度(拉长电弧)，使得单位长度内维持电弧燃烧的电场强度不够而使电弧熄灭。

(2)使电弧与流体介质或固体介质相接触，加强冷却和去游离作用，使电弧加快熄灭。

3)灭弧方法

电弧有直流电弧和交流电弧两类。对于交流电弧，因为交流电流有自然过零点，故其电弧较易熄灭。主要的灭弧方法如图 2-4 所示。

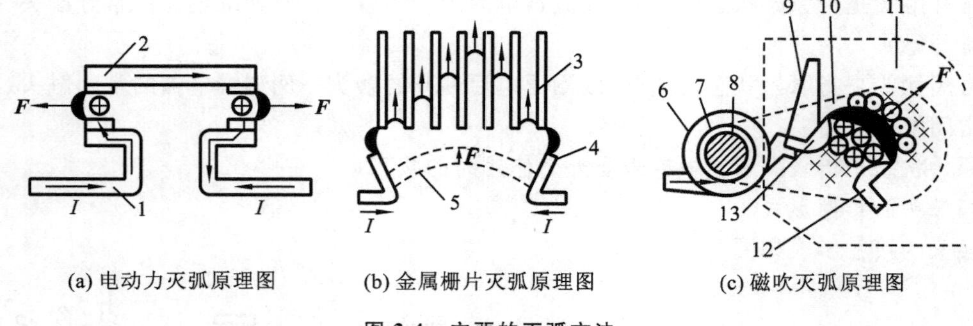

(a) 电动力灭弧原理图　(b) 金属栅片灭弧原理图　(c) 磁吹灭弧原理图

图 2-4　主要的灭弧方法

1—静触点；2—动触点；3—灭弧栅片；4—触点；5—电弧；6—磁吹线圈；7—绝缘套；8—铁芯；9—引弧角；10—导磁夹板；11—灭弧罩；12—动触点；13—静触点

(1)电动力灭弧。如图 2-4(a)所示，在触点回路电流磁场下，电弧受到电动力作用而拉长，并迅速离开触点而熄灭。

(2)金属栅片灭弧。如图 2-4(b)所示，当触头分开时，产生的电弧在电动力的作用下被推入一组金属栅片中而被分割成数段，彼此绝缘的金属栅片的每一片都相当于一个电极，因

而就有许多个阴阳极压降。对于交流电弧来说，近阴极处，在电弧过零时就会出现一个 150～250 V 的介质强度，使电弧无法继续维持而熄灭。由于金属栅片灭弧效应在交流时要比直流时强得多，所以交流电器常常采用金属栅片灭弧。

(3)磁吹灭弧。在一个与触头串联的磁吹线圈产生的磁场作用下，电弧受电磁力的作用而拉长，被吹入由固体介质构成的灭弧罩内，与固体介质相接触，电弧被冷却而熄灭。

2.1.3　低压电器的主要技术参数

1. 额定工作电压

额定工作电压是指在规定条件下，能保证电器正常工作的电压值，通常是指主触点的额定电压。

2. 额定工作电流

额定工作电流是指在规定的使用条件下，能保证电器正常工作时的电流值。这里“规定的使用条件”是指电压等级、电网频率、工作制及使用类别等在某一规定的参数下。同一电器在不同的使用条件下，其工作电流值也不同。

3. 通断能力

通断能力是指在规定的使用条件下，低压电器能可靠地接通和分断的最大电流。通断能力与电器的额定电压、负载性质及灭弧方法等有关。

4. 额定绝缘电压

额定绝缘电压是指电器所能承受的最高工作电压，是由电器的结构、材料、耐压等因素决定的电压值。

5. 额定发热电流

额定发热电流是指在规定条件下，电器长时间工作，各部分的温度不超过极限值时所能承受的最大电流值。

6. 电气寿命

电气寿命是指在规定条件下，通断能力低压电器不需要维修或更换器件时带负载操作的次数。

7. 机械寿命

机械寿命是指低压电器在不需维修或更换器件时所能承受的空载操作的次数。

2.2　低压隔离开关

低压隔离开关是指在有电压无负载的情况下，用于接通、转换和隔离电源的控制器器。机床中常用的低压隔离开关主要有以下几种。

低压隔离开关：
- 刀开关
- 组合开关
- 万能转换开关

2.2.1 刀开关

刀开关又称闸刀开关，是一种手动电器，其结构简单，在低压电路中用于不频繁地接通和分断电路，或用于隔离电源。

1. 刀开关的组成与工作原理

1)刀开关的组成

刀开关主要由手柄、触刀、静插座、胶盖和绝缘底板等组成。刀开关的外形图与结构图如图 2-5 所示。

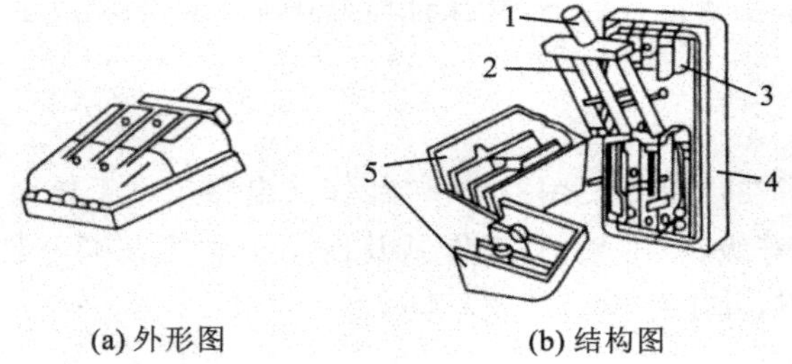

(a) 外形图　　(b) 结构图

图 2-5　刀开关的外形图与结构图

1—手柄；2—触刀；3—静插座；4—绝缘底座；5—胶盖

2)刀开关的工作原理

刀开关的工作原理如下：推动手柄使触头插入静插座中，电路就会被接通。

刀开关在切断电源时会产生电弧，因此在安装刀开关时手柄必须朝上，不得倒装或平装。接线时应将电源线接在上端，负载接在下端，这样拉闸后刀片与电源隔离，可防止意外发生。

2. 刀开关的分类

刀开关的种类很多，机床中常用的分类方法如下。

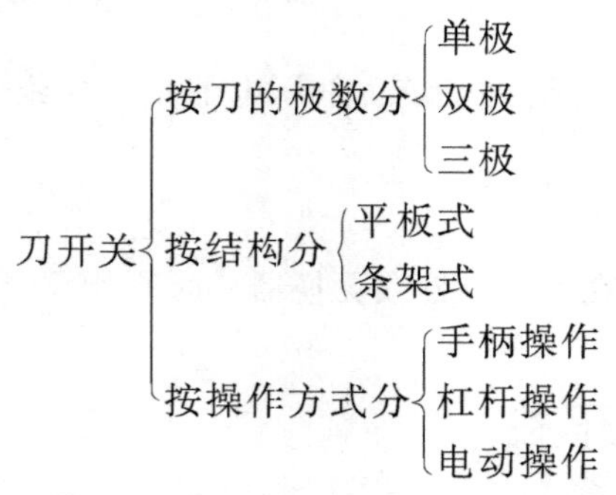

下面介绍机床中常用的两种刀开关：开启式负荷开关和封闭式负荷开关。

1)开启式负荷开关

开启式负荷开关又称胶盖开关，由瓷底板、熔丝、胶盖、触头及触刀等组成。开启式负荷开关的结构简单，价格低廉，安装维修方便，是最普通的低压电器。这种开关没有灭弧机构，容易被电弧烧伤，因此不宜用于带负载的接通或分断电路。

开启式负荷开关主要适用于额定交流电压 380 V、额定直流电压 220 V、额定电流 60 A

以下的机床成套配电装置中，用于不频繁地手动启动与停止交流电器、直流电器，或用作隔离开关。

2）封闭式负荷开关

封闭式负荷开关又称铁壳开关，带有灭弧机构。它采用储能分合闸方式，提高了通断能力，通过设置联锁机构，确保了操作安全，其性能优于开启式负荷开关。

封闭式负荷开关主要适用于交流 50 Hz、380 V、60 A 以下的电路中，适用于不频繁地接通和分断的负载电路，并能用作电路末端的短路保护，也可用于 15 kW 以下的交流电动机不频繁地直接启动与停止的控制。

3. 刀开关的图形、文字符号及型号

1）刀开关的图形与文字符号

刀开关的图形与文字符号如图 2-6 所示。

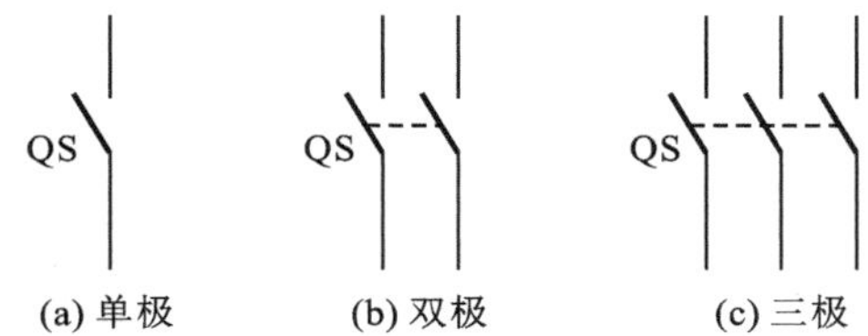

图 2-6　刀开关的图形与文字符号

2）刀开关的型号

常用刀开关的型号如图 2-7 所示。

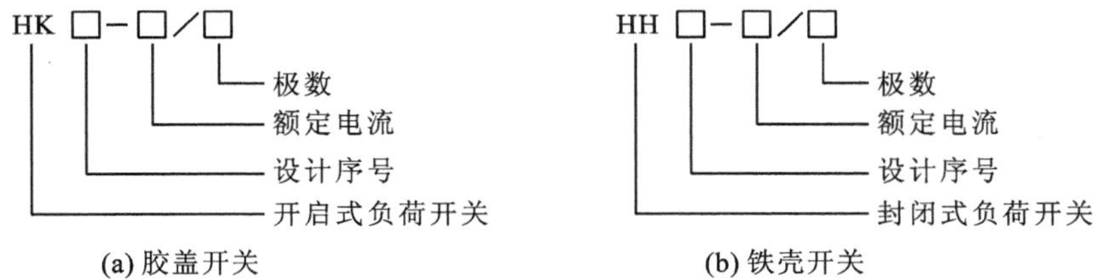

图 2-7　常用刀开关的型号

4. 刀开关的选用

选择刀开关时，主要考虑刀开关的额定电压、额定电流和极数。

1）刀开关的额定电压

刀开关的额定电压应大于或等于电路工作电压。

2）刀开关的额定电流

刀开关的额定电流应根据适用场合而定，用于控制电动机时，额定电流等于电路工作电流的 3 倍；用于照明及电热电路时，额定电流略大于电路工作电流。

3）刀开关的极数

刀开关的极数要与电源的进线相数相等。

2.2.2　组合开关

组合开关又称转换开关，具有多操作位置和多个触点，能转换多个电路的手动控制电器，其结构简单，在低压电路中可作为隔离开关使用，常用于不频繁地接通和分断电气控制电路中。

1. 组合开关的组成与工作原理

1)组合开关的组成

组合开关的外形图与结构图如图 2-8 所示。它由手柄、转轴、凸轮、动触片、静触片及接线柱等组成。它的刀片是转动式的，操作比较方便，动触头(刀片)和静触头装在封装的绝缘件内，动触头装在操作手柄的转轴上，采用叠装式结构，其层数由动触头的数量决定。

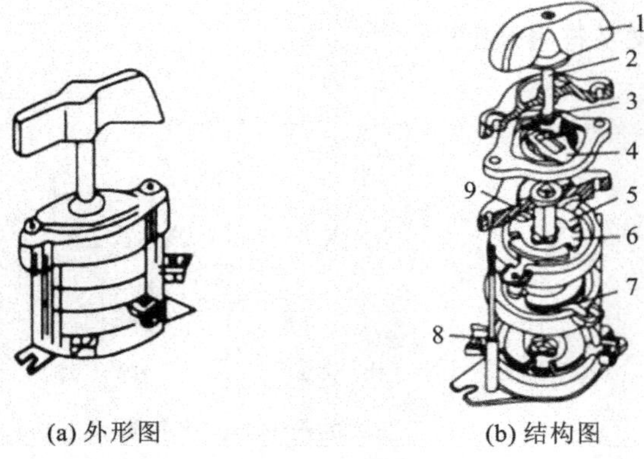

(a) 外形图　　(b) 结构图

图 2-8　组合开关的外形图与结构图

1—手柄；2—转轴；3—弹簧；4—凸轮；5—绝缘垫板；6—动触片；7—静触片；8—接线柱；9—绝缘杆

2)组合开关的工作原理

组合开关的动触头装在操作手柄的方形转轴上，它随着转轴旋转而改变各对触头的通断状态。当转动手柄时，每层的动触片便随着转轴一起转动，使动触片插入静触片中，电路被接通；当动触片离开静触片时，电路就被断开。

组合开关手柄的操作位置以角度表示，不同型号的组合开关，其手柄有不同的操作位置。

2. 组合开关的分类

组合开关按极数可分为单极组合开关、双极组合开关、三极组合开关三种。

机床电气控制系统中一般采用三极组合开关。

3. 组合开关的图形、文字符号及型号

1)组合开关的图形与文字符号

组合开关的图形与文字符号如图 2-9 所示。由图 2-9(d)可知，当组合开关作为转换开关使用时，Ⅰ与Ⅱ分别表示组合开关手柄转到的两个操作位置，Ⅰ位置线上的三个空点右方画了三个黑点，表示当手柄转到Ⅰ位置时，L1、L2、L3 支路分别与 U、V、W 支路接通；而Ⅱ位置线上的三个空点右方没有黑点，表示当手柄转到Ⅱ位置时，L1、L2、L3 支路分别与 U、V、W 支路处于断开状态。

2)组合开关的型号

常用组合开关的型号如图 2-10 所示。

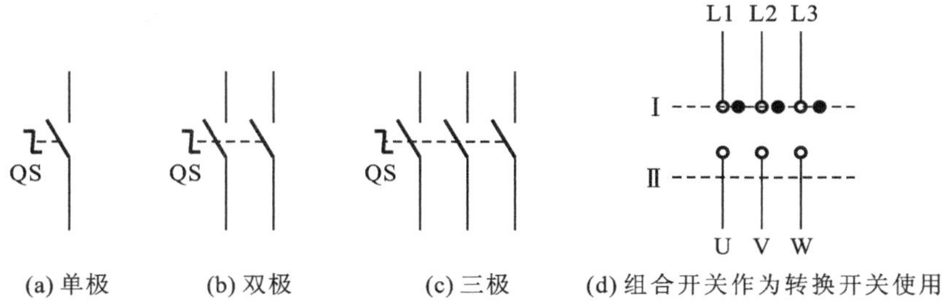

图 2-9 组合开关的图形与文字符号

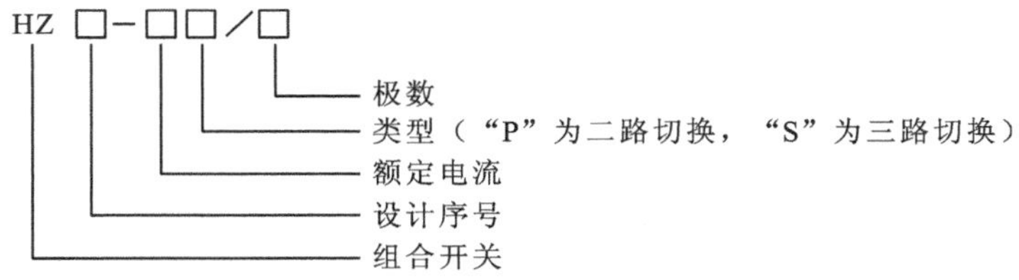

图 2-10 常用组合开关的型号

4. 组合开关的选用

机床中常用 HZ10 系列和 HZ15 系列的组合开关。在选择组合开关时，主要考虑以下几点。

(1)组合开关作为隔离开关时，其额定电流应不低于被隔离电路中各负载电流的总和。

(2)组合开关用于控制电动机时，其额定电流一般取电动机的额定电流的 1.5～3 倍。

(3)组合开关用于控制电动机正、反转时，电动机从正转切换到反转的过程中，必须先经过停止位置，待电动机停转后，再切换到反转位置。

2.2.3 万能转换开关

万能转换开关是一种多挡式且能对电路进行多种转换的电器。其触头的挡数多、换接电路多、用途广泛，故有“万能”之称。万能转换开关一般可作为多种配电装置的远距离控制，也可作为电压表、电流表的换相开关，还可作为小容量电动机的启动、制动、调速及正反向转换的控制。

1. 万能转换开关的组成与工作原理

1)万能转换开关的组成

万能转换开关的外形图与结构图如图 2-11 所示，万能转换开关主要由凸轮机构、触点系统和定位装置三部分组成。静触点装在触点座内，动触点设计成自动调整式以保证通断时的同步性。触点座由胶木压制而成，其内可安装 2～3 对触点，在每对触点上设有隔弧装置。定位装置采用滚轮卡棘轮辐射形结构，这样可使操作时滚轮与棘轮为滚动摩擦，操作力小且定位可靠。

2)万能转换开关的工作原理

万能转换开关是依靠操作手柄带动转轴和凸轮机构，使触点动作或复位，从而按预定的

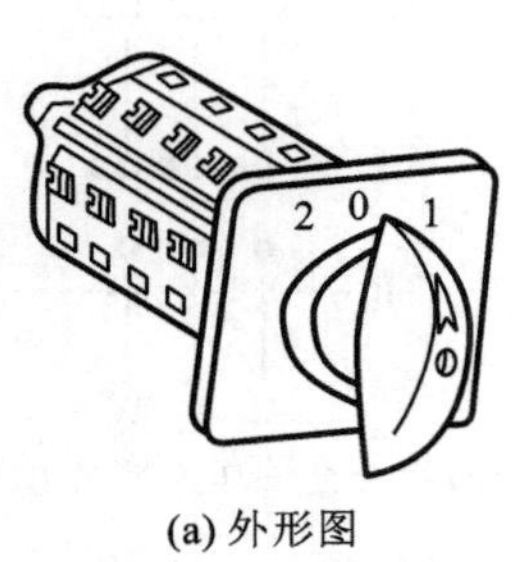

(a) 外形图

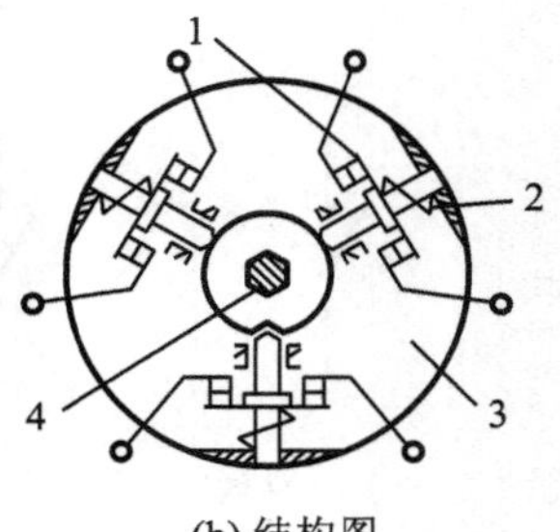

(b) 结构图

图 2-11　万能转换开关的外形图与结构图

1—触点；2—触点弹簧；3—凸轮机构；4—转轴

顺序接通或分断电路，同时由定位机构确保其动作的准确可靠。

2. 万能转换开关的分类

万能转换开关按手柄操作方式可分为自复式万能转换开关和定位式万能转换开关两种。

自复式万能转换开关是指用手将手柄扳到某一位置，然后松开手，手柄能够自动返回原位的开关。

定位式万能转换开关是指用手将手柄扳到某一位置，然后松开手，手柄就停留在该位置上的开关。

万能转换开关手柄的操作位置是以角度来表示的，不同型号的万能转换开关，其手柄有不同的操作位置。

3. 万能转换开关的文字符号、触点分合状态的表示方法和型号

1）万能转换开关的文字符号与触点分合状态的表示方法

万能转换开关的文字符号与触点分合状态的表示方法如图 2-12 所示。

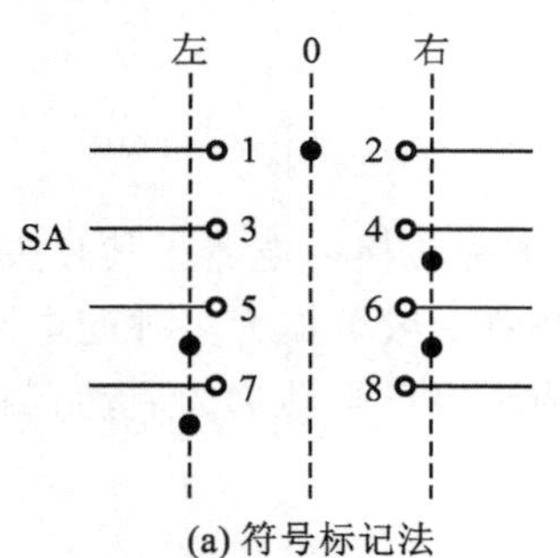

(a) 符号标记法

SA	位置		
触点	左	0	右
1—2		+	
3—4			+
5—6	+		+
7—8	+		

(b) 通断表法

图 2-12　万能转换开关的文字符号与触点分合状态的表示方法

如图 2-12 所示，万能转换开关触点分合状态的表示方法有符号标记法和通断表法。

在符号标记法中，图中虚线表示手柄的位置，用有无“●”符号表示触点的闭合与打开状态。例如，在触点图形符号下方的虚线位置上画“●”符号，则表示该触点处于闭合状态；若在虚线位置上未画“●”符号，则表示该触点处于打开状态。有黑色圆点表示在对应操作位置时触点接通，没有黑色圆点表示在该操作位置触点不接通。

在通断表法中，图中既不画虚线，也不画“●”符号，而是先在触点图形符号（见图 2-12(a)）标出触点编号，再用通断表表示手柄处于不同位置时的触点分合状态。例如，在通断表

中，用"＋"表示手柄处于不同位置时触点的闭合状态，若无"＋"符号，则表示手柄处于不同位置时触点的断开状态。

2）万能转换开关的型号

常用万能转换开关的型号如图 2-13 所示。

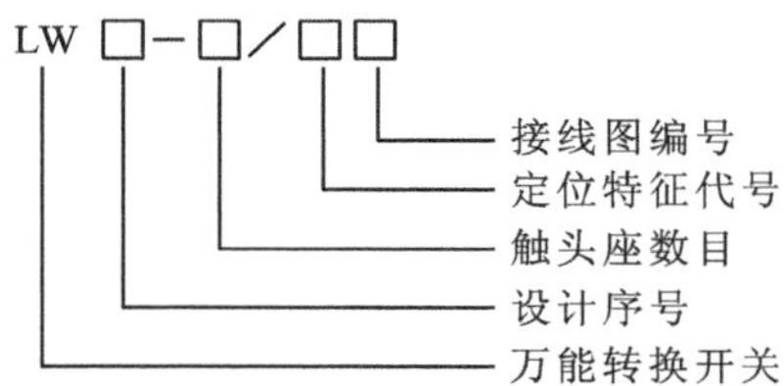

图 2-13　常用万能转换开关的型号

4. 万能转换开关的选用

选择万能转换开关时，主要考虑万能转换开关的额定电压、工作电流、手柄类型、定位特征、触头数目及接线图编号等。万能转换开关的具体选择方法如下：

（1）根据额定电压和工作电流选用合适的万能转换开关系列；

（2）根据操作需要选定手柄类型和定位特征；

（3）根据所控制电路的需求确定万能转换开关的触头数目和接线图编号等。

2.3　主令电器

主令电器是用来发布命令、改变控制系统工作状态的电器。它是一种机械操作的控制电器，可以直接作用于控制电路，也可以通过电磁式电器的转换对电路实现控制。

主令电器的种类繁多，机床中常用的主令电器有控制按钮、行程开关、接近开关和主令控制器。

2.3.1　控制按钮

控制按钮又称按钮开关，通常简称为按钮。它是一种手动且可以自动复位的主令电器，其结构简单、控制方便，在低压控制电路中得到广泛应用。

1. 控制按钮的组成与工作原理

1）控制按钮的组成

控制按钮主要由点接线柱、按钮帽、桥式动触头、静触头、复位弹簧和外壳等组成。控制按钮的外形图与结构图如图 2-14 所示。

2）控制按钮的工作原理

按下控制按钮，常闭触点被断开，常开触点被接通；松开控制按钮，在复位弹簧作用下触点复位，即常闭触点闭合，常开触点断开。

2. 控制按钮的分类

控制按钮的种类很多，机床中常用控制按钮的分类方法如下。

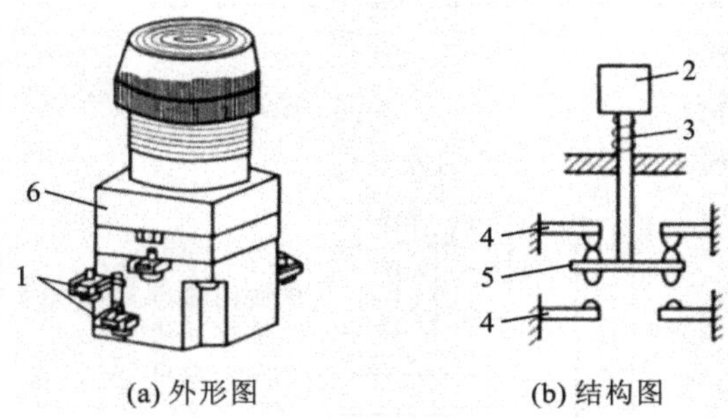

(a) 外形图　　(b) 结构图

图 2-14　控制按钮的外形图与结构图

1—点接线柱；2—按钮帽；3—复位弹簧；4—静触头；5—桥式动触头；6—外壳

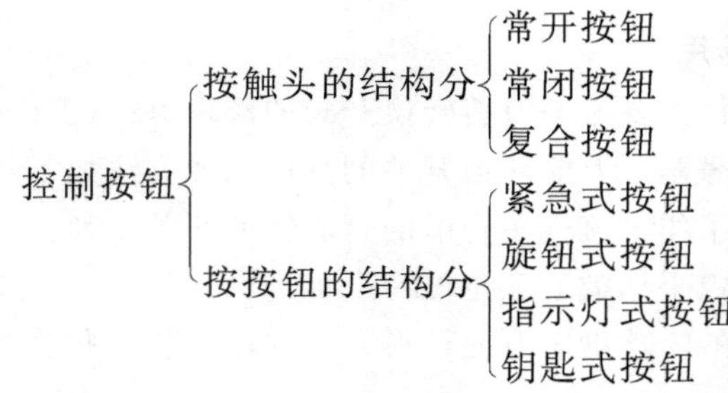

紧急式按钮装有凸出的、较大面积的并带有标志色为橘红色的蘑菇形按钮帽，以便于紧急操作。该按钮按动后将自锁为按动后的工作状态。

旋钮式按钮装有可扳动的手柄式或钥匙式并可单一方向或可逆向旋转的按钮帽。该按钮可实现如顺序或互逆式往复控制。

指示灯式按钮是在透明的按钮帽的内部装有指示灯，用于查看按动该按钮后的工作状态以及控制信号是否发出或接收状态的指示。

钥匙式按钮是依据重要或安全的要求，在按钮帽上装有必须用特制钥匙方可打开或接通装置的按钮。

为了标明各个按钮的作用，避免误操作，通常将按钮帽做成不同的颜色以示区别，这些颜色有红色、橘红色、绿色、黑色、黄色、蓝色及白色等。一般用橘红色表示紧急停止按钮，红色表示停止按钮，绿色表示启动按钮，黄色表示信号控制按钮等。

3. 控制按钮的图形、文字符号及型号

1）控制按钮的图形与文字符号

控制按钮的图形与文字符号如图 2-15 所示。

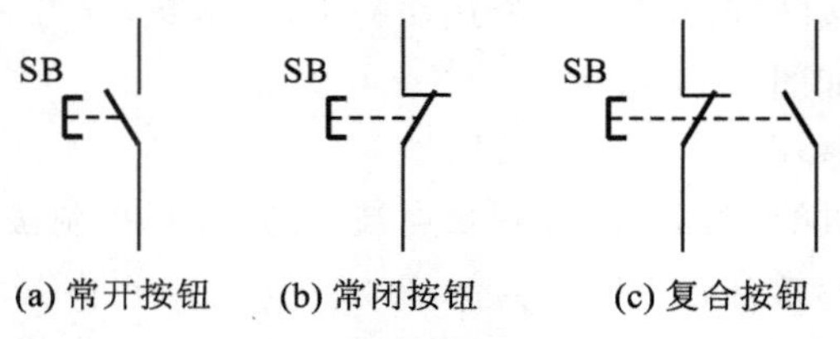

(a) 常开按钮　(b) 常闭按钮　(c) 复合按钮

图 2-15　控制按钮的图形与文字符号

2)控制按钮的型号

常用控制按钮的型号如图 2-16 所示。

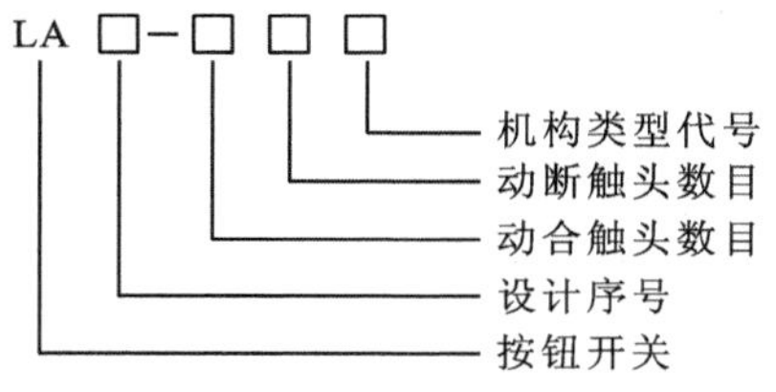

机构类型代号含义：
A—按钮；　X—旋钮式；
K—开启式；　Y—钥匙式；
S—防水式；　D—带指示灯式；
H—保护式；　DJ—紧急带指示灯式
F—防腐式；
J—紧急式；

图 2-16　常用控制按钮的型号

4. 控制按钮的选用

选择控制按钮时，主要考虑控制按钮的种类、型式及按钮数等，具体选择如下。

(1)根据适用场合，选择控制按钮的种类，如开启式、防水式、防腐式等。

(2)根据用途，选择合适的机构类型，如钥匙式、带指示灯式、紧急带指示灯式等。

(3)根据工作情况的需要，选择按钮及指示灯的颜色。

2.3.2　行程开关

行程开关又称限位开关或位置开关，其工作原理与按钮开关的工作原理类似，所不同的是其触点动作不是靠手动完成，而是利用生产机械运动部件的碰撞使其触点动作来接通或者分断电路，从而将机械信号转化为电信号，再通过其他电器间接地控制运动部件的行程、位置或方向等。

1. 行程开关的组成与工作原理

1)行程开关的组成

直动式行程开关主要由顶杆、常闭触点、常开触点、弹簧及触点弹簧等组成，其外形图与结构图如图 2-17 所示。

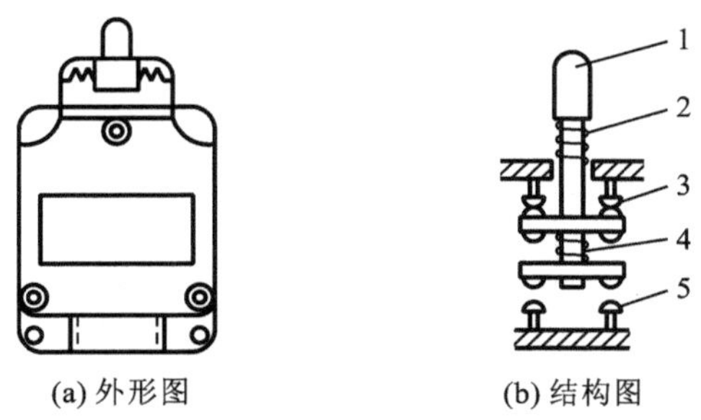

(a) 外形图　　(b) 结构图

图 2-17　直动式行程开关的外形图与结构图

1—顶杆；2—弹簧；3—常闭触点；4—触点弹簧；5—常开触点

2)行程开关的工作原理

将行程开关安装在适当位置，当预装在生产机械运动部件上的撞块压下顶杆时，行程开关的常闭触点断开，常开触点闭合；当撞块离开顶杆时，复位弹簧将顶杆和触点复位。

2. 行程开关的分类

行程开关的种类很多，机床中常用的行程开关有以下几类。

- 行程开关
  - 直动式行程开关
  - 滚轮式行程开关
    - 单滚轮式行程开关
    - 双滚轮式行程开关
  - 微动式行程开关

3. 行程开关的图形、文字符号及型号

1)行程开关的图形与文字符号

行程开关的图形与文字符号如图 2-18 所示。

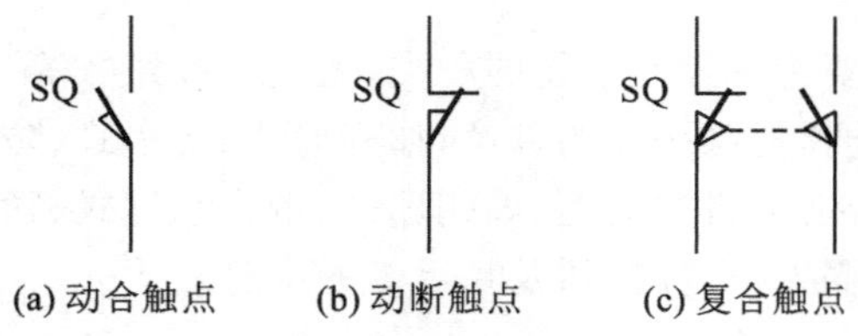

图 2-18　行程开关的图形与文字符号

2)行程开关的型号

常用行程开关的型号如图 2-19 所示。

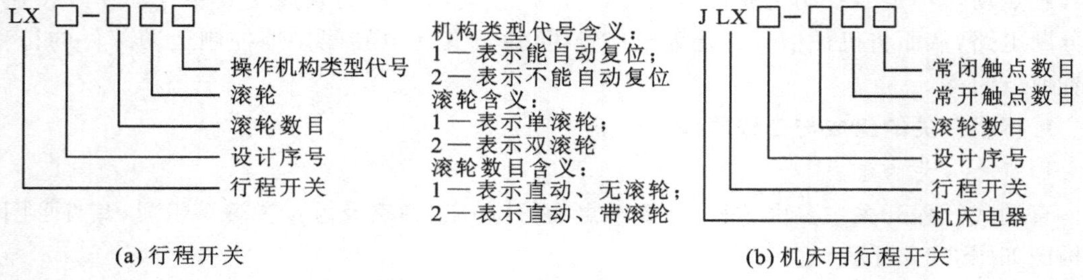

图 2-19　常用行程开关的型号

4. 行程开关的选用

选择行程开关时，主要考虑行程开关的额定电压、额定电流、种类及行程开关数量等。根据被控电路的特点与生产现场条件，具体选择如下。

(1)根据使用场合确定行程开关种类。例如，在机床行程通过的路径上不宜安装直动式行程开关，而应选用凸轮轴转动式行程开关。

(2)行程开关的额定电压与额定电流需根据控制电路的电压和电流来选取。

(3)根据控制对象选取行程开关种类，例如对于快速换接的动作机构应选取具有瞬动式触头的行程开关。

2.3.3　接近开关

接近开关又称无触头行程开关。它除了完成行程控制和限位控制外，还是一种非接触式检测装置，用于检测零件的尺寸或测速等。与行程开关相比，接近开关具有定位精度高、

工作可靠、寿命长以及适应于恶劣环境中工作等特点，接近开关是一种开关型传感器。

1. 接近开关的组成与工作原理

1）接近开关的组成

接近开关主要由感应头、高频振荡器、整形放大器和外壳组成。当运动部件与接近开关的感应头接近时，就使其输出一个电信号。接近开关的结构原理图如图 2-20 所示。

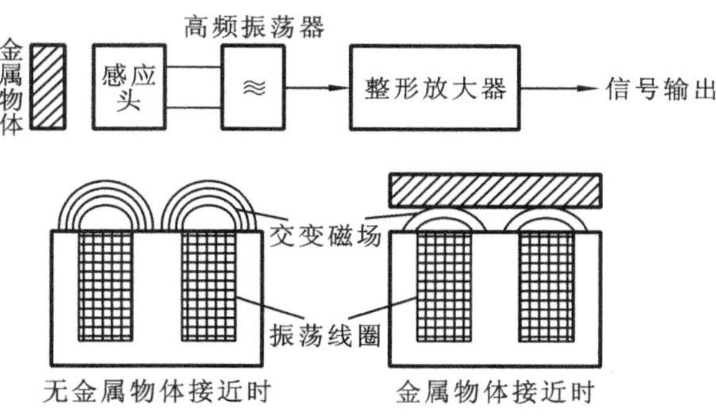

图 2-20　行程开关的结构原理图

2）接近开关的工作原理

当金属物体进入高频振荡器的线圈磁场（感应头）时，金属物体内部产生涡流损耗，吸收了高频振荡器的能量，使高频振荡减弱至停振。振荡与停振是两种不同的状态，由整形放大器转换成二进制的开关信号，从而达到检测有无金属物体的目的。

2. 接近开关的分类

接近开关的种类很多，按工作原理可分为电感式接近开关、电容式接近开关和光电式接近开关等三种。

机床中常用的接近开关为电感式接近开关和电容式接近开关两种。

3. 接近开关的图形、文字符号及型号

1）接近开关的图形与文字符号

接近开关的图形与文字符号如图 2-21 所示。

2）接近开关的型号

常用接近开关的型号如图 2-22 所示。

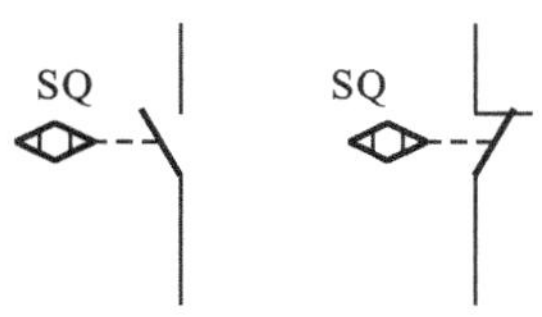

图 2-21　接近开关的图形与文字符号

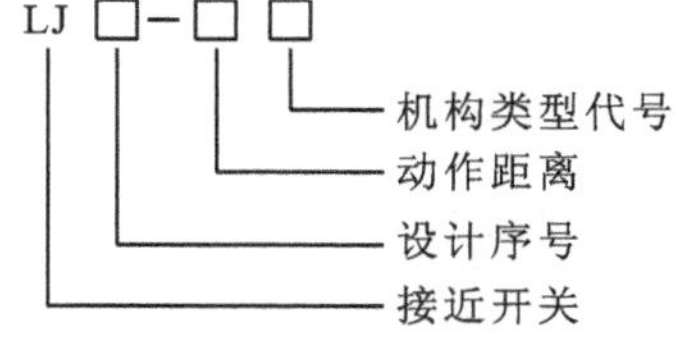

图 2-22　常用接近开关的型号

4. 接近开关的选用

选择接近开关时，主要考虑接近开关用于检测物体的材质和距离等。接近开关的具体选择如下。

（1）当检测物体为金属时，应选用高频振荡式接近开关。

(2)当检测物体为非金属物体时,应选用电容式接近开关。

(3)当金属物体和非金属物体需要进行远距离检测和控制时,应选用光电式接近开关。

2.3.4 主令控制器

主令控制器主要用于电气传动装置中,按照控制电路接线的主令电器,可以达到发布命令或其他控制电路联锁、转换的目的。主令控制器适用于频繁地对电路进行接通和切断;与其他电器联合使用,可用于控制电动机的启动、制动、调速及换向等;被广泛地用于各类起重机械的电力拖动控制系统中。

1. 主令控制器的组成与工作原理

1)主令控制器的组成

主令控制器主要由凸轮块、触点、定位机构、转动轴、支杆等组成。主令控制器的结构原理图如图2-23所示。

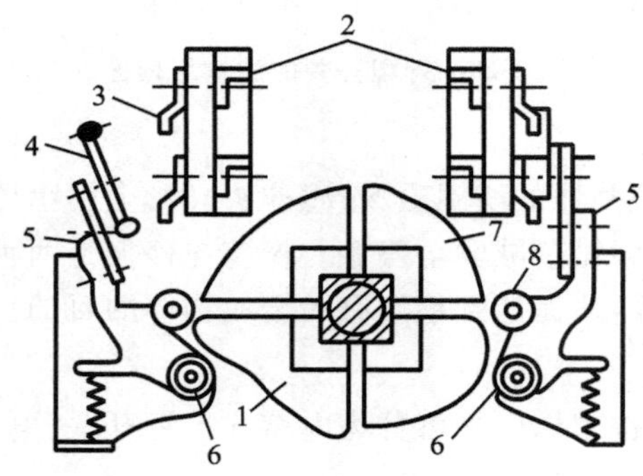

图2-23 主令控制器的结构原理图

1、7—凸轮块;2—接线端子;3—静触点;4—动触点;5—支杆;6—转动轴;8—小轮

2)主令控制器的工作原理

凸轮块固定在方轴上,动触点固定于转动轴的支杆上,支杆可以转动。当操作主令控制器手柄转动时,带动凸轮块转动,当凸轮块到达推压小轮的位置时,将使小轮带动支杆的转动轴转动,使支杆张开,从而使触点断开。在其他情况下,由于凸轮块离开小轮,触点是闭合的,因此,只要安装一系列不同形状的凸轮块,就可以获得按一定顺序动作的触点。通过这些触点去控制电路,便可以获得按一定顺序动作的电路。

2. 主令控制器的分类

主令控制器的种类很多,按凸轮结构形式来分有凸轮调整式主令控制器和凸轮非调整式主令控制器两种。

凸轮调整式主令控制器的凸轮片上开有小孔和槽,可以根据规定的触头关合图进行调整。

凸轮非调整式主令控制器的凸轮只能根据规定的触头关合图进行适当的排列与组合。

3. 主令控制器的文字符号、触点分合状态的表示方法及型号

1)主令控制器的文字符号及触点分合状态的表示方法

主令控制器的文字符号及触点分合状态的表示方法如图2-24所示。

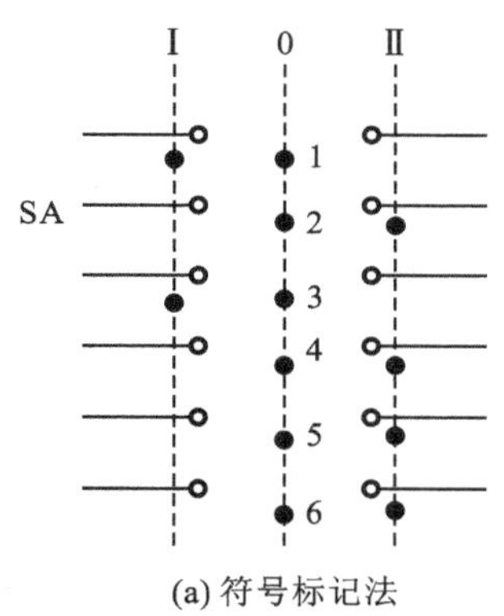

(a) 符号标记法

触点号	Ⅰ	0	Ⅱ
1	+	+	
2		+	+
3	+	+	
4		+	+
5		+	+
6		+	+

(b) 通断表法

图 2-24　主令控制器的文字符号及触点分合状态的表示方法

2）主令控制器的型号

常用主令控制器的型号如图 2-25 所示。

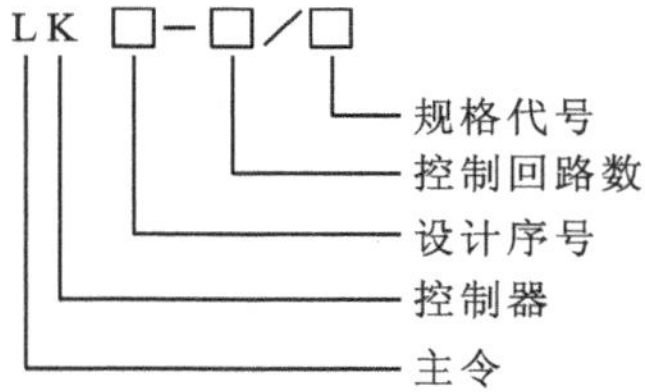

图 2-25　常用主令控制器的型号

4. 主令控制器的选用

选择主令控制器时，主要考虑使用环境、额定电流、额定电压、控制的回路数及触头闭合顺序等进行选取。主令控制器的具体选择如下：

(1）主令控制器的额定电流与额定电压要满足控制回路要求；

(2）主令控制器的控制回路数要与所需的控制回路数目相同；

(3）触头闭合的顺序要符合实际控制规律。

2.4　接触器

接触器是主要用于频繁地接通或分断交流电动机、直流电动机或其他负载主电路的一种自动切换电器。它是利用电磁力来使开关打开或闭合的电器，适用于频繁操作、远距离控制大电流的电路。机床中常用的接触器一般为电磁式，主要有交流接触器和直流接触器两大类。

2.4.1　交流接触器

交流接触器是指主触点通过的电流种类为交流电流，用于远距离接通和分断交流 50 Hz（或 60 Hz），额定电压为 660 V，电流 10～630 A 的交流电路及交流电动机的电器。

1. 交流接触器的组成与工作原理

1)交流接触器的组成

交流接触器主要由电磁系统、触点系统、灭弧装置、绝缘框架及辅助部件组成。交流接触器的外形图与结构图如图 2-26 所示。

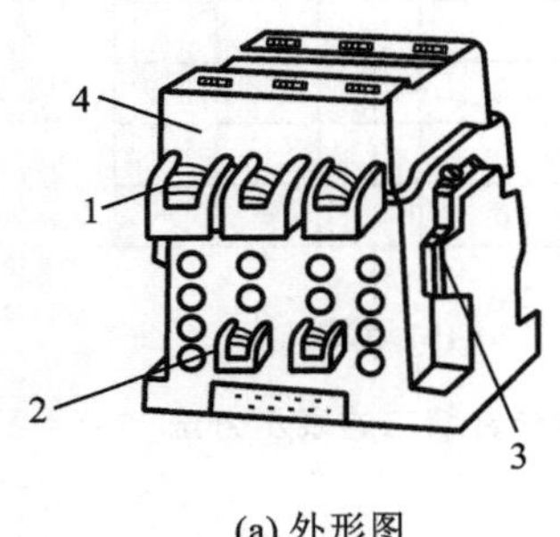

(a) 外形图

(b) 结构图

图 2-26 交流接触器的外形图与结构图

1—主触点;2—线圈接线端子;3—辅助触点;4、10—灭弧罩;

5—铁芯;6—线圈;7—衔铁;8—静触点;9—动触点;11—触点弹簧;12—缓冲弹簧

(1)电磁系统。交流接触器的电磁系统主要由线圈、铁芯、衔铁、线圈接线端子等组成。

(2)触点系统。触点是接触器的执行元件,用于接通或者断开电路。在接触器的触点系统中,触点按照各自功能的不同分为主触点和辅助触点两大类。主触点用于接通或者断开电流较大的主电路;辅助触点用于接通或者断开电流较小的控制电路。

(3)灭弧装置。灭弧装置是用陶土和石棉水泥制成的绝缘、耐高温的灭弧罩。在灭弧罩内一般均采用纵缝灭弧的方法来灭弧。

(4)其他部件。其他部件包括反作用弹簧、复位弹簧、缓冲弹簧、触点压力弹簧、传动机构、接线端子、外壳等部件。

2)交流接触器的工作原理

当线圈通入交流电后,线圈电流产生磁场,使铁芯产生电磁吸力,衔铁带动动触点向下运动,使常闭触点断开,常开触点闭合;当线圈断电后,电磁吸力消失,衔铁在弹簧的反作用力下回到原始位置使触点复位,即常开触点断开,常闭触点闭合。

2. 交流接触器的分类

交流接触器的种类很多,常用的有以下几类。

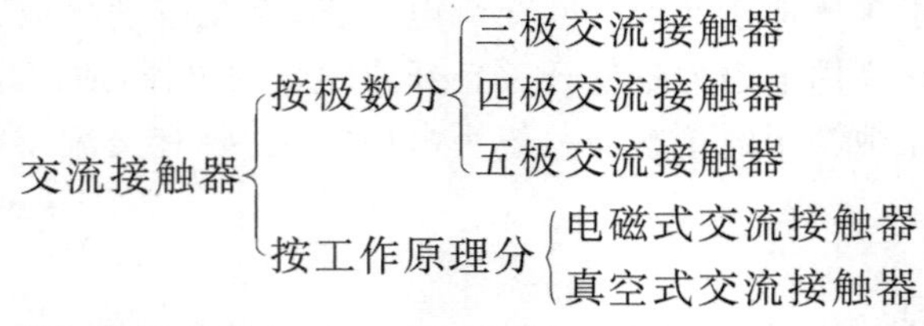

机床中常用电磁式交流接触器,下面以此为例来进行介绍。

3. 交流接触器的图形、文字符号及型号

1)交流接触器的图形与文字符号

交流接触器的图形与文字符号如图 2-27 所示。

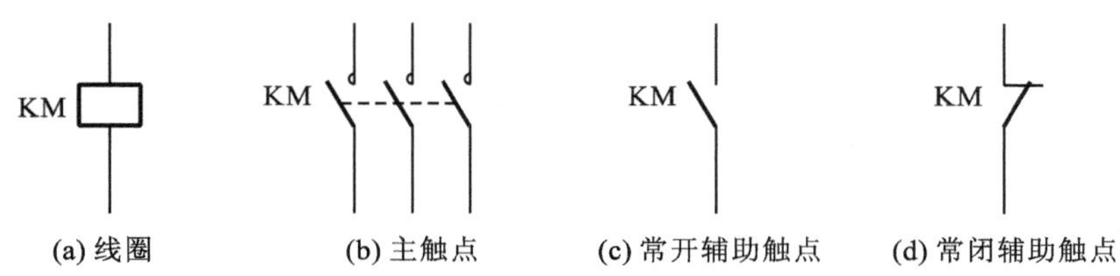

图 2-27　交流接触器的图形与文字符号

2)交流接触器的型号

常用交流接触器的型号如图 2-28 所示。

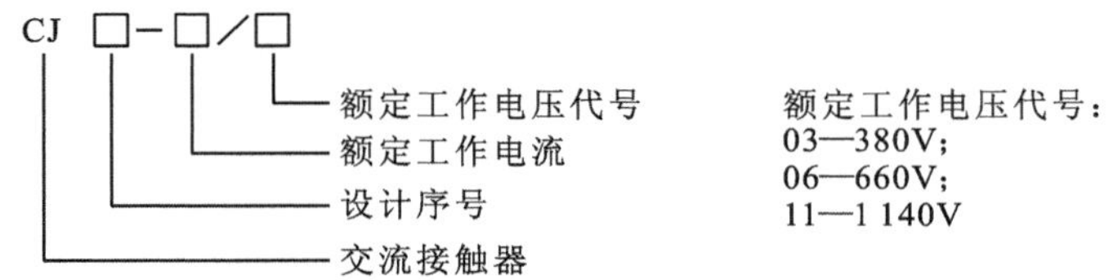

图 2-28　常用交流接触器的型号

4. 交流接触器的主要技术参数

1)额定电压

额定电压是指主触点的额定工作电压,此外还应规定辅助触点及吸引线圈的额定电压。

2)额定电流

额定电流是指主触点的额定工作电流。它是在规定条件(如额定工作电压、使用类别、额定工作制和操作频率等)下保证电器正常工作的电流值,有 5 A、10 A、20 A、40 A、60 A、100 A、150 A、250 A、400 A 和 600 A 等。

3)通断能力

接触器的通断能力是指接触器的主触点在规定的条件下,能可靠地接通和分断最大电流值。接触器的通断能力因控制对象的不同有很大的差别。

4)动作值

动作值是指接触器的电磁机构的吸合电压和释放电压。通常规定接触器的吸合电压大于线圈额定电压的 85%,释放电压不高于线圈额定电压的 70%。

5)吸引线圈额定电压

吸引线圈额定电压是指在接触器正常工作时,吸引线圈上所加的电压值。交流接触器的吸引线圈额定电压有 36 V、127 V、220 V 和 380 V 等;直流接触器的吸引线圈额定电压有 24 V、48 V、220 V 和 440 V 等。

6)机械寿命和电气寿命

接触器是频繁操作电器,应有较长的机械寿命和电气寿命。机械寿命一般至少可达数百万次;电气寿命一般是机械寿命的 5%～20%。

7)操作频率

操作频率是指每小时允许的操作次数,一般为 300 次/小时、600 次/小时和 1 200 次/小时等。

5. 交流接触器的选用

机床中常用CJ10、CJ12、CJ20等系列的交流接触器。交流接触器的选择应从其实际应用场合出发，主要考虑以下几点。

1)选择接触器的类型

接触器的类型应根据电路中负载电流的种类来选择，即交流负载应选用交流接触器。

2)选择接触器主触点的额定电流

被选用的接触器主触点的额定电流应不小于负载电路的电流。

3)选择接触器主触点的额定电压

被选用的接触器主触点的额定电压应不小于负载电路的电压。

4)选择接触器线圈的额定电压

接触器线圈的额定电压由控制电路(辅助电路)的电压决定。如果控制电路比较简单，一般直接选用额定电压为380 V或220 V;如果控制电路比较复杂，使用的电器数量很多，为了保证安全，一般接触器线圈的额定电压可选得低一些，当然这时需要有控制变压器。

2.4.2 直流接触器

直流接触器是指其主触点通过的电流种类为直流电流，用于远距离接通与分断额定电压达660 V、额定电流小于600 A的直流电路，或者频繁地操作和控制电动机。

1. 直流接触器的组成与工作原理

1)直流接触器的组成

直流接触器主要由电磁系统、触点系统、灭弧装置等部件组成。

(1)电磁系统。直流接触器的电磁系统由线圈、铁芯和衔铁组成。由于线圈中通入的是直流电，铁芯中不会产生铁损耗，也不会发热，所以铁芯可用整块钢或铸铁制成，不需要安装短路环。由于直流接触器线圈的匝数多、电阻大、发热量较大，故将线圈制成薄而长的圆筒形，以便于线圈散热。为保证衔铁可靠地释放，常在铁芯与衔铁之间垫有非铁磁性垫片。

(2)触点系统。触点是直流接触器的执行元件，用于接通或者断开电路。在直流接触器的触点系统中，触点按照各自功能的不同分为主触点和辅助触点两大类。由于主触头接通或断开的电流较大，所以主触头大都采用滚动接触的指式触头，而辅助触头则采用点接触的桥式触头。

(3)灭弧装置。由于直流电弧不像交流电弧那样有自然过零点，所以更难熄灭，因此直流接触器常采用磁吹灭弧装置。

2)直流接触器的工作原理

当直流接触器线圈通入直流电后，线圈电流产生磁场，使铁芯产生电磁吸力，吸引动铁芯，并带动触头动作，即常闭触点断开，常开触点闭合;线圈断电后，电磁吸力消失，衔铁在弹簧的反作用力下回到原始位置使触点复位，即常开触点断开，常闭触点闭合。

2. 直流接触器的分类

直流接触器按极数可分为单极直流接触器和双极直流接触器两种。

3. 直流接触器的图形、文字符号及型号

1)直流接触器的图形与文字符号

直流接触器的图形与文字符号如图2-29所示。

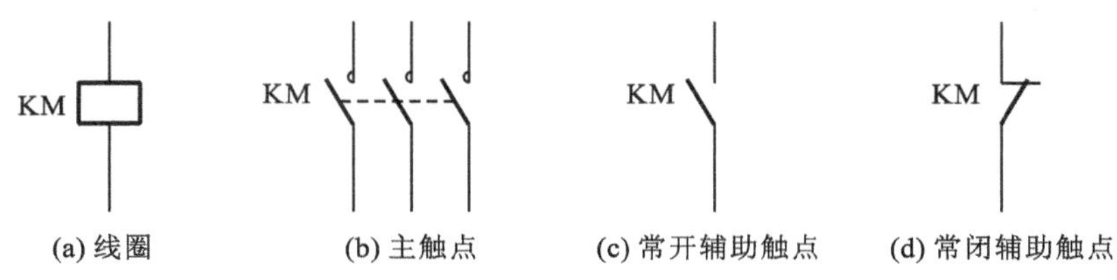

(a) 线圈　(b) 主触点　(c) 常开辅助触点　(d) 常闭辅助触点

图 2-29　直流接触器的图形与文字符号

2）直流接触器的型号

常用直流接触器的型号如图 2-30 所示。

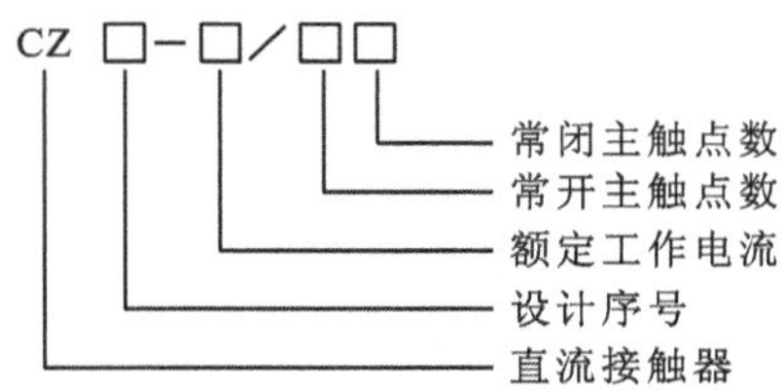

图 2-30　常用直流接触器的型号

4. 直流接触器的选用

直流接触器的选择主要考虑以下几点：①触点通断电源应为直流电；②主触点的额定电流及额定电压；③电磁线圈的电源应为直流电以及辅助触点的种类、数量、触点的额定电流。总之，直流接触器的选择应从其实际应用场合出发，具体选择请参考交流接触器的选用章节。

2.5　继电器

继电器是指一种根据外界输入信号，如电信号（电压、电流等）或非电量（温度、时间、转速、压力）等的变化带动触点动作，从而接通或断开所控制的电路或电器，以实现自动控制和保护电路或电气设备的电器。

继电器的种类繁多，功能多样，用途广泛，机床中常用的分类方法如下。

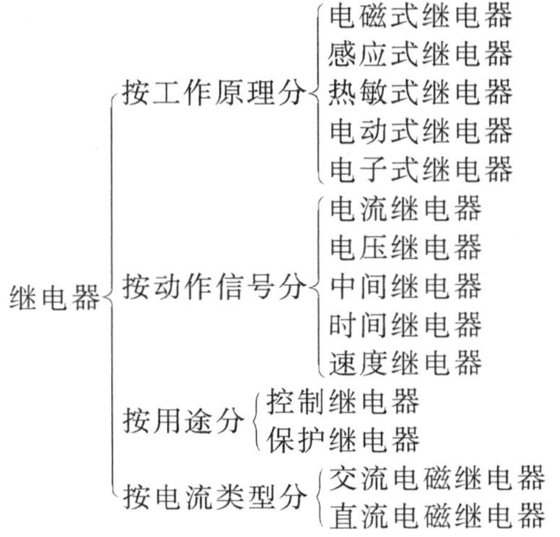

在电力拖动系统中，电磁式继电器是应用最广泛的一种继电器。

2.5.1 电磁式继电器

电磁式继电器又称为有触点继电器，在电磁线圈电流的作用下，其机械部件的相对运动可产生预定的响应动作。电磁式继电器具有结构简单、价格低廉、使用维护方便等特点，在电力拖动系统中得到了广泛应用。

1. 电磁式继电器的组成与工作原理

1）电磁式继电器的组成

电磁式继电器主要由电磁系统、触点系统及调节装置组成。电磁式继电器的结构图如图2-31所示。

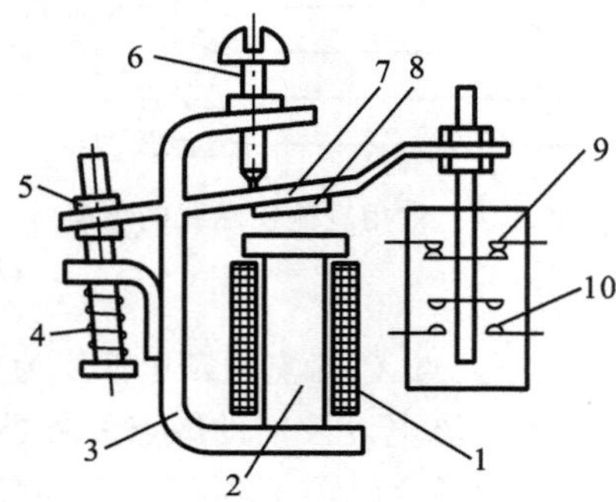

图2-31 电磁式继电器的结构图

1—线圈；2—铁芯；3—磁轭；4—弹簧；5—调节螺母；6—调节止动螺钉；
7—衔铁；8—非磁性垫片；9—常闭触头；10—常开触头

(1)电磁系统。对于直流电磁式继电器和交流电磁式继电器，电磁机构形式、铁芯与衔铁组成有所不同。

直流电磁式继电器的电磁机构一般为U形拍合式，铁芯和衔铁均由电工软铁制成，铁芯铸在铝基座上，衔铁的内侧装有非磁性垫片，用以改变衔铁闭合后的气隙。

交流电磁式继电器的电磁机构一般为U形拍合式、E形拍合式及螺管式等，铁芯和衔铁均由硅钢片叠制而成，在铁芯柱端面上设有短路环。

(2)触点系统。继电器的触点为桥式结构，没有灭弧装置，触点有常开触点和常闭触点两种。

(3)调节装置。继电器设有可改变继电器释放弹簧松紧程度的调节装置，可改变继电器的动作参数，同时还设有改变衔铁打开后磁路气隙大小的调节装置。

2）电磁式继电器的工作原理

当通过线圈的电流超过某一定值，电磁吸力大于反作用弹簧力，衔铁吸合并带动绝缘支架动作，使常闭触点断开，常开触点闭合。通过调节螺母或调节止动螺钉来调整吸合电流（电压）值；通过改变非磁性垫片的厚度，来调整释放电流（电压）值。

由此可见，电磁式继电器的工作原理与电磁式接触器的工作原理相似，区别仅在于以下几点：

(1)电磁式接触器用于控制大电流电路，而电磁式继电器用于切换小电流的控制电路和保护电路；

(2)电磁式继电器没有灭弧装置；

(3)电磁式继电器的触点没有主、辅触点之分。

2. 电磁式继电器的分类

电磁式继电器的种类繁多，主要有交流电磁式继电器、直流电磁式继电器、磁保持继电器、舌簧继电器等。对于电磁式继电器，可以通过更换不同性质的线圈来制成不同类型的继电器，如电压继电器、电流继电器、时间继电器和中间继电器等。

3. 电磁式继电器的图形、文字符号

1)电磁式继电器的图形与文字符号

电磁式继电器的图形与文字符号如图 2-32 所示。

图 2-32　电磁式继电器的图形与文字符号

2)电磁式继电器的型号

常用电磁式继电器的型号如图 2-33 所示。

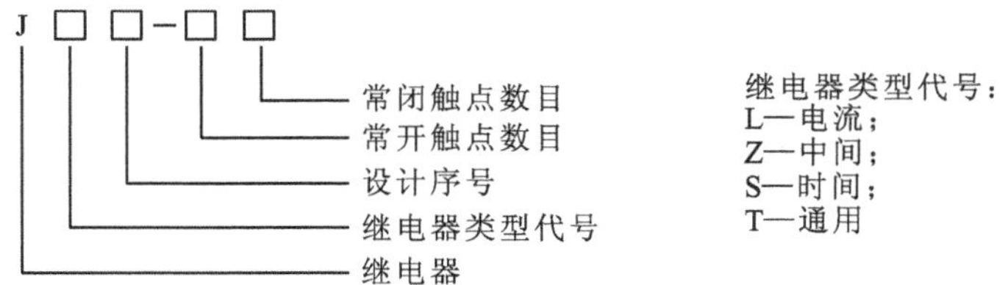

图 2-33　常用电磁式继电器的型号

4. 电磁式继电器的主要技术参数

1)灵敏度

灵敏度是指使电磁式继电器动作的最小功率。

2)额定电压和额定电流

对于电压继电器，它的线圈额定电压为该电磁式继电器的额定电压。

对于电流继电器，它的线圈额定电流为该电磁式继电器的额定电流。

3)吸合电压或吸合电流

吸合电压或吸合电流是指使电磁式继电器衔铁开始运动时的线圈的电压(电压继电器)或电流(电流继电器)值，用 U_{XH} 或 I_{XH} 表示。

4)释放电压或释放电流

释放电压或释放电流是指使电磁式继电器衔铁开始释放时的线圈的电压值或电流值，用 U_{SF} 或 I_{SF} 表示。

5)返回系数

返回系数为释放电压(或电流)与吸合电压(或电流)的比值，该比值用 K 表示，且 K 值恒小于 1。

电压继电器的返回系数 $K=U_{SF}/U_{XH}$

电流继电器的返回系数 $K=I_{SF}/I_{XH}$

6)吸合时间和释放时间

吸合时间是指电磁式继电器从线圈接收电信号到衔铁完全吸合所需的时间。

释放时间是指电磁式继电器从线圈失电到衔铁完全释放所需的时间。

7)整定值

根据控制系统的要求，预先使电磁式继电器达到某一个吸合值或释放值，将这个预先设定的吸合值(电压或电流)或释放值(电压或电流)称为整定值。

2.5.2 电流继电器

电流继电器是用来反映电流信号的元件，其触点的动作与线圈电流有关。在控制电路中，将电流继电器与负载串联，用于检测电路中电流的变化，通过与电流设定值相比较来自动判断电流是否越限，进而采取相应动作以期达到控制的目的。

电流继电器具有线圈少、线径粗、线圈上压降小的特点，因此不会影响负载电路中的电流。

1. 电流继电器的分类

常用的电流继电器可分为以下两大类。

- 电流继电器
  - 按电流类型分
    - 直流电流继电器
    - 交流电流继电器
  - 按动作值分
    - 欠电流继电器
    - 过电流继电器

2. 电流继电器的工作原理

1)欠电流继电器的工作原理

欠电流继电器在电路正常工作时衔铁是吸合的，对应常开触点闭合，常闭触点断开。当电路中电流减小到某一电流整定值以下时，欠电流继电器衔铁释放，从而带动触头机构动作，使控制电路失电，对电路起到了欠电流保护作用。

(1)欠电流继电器的吸引电流为额定电流的 30%～65%。

(2)欠电流继电器的释放电流为额定电流的 10%～20%。

2)过电流继电器的工作原理

过电流继电器在电路正常工作时，线圈中有负载电流，但衔铁不产生吸合动作，当电路中电流超过某一电流整定值时，衔铁吸合使触头机构动作，使控制电路失电，对电路起到了过电流保护作用。

过电流继电器的电流整定值为额定电流的 1.1～4 倍。

3. 电流继电器的图形、文字符号及型号

1)电流继电器的图形与文字符号

欠电流继电器和过电流继电器的图形与文字符号如图 2-34 所示。

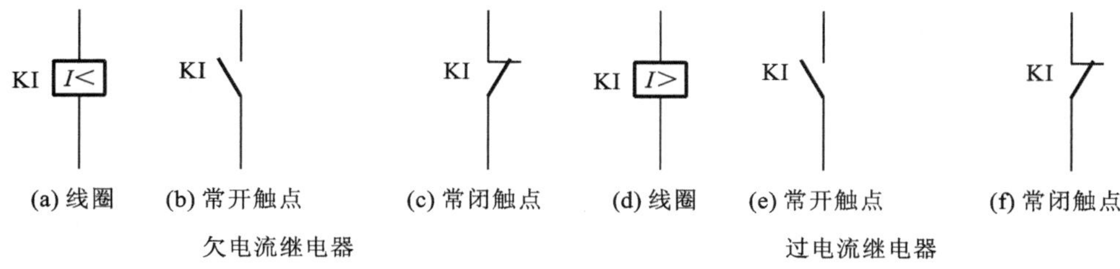

图 2-34　欠电流继电器和过电流继电器的图形与文字符号

2)电流继电器的型号

常用电流继电器的型号如图 2-35 所示。

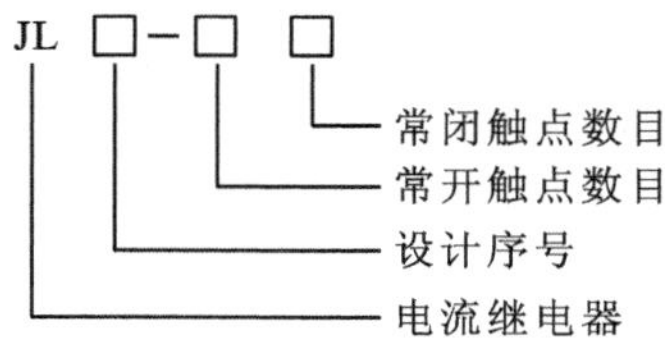

图 2-35　常用电流继电器的型号

4. 电流继电器的选用

电流继电器的选用主要考虑以下几点。

(1)在直流电路中,负载电流降低或消失往往会导致严重后果;而在交流电路中,一般不会出现欠电流故障,因此低压电器产品中只有直流欠电流继电器,而无交流欠电流继电器。

(2)过电流继电器线圈的额定电流一般可按电动机长期工作的额定电流来选,对于频繁启动的电动机,其额定电流可选大一级。

(3)过电流继电器的动作电流要根据电动机工作情况决定:①一般情况按电动机启动电流的 1.1～1.3 倍来确定电流整定值;②频繁启动的电动机按启动电流的 2.25～2.5 倍来确定整定值。

2.5.3　电压继电器

电压继电器是用来反映电压信号的元件,触点的动作与线圈电压有关。在控制电路中,将电压继电器与负载并联,用于电力拖动系统的电压保护和控制。

电压继电器具有线圈匝数多、线径细、阻抗大的特点,故将其线圈并联在被测量电路两端,可用于反映电路中电压的变化。

1. 电压继电器的分类

常用的电压继电器有以下两大类。

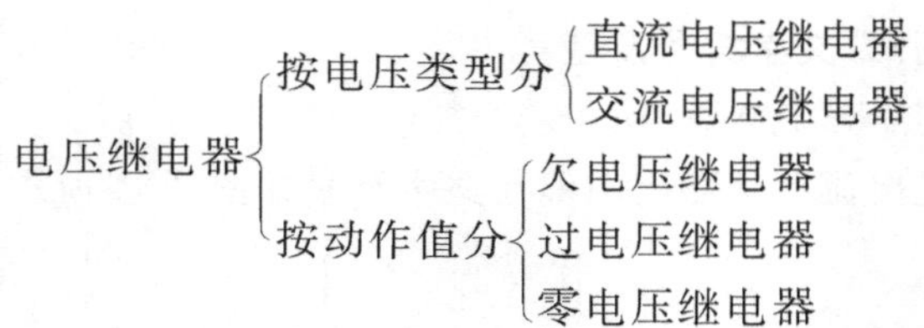

过电压继电器是当电压大于其过电压整定值时动作的电压继电器，主要用于对电路或机械设备做过电压保护。下面主要以欠电压继电器为例进行介绍。

2. 电压继电器的工作原理

1)欠电压继电器的工作原理

欠电压继电器在电路正常工作时，衔铁是吸合的，只有当被保护电路中的电压低于某一电压整定值时，衔铁才会被释放，并带动触头机构复位，使控制电路失电，从而实现电路欠电压保护功能。

零电压继电器是欠电压继电器的特殊形式，它是当继电器的端电压降至零或接近零时才动作的电压继电器。

(1)欠电压继电器在电压为额定电压的 40%～70% 时动作。

(2)零电压继电器在电压为额定电压的 5%～25%时动作。

2)过电压继电器的工作原理

过电压继电器在电路正常工作时，衔铁不产生吸合动作，只有当电路中电压高于某一电压整定值时，衔铁才产生吸合动作，并带动触头机构动作，使控制电路失电，对电路起到了过电压保护作用。

过电压继电器在电压为额定电压的 1.1～1.2 倍时动作。

3. 电压继电器的图形、文字符号及型号

1)电压继电器的图形与文字符号

欠电压继电器和过电压继电器的图形与文字符号如图 2-36 所示。

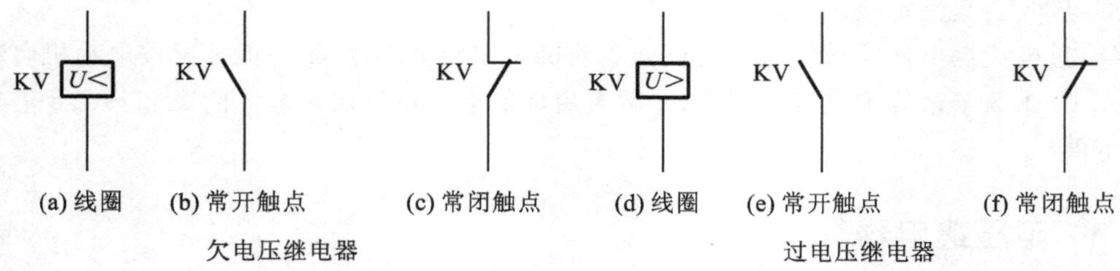

图 2-36　欠电压继电器和过电压继电器的图形与文字符号

2)电压继电器的型号

常用电压继电器的型号如图 2-37 所示。

4. 电压继电器的选用

电压继电器的选用主要考虑以下两点：

(1)电压继电器线圈的额定电压一般按电路的额定电压来选择；

(2)过电压继电器的动作值一般按系统额定电压的 1.1～1.2 倍整定。

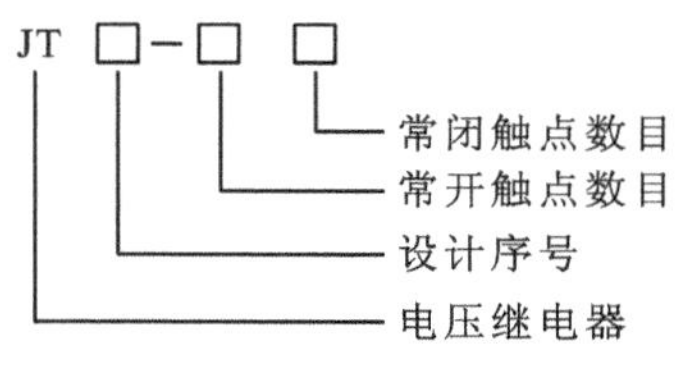

图 2-37　常用电压继电器的型号

2.5.4　中间继电器

中间继电器是指在控制电路中起信号传递、放大、切换及逻辑控制等作用的电磁式继电器。它属于电压继电器的一种，也是用来反映电压信号的元件，即触点的动作与线圈电压有关。

中间继电器的触点数多、触点容量较大(额定电流为 5～10 A)，主要用于扩大其他继电器的触点对数或触点容量，作为转换控制信号的中间元件。

1. 中间继电器的分类

中间继电器主要分为直流中间继电器和交流中间继电器两种。

2. 中间继电器的工作原理

中间继电器的工作原理与接触器的工作原理基本相同，只是中间继电器的输入是线圈的通电信号或断电信号，输出信号形式为触点的动作。中间继电器的触头没有主、辅之分，各对触头允许通过的电流大小相同。中间继电器的外形图如图 2-38 所示。

图 2-38　中间继电器的外形图

3. 中间继电器的图形、文字符号及型号

1)中间继电器的图形与文字符号

中间继电器的图形与文字符号如图 2-39 所示。

2)中间继电器的型号

常用中间继电器的型号如图 2-40 所示。

4. 中间继电器的选用

机床中常用 JZ7、JZ8、JZ14、JZ15、JZ17 等系列中间继电器。选择中间继电器时，主要考虑以下几点：

(1)根据控制电路，确定中间继电器的电源是采用交流电还是直流电；

(2)中间继电器线圈的电压和电流应满足电路的要求；

(3)根据工作需求，合理选择中间继电器触点的数量；

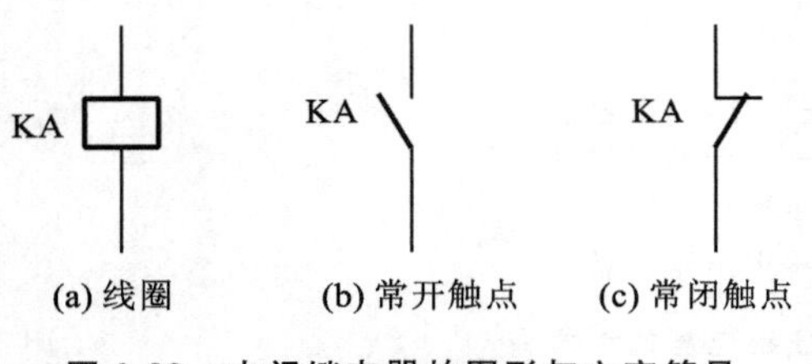

图 2-39　中间继电器的图形与文字符号

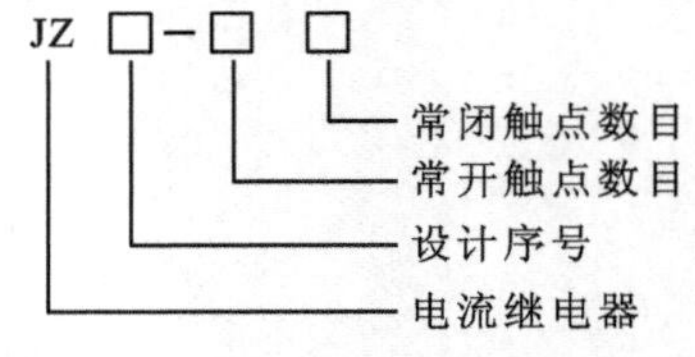

图 2-40　常用中间继电器的型号

(4)中间继电器的容量应满足电路的要求。

2.5.5　时间继电器

时间继电器是指在敏感元件获得信号后，执行元件要延迟一段时间才动作的电器。时间继电器是检测时间间隔的自动切换电器。线圈动作后，触头经过延时才动作，这类触头称为延时触头。此外，目前多数时间继电器附有瞬时触头。

1. 时间继电器的分类

时间继电器的种类很多，主要有以下几种。

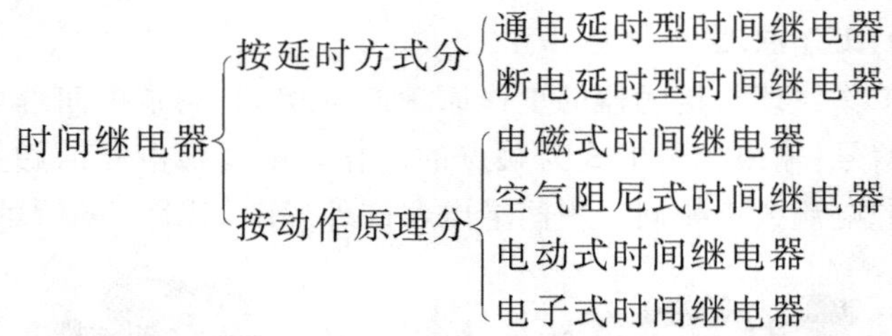

通电延时型时间继电器是指接收输入信号后延时一定的时间，输出信号才发生变化；在输入信号消失后，输出信号立即复原的时间继电器。

断电延时型时间继电器是指接收输入信号时，瞬时产生相应的输出信号；当输入信号消失后，输出信号要延时一定的时间才复原的时间继电器。

电磁式时间继电器的结构与电磁式继电器的结构相同，主要由电磁系统、触点系统及调节装置组成，其延时是靠铁芯柱上的金属阻尼铜套筒来实现的。电磁式时间继电器只有直流断电延时型，延时较短，而且延时精度不高，目前基本已被淘汰。

空气阻尼式时间继电器由电磁机构、气室、工作触点和传动机构四部分组成。其延时是靠空气的阻尼作用来实现的。空气阻尼式时间继电器有通电延时型和断电延时型两种，还附有瞬时动作的触点，分为直流时间继电器和交流时间继电器两大类。空气阻尼式时间继电器具有延时范围较宽、结构简单、工作可靠、价格低廉、寿命长等优点，因此常用于延时精度要求不高的机床控制电路中。

电动式时间继电器是由微型同步电动机、减速齿轮机构、电磁离合系统和执行机构组成。电动式时间继电器具有延时长和延时精度高等优点，但其结构复杂，而且不适于频繁操作，所以目前也很少使用。

电子式时间继电器目前常用的有晶体管式时间继电器和数字式时间继电器两类。

晶体管式时间继电器除执行继电器外，均由电子元件组成。晶体管式时间继电器工作

时通过电阻对电容充电，待电容上电压值达到预定值时，驱动电路使执行继电器接通来实现延时输出。它分为通电延时型和断电延时型两种，还附有瞬时动作的触点。由于没有机械部件，故晶体管时间继电器不仅具有延时范围较宽、精度高、体积小、工作可靠、寿命长等优点，而且有些还采用拨码开关来整定延时时间，并采用显示器直接显示定时时间和工作状态，具有直观、准确、使用方便等特点，因此常用于延时精度要求高且延时较长的控制系统中。

数字式时间继电器的延时范围比晶体管式时间继电器的还要宽，它可成倍增加，调节精度可提高两个数量级以上，适用于各种需要精确延时的场合。数字式时间继电器有通电延时、断电延时、定时吸合和循环延时四种延时形式和十几种延时范围供选择，这是晶体管式时间继电器不可比拟的，由于具有这些优点，它被用于延时较长且精确延时的控制系统中。

目前机床中常用空气阻尼式时间继电器和电子式时间继电器。下面以空气阻尼式时间继电器为例来进行介绍。

2. 空气阻尼式时间继电器的组成与工作原理

1）空气阻尼式时间继电器的组成

空气阻尼式时间继电器由电磁机构、气室、工作触点和传动机构四部分组成。空气阻尼式时间继电器的结构图如图 2-41 所示。

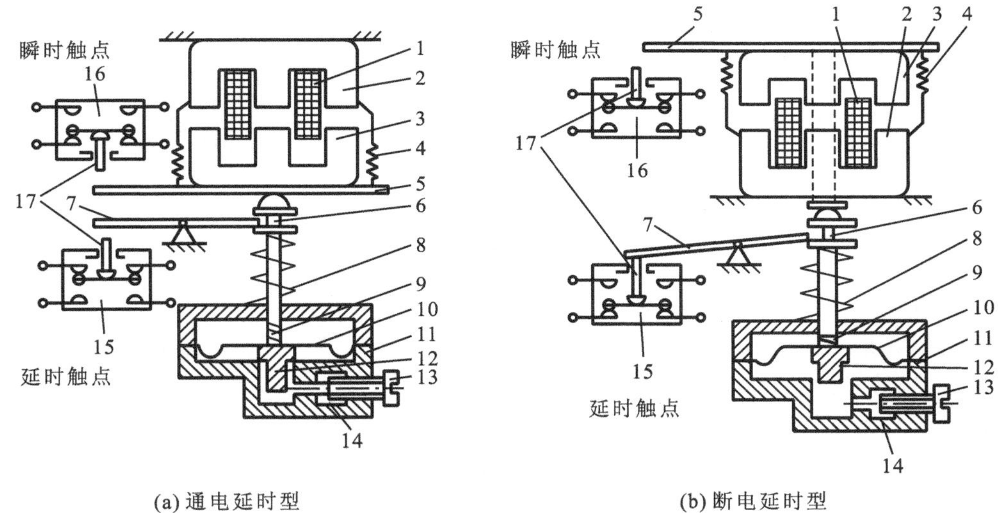

图 2-41 空气阻尼式时间继电器的结构图

1—线圈；2—铁芯；3—衔铁；4—反力弹簧；5—推板；6—活塞杆；7—杠杆；8—塔形弹簧；9—弱弹簧；10—橡皮膜；11—空气室壁；12—活塞；13—调节螺钉；14—进气孔；15—微动开关（延时）；16—微动开关（不延时）；17—顶杆

2）空气阻尼式时间继电器的工作原理

如图 2-41 所示，当通电延时型空气阻尼式时间继电器线圈得电后，衔铁吸合，活塞杆在弹簧的作用下，带动活塞和橡皮膜向上移动，橡皮膜下方空气室的空气变得稀薄，形成负压，活塞杆只能缓慢移动，其移动速度由进气孔气隙来决定。经过一段时间后，活塞杆通过杠杆压动微动开关，使其触点动作，起到了通电延时作用。当空气阻尼式时间继电器线圈断电时，衔铁释放，橡皮膜下方空气室的空气通过活塞迅速排出，使活塞杆、杠杆、微动开关等迅速复位。

延时为从线圈得电到触点动作这段时间。延时长短可通过调节螺钉调节进气孔的气隙大小来实现。

如图 2-41(b)所示，断电延时型空气阻尼式时间继电器的结构和工作原理都与通电延时型的相似，只要将电磁铁倒置 180°安装就可实现断电延时。

3. 时间继电器的图形、文字符号及型号

1)时间继电器的图形与文字符号

时间继电器的图形与文字符号如图 2-42 所示。

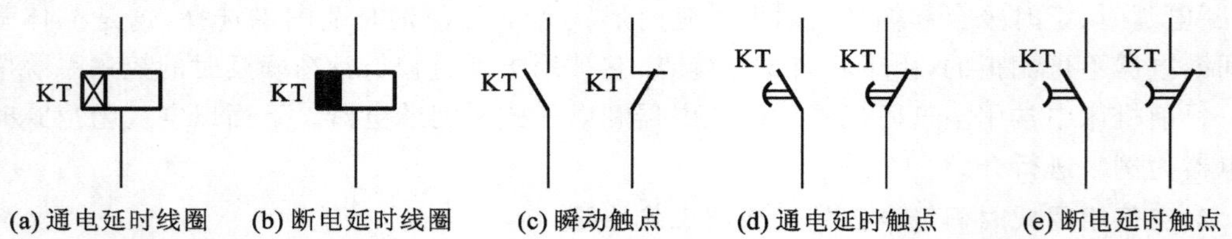

图 2-42　时间继电器的图形与文字符号

2)时间继电器的型号

机床中常用的时间继电器的型号如图 2-43 所示。

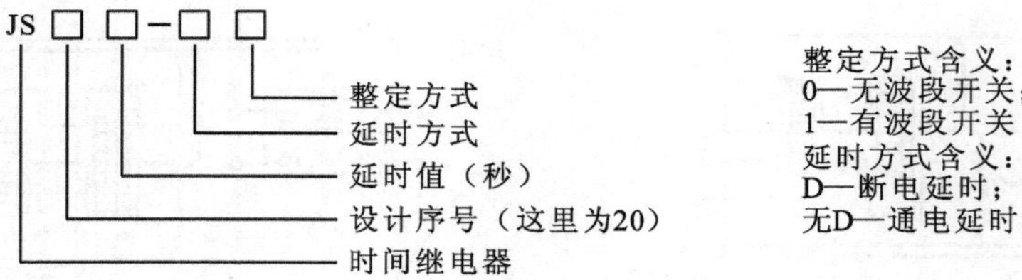

图 2-43　常用时间继电器的型号

4. 时间继电器的选用

时间继电器主要根据使用场合、工作环境来进行选择。例如，对于电流电压波动大的场合可选用空气阻尼式时间继电器或电动式时间继电器，电源频率不稳定的场合不宜选用电动式时间继电器，环境温度变化大的场合不宜选用空气阻尼式时间继电器和晶体管式时间继电器。时间继电器的选择主要考虑以下几点：

(1)根据延时精度要求，选择时间继电器类型；

(2)确定延时方式，满足控制电路的要求；

(3)根据延时时间，确定所选时间继电器的延时范围；

(4)根据控制电路电压类型及等级，选择线圈的额定电压。

2.5.6　速度继电器

速度继电器又称为反接制动继电器，它是根据电磁感应原理制成的，用于检测转速。速度继电器是按速度动作的继电器，常用于三相异步电动机的反接制动控制电路中。

1. 速度继电器的分类

机床中常用的速度继电器主要可分为 JFZ0 型速度继电器和 JY1 型速度继电器两个系列。

2. 速度继电器的组成与工作原理

1）速度继电器的组成

速度继电器主要由转子、定子和触点三部分组成。转子是一个圆柱形的永久磁铁；定子是一个笼式的空心圆环，由硅钢片叠成，并装有笼式绕组。速度继电器的结构图如图 2-44 所示。

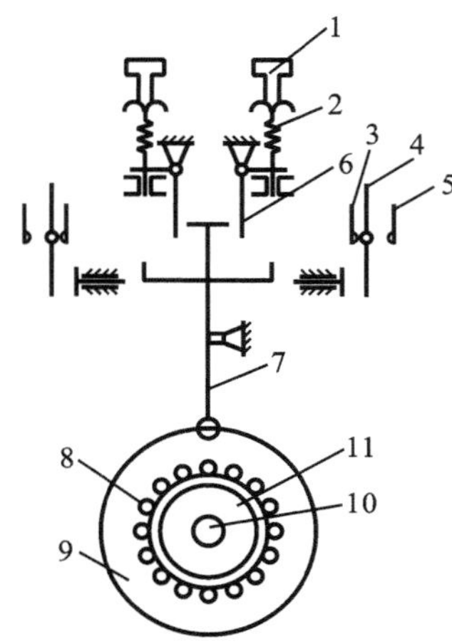

图 2-44　速度继电器的结构图

1—调节螺钉；2—反力弹簧；3—常闭触点；4—动触点；5—常开触点；
6—返回杠杆；7—杠杆；8—定子导体；9—定子；10—转轴；11—转子

2）速度继电器的工作原理

速度继电器的转子轴与电动机轴相连接，定子空套在转子上。当电动机转动时，速度继电器的转子随之转动，在空间产生旋转磁场，切割定子绕组，从而产生感应电流。感应电流又在旋转磁场作用下产生转矩，使定子随转子转动方向而旋转一定的角度。此时与定子装在一起的摆锤推动触点动作，使常闭触点断开，常开触点闭合。当电动机转速低于某一值时，定子产生的转矩减小，定子便返回到原来位置，对应的动触点也复位。

速度继电器的触点动作时，所需转子的转速调节可以通过调节反力系统的反作用力大小来实现。

3. 速度继电器的图形、文字符号及型号

1）速度继电器的图形与文字符号

速度继电器的图形与文字符号如图 2-45 所示。

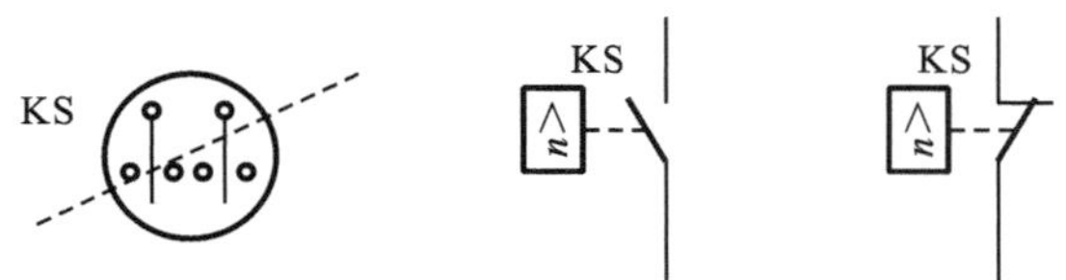

图 2-45　速度继电器的图形与文字符号

2）速度继电器的型号

机床中常用速度继电器的型号如图 2-46 所示。

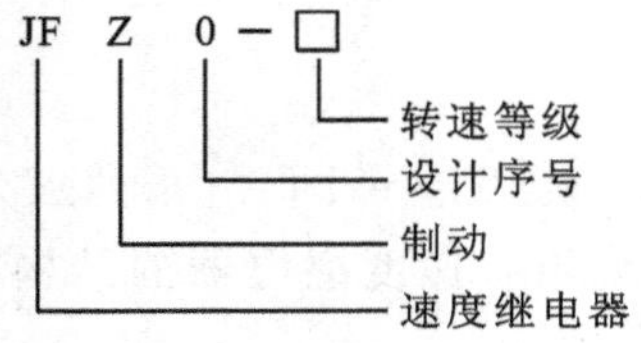

转速等级含义：
1—额定工作转速为300~1 000 r/min；
2—额定工作转速为1 000~3 600 r/min

图 2-46 常用速度继电器的型号

4. 速度继电器的选用

选用速度继电器时要注意以下几点：

(1)根据被控电动机的转速大小、触头数量、额定电压、额定电流及额定转速来选择；

(2)速度继电器的转轴应与被控电动机同轴相连，且确保两轴的中心线重合；

(3)速度继电器安装接线时，正方向的触点不能接错，否则不能起到在反接制动时接通和断开反向电源的作用；

(4)速度继电器的金属外壳应可靠接地。

2.6 执行电器

执行电器是指能够根据控制系统的输出控制逻辑要求执行动作命令的器件。

本书中介绍的执行电器都是基于电磁机构的工作原理工作的，因此都是以电磁式为主。例如前面所介绍的接触器就是一种电磁执行电器。

执行电器的种类繁多，机床中常用的主要有以下几种。

执行电器
- 接触器
- 电磁铁
- 电磁阀

前面已介绍了接触器，下面主要介绍电磁铁和电磁阀。

2.6.1 电磁铁

电磁铁的主要作用是将电磁能量转换成机械能量，带动执行部件(如触点)动作，从而完成接通或分断电路的功能。

1. 电磁铁的分类

根据励磁电流的不同，电磁铁主要分为以下两种。

电磁铁
- 按是否浸在油中分
  - 干式电磁铁
  - 湿式电磁铁
- 按励磁电流类型分
  - 直流电磁铁
  - 交流电磁铁

2. 电磁铁的组成与工作原理

1)电磁铁的组成

电磁铁主要由吸引线圈、铁芯和衔铁三个部分组成。电磁铁的结构图如图 2-47 所示。

2)电磁铁的工作原理

当线圈通入电流后，产生磁场，磁通经铁芯、衔铁和工作气隙形成闭合回路。此时作用在衔铁上有两个力：一个是磁场所产生的电磁吸力，方向是由衔铁指向铁芯；另一个是复位弹簧的作用力，方向与电磁吸力的方向相反。当电磁吸力大于复位弹簧的作用力时，衔铁才能被铁芯吸住。

3. 电磁铁的图形与文字符号

电磁铁的图形与文字符号如图 2-48 所示。

图 2-47　电磁铁的结构图

1—衔铁；2—铁芯；3—吸引线圈

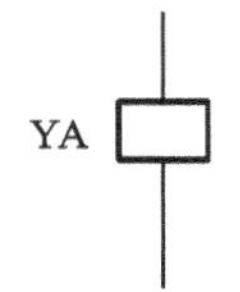

图 2-48　电磁铁的图形与文字符号

4. 电磁铁的选用

(1)电磁铁的主要技术指标包括额定行程、额定吸力及额定电压。

(2)电磁铁的选用原则如下：①根据实际控制的要求，选择是采用直流电磁铁还是采用交流电磁铁；②电磁铁的额定行程应满足实际所需机械行程的要求；③电磁铁的额定吸力必须大于机械装置所需的启动吸力。

2.6.2　电磁阀

电磁阀在液压传动系统或气压传动系统中有很多种，在这里是指电磁换向阀。它是利用电磁铁推动滑阀移动，使阀芯改变工作位置，实现换向，进而控制液压油的流动方向，接通或切断相应的油路。电磁换向阀是电气系统与液压传动系统或气压传动系统之间的信号转换元件，具有控制与调节功能，操纵方便、布局灵活，有利于提高自动化程度。下面以三位四通电磁换向阀为例来进行介绍。

1. 电磁换向阀的分类

电磁换向阀的种类很多，主要有以下几种。

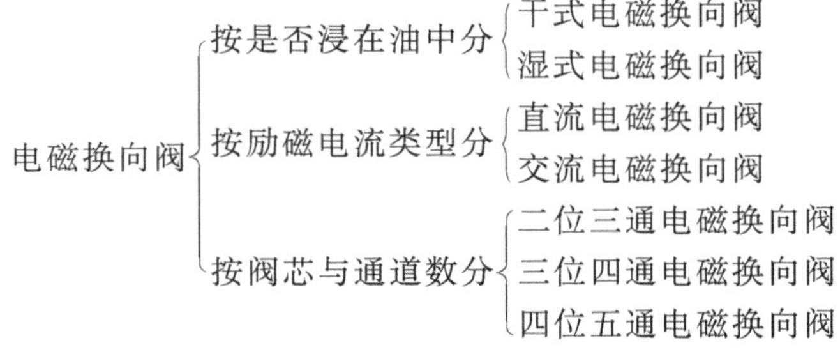

2. 电磁换向阀的组成与工作原理

1)电磁换向阀的组成

电磁换向阀主要由阀芯、衔铁、推杆和弹簧等组成。三位四通电磁换向阀的结构图如图 2-49 所示。阀的左、右两边各有一个电磁铁和一个对中弹簧。

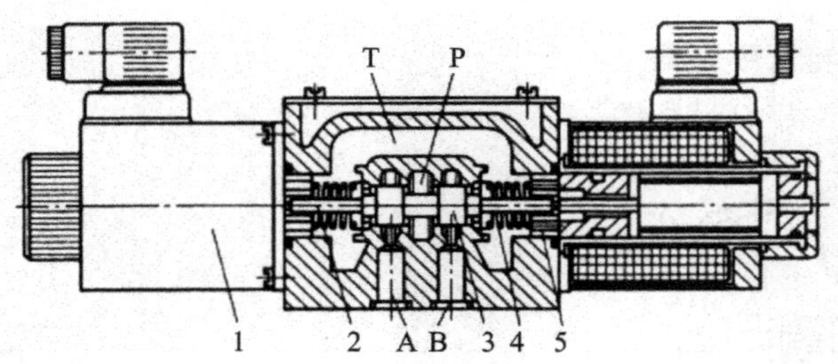

图 2-49　三位四通电磁换向阀的结构图

1—电磁铁;2—推杆;3—阀芯;4—弹簧;5—挡圈

2)电磁换向阀的工作原理

三位四通电磁换向阀不通电时,阀芯在对中弹簧作用下处于中位,此时油口 P、A、B 和 T 互不相通;当右端电磁铁通电时,右衔铁通过推杆将阀芯推至左端,阀工作于右位,使油口 P 通 B、A 通 T;当左端电磁铁通电时,左衔铁通过推杆将阀芯推至左端,阀工作于左位,使油口 P 通 A、B 通 T。

3. 电磁换向阀的图形与文字符号

电磁换向阀的图形与文字符号如图 2-50 所示。

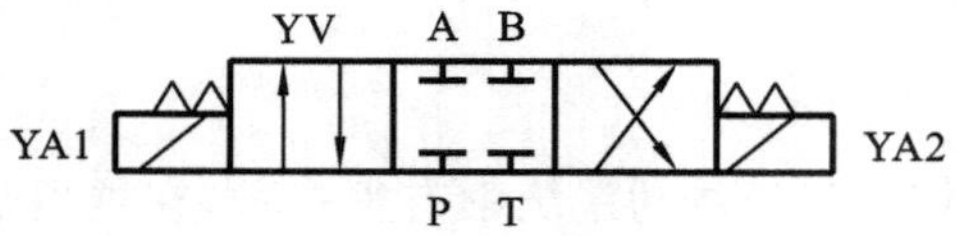

图 2-50　电磁换向阀的图形与文字符号

4. 电磁换向阀的选用

(1)电磁换向阀的主要技术指标包括额定压力、额定流量及通径等。

(2)电磁换向阀的选用原则如下:①根据电气和实际应用场合要求,确定是采用直流电磁换向阀还是采用交流电磁换向阀;②所选用的电磁换向阀的工作压力与流量不要超过其额定值;③实际应用时的油温应满足电磁换向阀的工作温度要求。

2.7　保护电器

保护电器是指一类具有保护功能的电器。它在电路发生严重过载、短路或欠电压等故障时,能自动切断故障电路,使电气设备免受损坏。保护电器是机床安全生产的有力保障。

保护电器的种类繁多,机床中常用的主要有以下几种。

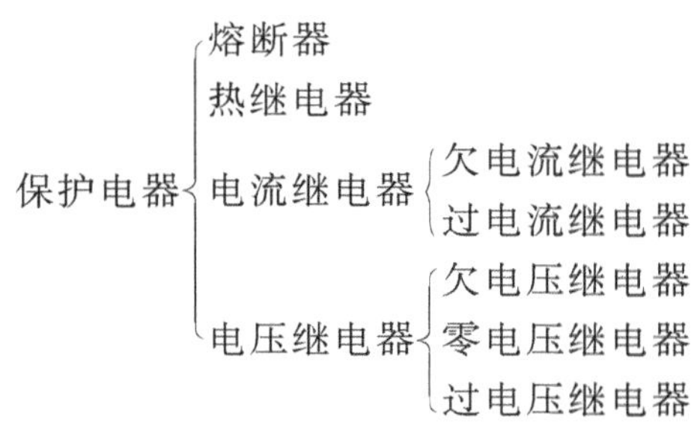

保护电器中的电流继电器和电压继电器在前面已详细介绍，这里就只介绍熔断器和热继电器。

2.7.1　熔断器

熔断器是低压配电系统和电力拖动系统中实现过载和短路保护作用的保护电器。它的主体是用低熔点的金属丝或者金属薄片制成的熔体，串联在被保护的电路中。正常工作时，熔体相当于一根导线连通电路，而当电路发生短路或过载时，电流增大，使熔体过热熔断，从而切断电路。因此，熔断器是被广泛地应用于低压电路或者电动机控制电路中的最简单有效的保护电器。

1. 熔断器的分类

熔断器的种类很多，主要有以下几种。

熔断器：
- 插入式熔断器
- 无填料封闭管式熔断器
- 有填料封闭管式熔断器
- 螺旋式熔断器
- 快速熔断器

插入式熔断器主要用于额定电压 380 V 以下的电路末端，作为供配电系统中对导线、电气设备（如电动机、负荷电器）以及 220 V 单相电路（如民用照明电路及电气设备）的短路保护电器。

无填料封闭管式熔断器主要用于经常发生过载和断路故障的电路中，作为低压电力线路或者成套配电装置的连续过载及短路保护。

有填料封闭管式熔断器是在熔断管内添加灭弧介质后的一种封闭式管状熔断器，目前广泛使用的灭弧介质是石英砂。石英砂具有热稳定性好、熔点高、热导率高、化学惰性大和价格低廉等优点。

螺旋式熔断器主要用于交流电压 380 V、电流强度 200 A 以内的电力线路和用电设备中做短路保护，在机床电路中应用得比较广泛。

快速熔断器又称半导体器件保护用熔断器。它主要用于半导体整流元件或整流装置的短路保护。半导体元件的过载能力很差，只能在极短的时间内承受较大的过载电流，因此具有快速熔断的特性。

2. 熔断器的组成与工作原理

1)熔断器的组成

熔断器主要由熔体、绝缘底座或熔断管、触头等组成。熔体与绝缘底座或熔断管的组合称为熔断器总成。熔断器的结构图如图 2-51 所示。

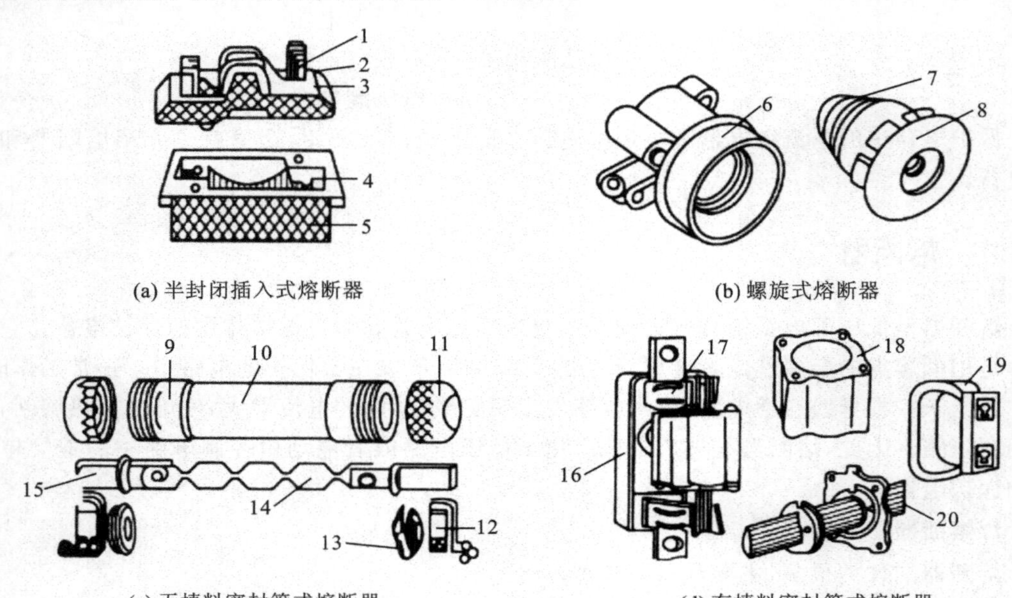

图 2-51　熔断器的结构图

1—动触点;2、7、14、20—熔体;3—瓷插件;4—静触头;5、6、16—绝缘底座;8—瓷帽;9—铜圈;10—熔断管;11—管帽;12—插座;13—特殊垫圈;15—熔片;17—弹簧片;18—管体;19—绝缘手柄

2)熔断器的工作原理

正常工作时,流过熔体的电流不超过规定值时,由于熔体发热的温度尚未达到熔体的熔点,所以熔体不会熔断,电路仍保持接通。当流过熔体的电流超过规定值时,熔体熔断,电路被切断。

熔断器的熔体通常由两种材料制成:一种是由铅锡合金和锌等低熔点金属材料制成的,因不易于灭弧,故多用于小电流电路;另一种是由银、铜等高熔点金属制成的,因易于灭弧,故多用于大电流电路。

3. 熔断器的图形、文字符号及型号

1)熔断器的图形与文字符号

熔断器的图形与文字符号如图 2-52 所示。

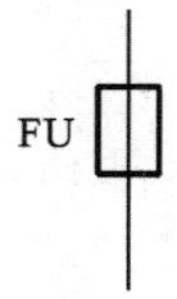

图 2-52　熔断器的图形与文字符号

2)熔断器的型号

常用熔断器的型号如图 2-53 所示。

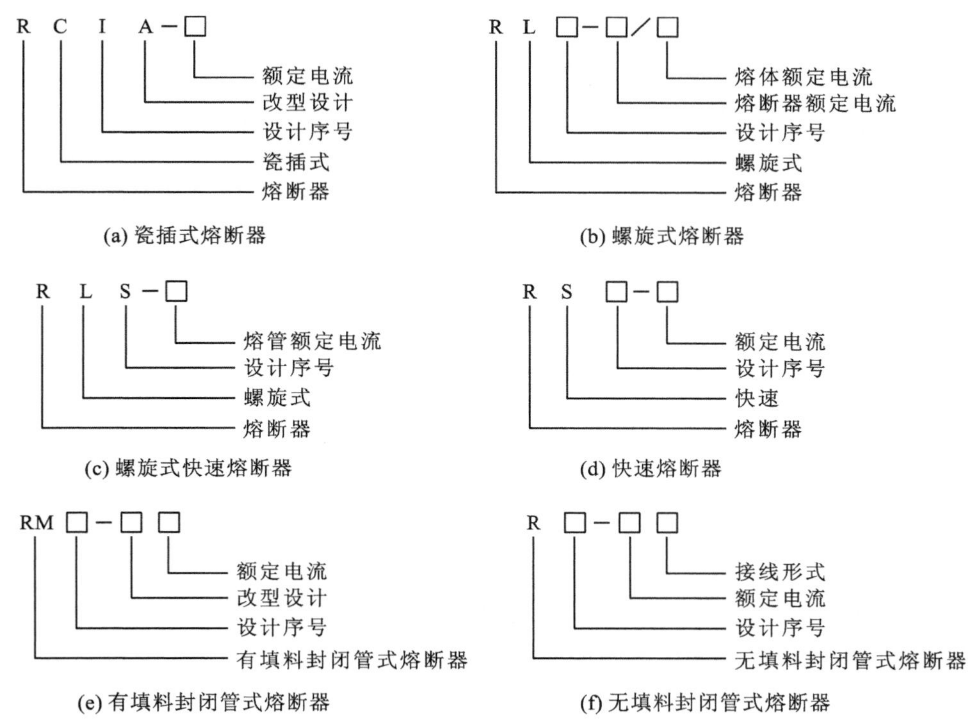

图 2-53　常用熔断器的型号

4. 熔断器的选用

机床中常用 RCL1 瓷插式熔断器，RL1、RL6、RL7 螺旋式熔断器，RLS1、RLS2 快换熔断器，RM1、RM2 无填料封闭管式熔断器。选用熔断器时，主要考虑熔断器的额定电压、额定电流、类型及熔体额定电流等参数。

(1)熔断器的额定电压应不小于控制电路的工作电压。

(2)熔断器额定电流应不小于熔体的额定电流。

(3)熔体的额定电流应不小于负载的额定电流，选用时要根据具体使用场合来确定。

①对于只有很小或者没有冲击电流的负载电路，熔体的额定电流应等于或者稍大于被保护电路的工作电流。

②对于电动机类负载，必须考虑启动冲击电流的影响来选择熔体的额定电流值，即

$$I_{fu} \geqslant (1.5 \sim 2.5) I_N \tag{2-1}$$

式中：I_{fu}——熔体的额定电流，单位为 A；

I_N——电动机的额定电流，单位为 A。

③对于多台电动机，由一个熔断器保护时，熔断器熔体额定电流的选择应按式(2-2)来计算。

$$I_{fu} \geqslant I_m / 2.5 \tag{2-2}$$

式中：I_m——可能出现的最大电流，单位为 A。

2.7.2 热继电器

热继电器是一种利用电流的热效应来切断电路的保护电器。在机床电气控制电路中，如果电动机长期过载、频繁启动、欠电压运行或者断相运行等都可能使电动机的电流超过它的额定值。如果超过额定值的量不大，熔断器在这种情况下不会熔断，这样将引起电动机过热，损坏绕组的绝缘层，缩短电动机的使用寿命，严重时甚至烧坏电动机。因此，热继电器不仅适用于电动机的过载保护以及断相保护，也适用于对其他电气设备的过载保护。

1. 热继电器的分类

热继电器的种类很多，机床中主要按相数及是否带断相保护进行分类，主要有如下几种。

热继电器
- 单相结构热继电器
- 两相结构热继电器
- 三相结构热继电器
  - 带断相保护三相结构热继电器
  - 不带断相保护三相结构热继电器

2. 热继电器的组成与工作原理

1）热继电器的组成

热继电器主要由热元件、动作机构、触电系统、复位按钮及整定电流装置组成。三相结构热继电器的结构图与带断相保护导板动作示意图如图 2-54 所示。

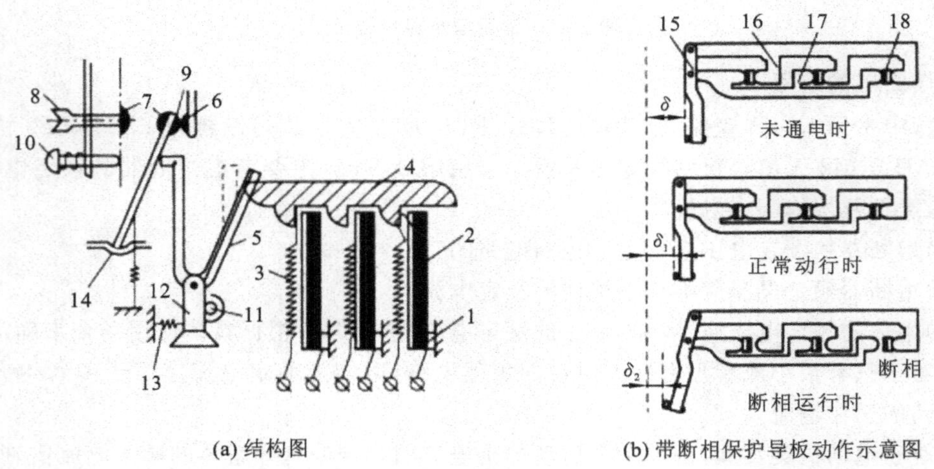

(a) 结构图　　(b) 带断相保护导板动作示意图

图 2-54　三相结构热继电器的结构图与带断相保护导板动作示意图

1—支架；2、18—双金属片；3—绝缘电阻丝；4—导板；5—补偿双金属片；6—静触点；7—常开触点；8—复位螺钉；9—动触点；10—复位按钮；11—调节旋钮；12—支撑架；13—拉簧；14—推杆；15—杠杆；16—内导板；17—外导板

热元件是热继电器接收过载信号的部分，由双金属片及绕在双金属片外面的绝缘电阻丝组成。当电流通过热元件时，热元件对双金属片进行加热，使双金属片受热弯曲。

动作机构是指由导板、补偿双金属片、推杆、杠杆及拉簧等组成，用来补偿温度对热继电器的影响。

触电系统一般由一对常闭触点和一对常开触点组成。

复位按钮用于热继电器动作后的复位。热继电器动作后的复位有手动复位和自动复位两种:①手动复位功能由复位按钮来完成;②自动复位功能由双金属片冷却自动完成,但这需要一定的时间。

整定电流装置由旋钮和偏心轮组成,用来调节整定电流的数值。热继电器的整定电流是指热继电器长期不动作的最大电流值,超过此值就要动作。

带断相保护三相结构热继电器是在三相结构热继电器的结构基础上增加了断相保护装置的一种保护型热继电器。

2)热继电器的工作原理

当电动机过载时,过载电流使绝缘电阻丝过量发热,引起双金属片受热过量弯曲,推动导板向右移动,导板又推动温度补偿双金属片使推杆绕轴转动,又推动了动触点连杆,常闭触点断开,使电动机控制电路中的接触器线圈断电,从而使接触器的主触点断开以切断电动机电源。

在三相交流电动机的工作电路中,若三相中有一相断线就会出现过载电流,这是因为断线那一相的补偿双金属片不能弯曲,导致热继电器不能及时动作甚至不动作,故不能起到保护作用,这时就需要使用带断相保护的热继电器。

3. 热继电器的图形、文字符号及型号

1)热继电器的图形与文字符号

热继电器的图形与文字符号如图 2-55 所示。

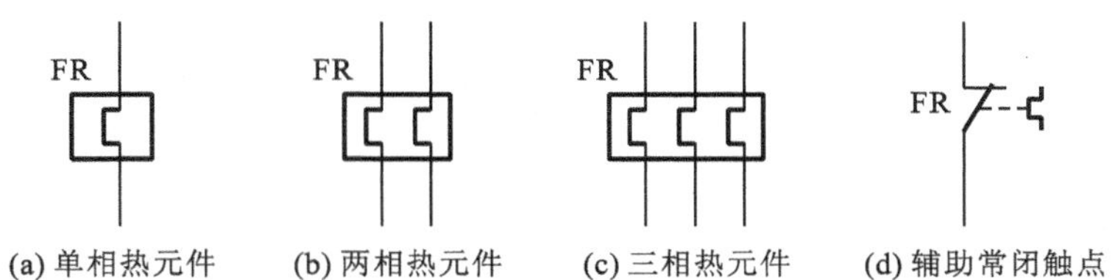

图 2-55　热继电器的图形与文字符号

2)热继电器的型号

常用热继电器的型号如图 2-56 所示。

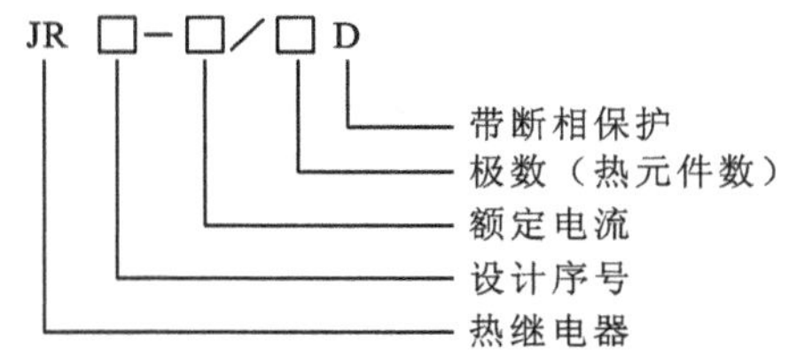

图 2-56　常用热继电器的型号

4. 热继电器的选用

机床中常用 JR0、JR14、JR15、JR16 等系列的熔断器。热继电器主要用于电动机的过载保护,使用时应考虑电动机的特性、负载特性、启动情况及工作环境等因数。热继电器具体选择如下所述。

(1)热继电器的型号及热元件的额定电流等级应根据电动机的额定电流来确定。热元件的额定电流计算如下：

$$I_N = (0.95 \sim 1.05)I'_N \tag{2-3}$$

式中：I_N——热元件的额定电流，单位为A；

I'_N——电动机的额定电流，单位为A。

(2)△形接法的电动机应选用带断相保护装置的三相结构热继电器，Y形接法的电动机可选用两相或三相结构热继电器。

(3)对于轻载或不频繁启动的电动机，可以选用热元件为补偿双金属片的热继电器。

(4)对于重载或频繁启动的电动机，不能选用热元件为补偿双金属片的热继电器，而应采用过电流继电器做过载保护和短路保护。

本章小结

本章主要介绍机床常用电气元件的基础知识，重点介绍相关电气元件的工作原理、结构特点、种类、图形、文字符号及其选用原则。

机床常用电气元件一般为低压电器，机床中最常用的主要有刀开关、组合开关、万能转换开关、控制按钮、行程开关、接近开关、主令控制器、交流接触器、直流接触器、电流继电器、电压继电器、中间继电器、时间继电器、速度继电器、电磁铁、电磁阀、熔断器及热继电器等，为了便于记忆，我们将它们按低压隔离开关、主令电器、接触器、继电器、执行电器及保护电器的分类方式进行介绍。

由于机床电气控制电路所涉及的电气元件数量很多，不同场合会采用不同的分类方式，使用时要根据具体的应用场合灵活选取。比如电流继电器和电压继电器，按工作原理进行分类，电流继电器和电压继电器属于电磁式电器；按用途进行分类，电流继电器和电压继电器属于保护电器。

思考复习题2

1. 填空题

(1)交流接触器主要由________、________和________组成。

(2)熔断器用于________保护，热继电器用于________保护，它们都是利用________来工作的。

(3)接触器依靠自身辅助触头(触点)而使线圈保持通电的现象称为________，可以起到________保护和________保护作用。

(4)电流继电器分为________和________两种，它的线圈一般应________在测量电路中，绕组导线较________，电压继电器的线圈应________在电路中，绕组导线较________。

(5)熔断器又称为保险丝，用于电路的________保护，使用时应________接在电路中。

2. 选择题

(1)自锁控制环节具有失压保护功能，能实现该功能的电器是(　　)。

A. 按钮　　B. 热继电器　　C. 熔断器　　D. 接触器

(2)按下复合按钮或接触器线圈通电时,其触点动作顺序是(　　)。

A. 常闭触点先断开　　B. 常开触点先闭合　　C. 两者同时动作

(3)在多地点控制电路中,启动按钮(常开)和停止按钮(常闭)在电路中分别要(　　)。

A. 并联、并联　　B. 串联、串联　　C. 串联、并联　　D. 并联、串联

(4)下面电气元件为主令电器的是(　　)。

A. 行程开关　　B. 热继电器　　C. 熔断器　　D. 接触器

(5)当时间继电器的线圈得电后,常开触头要经过一定的延时才闭合,这类触头称为(　　)。

A. 断电延时触头　　B. 通电延时触头　　C. 瞬时动作触头　　D. 通用触头

3. 判断题

(1)在三相笼式异步电动机的电气控制电路中,如果使用热继电器做过载保护,就不必再安装熔断器做短路保护。(　　)

(2)三相交流异步电动机的电气控制电路不需要设置任何保护环节。(　　)

(3)接近开关只能检测金属物体,不能检测非金属物体。(　　)

(4)中间继电器和接触器没有太大区别,只是中间继电器的触头数目比接触器的触头数目多而已。(　　)

(5)执行电器是指能够根据控制系统的输出控制逻辑要求执行动作命令的电气元件。(　　)

4. 简答题

(1)什么是低压电器?

(2)机床电器的主要性能参数有哪些?

(3)简述机床电器的分类形式。

(4)什么是主令电器? 主令电器有哪些分类?

(5)什么是时间继电器? 其主要分类有哪些?

(6)在电动机反接制动控制电路中,速度继电器是如何安装的?

第3章 机床电气控制电路的基本环节

【内容提要】

<table>
<tr><td rowspan="2">内容提要</td><td>知识要点</td><td>(1)机床电气原理图及其绘制原则；
(2)三相异步电动机全压启动控制环节的组成及工作原理；
(3)三相异步电动机降压启动控制环节的组成及工作原理；
(4)三相异步电动机正反转控制环节的组成及工作原理；
(5)三相异步电动机点动与长动控制环节的组成及工作原理；
(6)三相异步电动机制动(如能耗制动、反接制动)控制环节的组成及工作原理；
(7)三相异步电动机多地点控制环节的组成及工作原理；
(8)机床中的电液控制的组成及工作原理。</td></tr>
<tr><td>技术要点</td><td>(1)熟练阅读机床电气典型控制环节的原理图；
(2)三相异步电动机降压启动控制环节的分析与应用；
(3)三相异步电动机正反转控制环节的分析与应用；
(4)三相异步电动机点动、长动及多地点控制环节的分析与应用；
(5)三相异步电动机制动控制环节的分析与应用。</td></tr>
</table>

【教学导航】

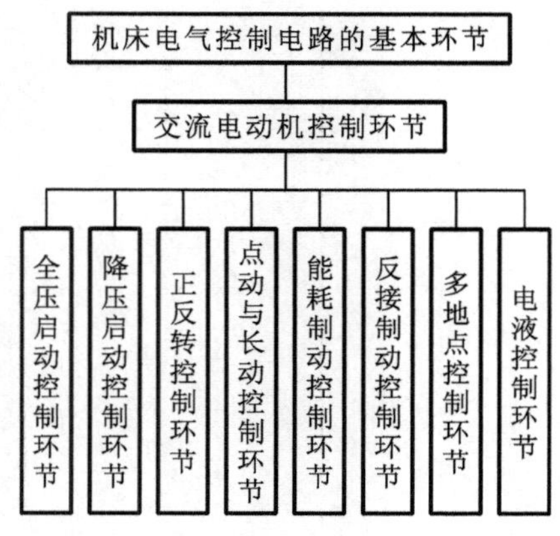

3.1 机床电气原理图及其绘制原则

机床电气控制系统是由电气设备及电气元件按照一定的控制要求连接而成的。为了描述机床电气控制系统的组成结构、工作原理、安装、调试及维修等技术要求，需要用工程图的形式来进行表达，这种图就是电气控制系统图。

机床电气控制系统图通常包括电气原理图、电气安装接线图和电气元件布置图。本书只介绍电气原理图。

3.1.1 机床电气原理图的基本结构

电气原理图是利用图形符号和项目代号表示电气元件连接关系及电气系统工作原理的图形，具有结构简单、层次分明、便于阅读和分析等特点。

下面以图 3-1 所示的电气控制系统的电气原理图为例来介绍电气原理图的基本结构及绘制的基本规则。

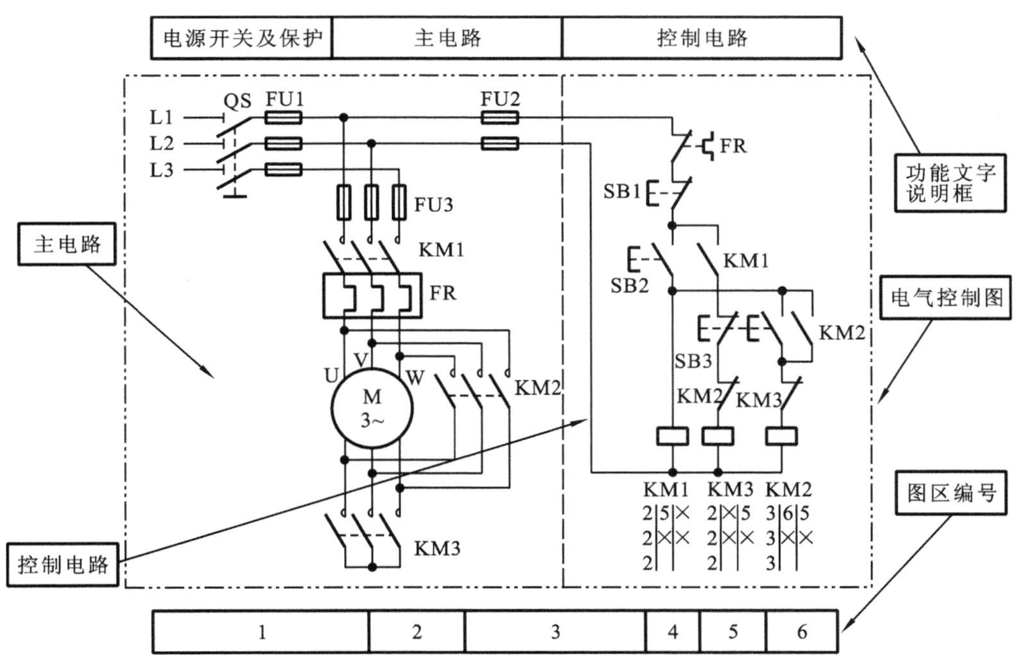

图 3-1　电气控制系统的电气原理图

由图 3-1 可知，电气原理图由功能文字说明框、电气控制图和图区编号三部分组成。

1. 功能文字说明框

功能文字说明框是指图 3-1 上方标注的“电源开关及保护”“主电路”“控制电路”等文字符号，该部分在电路中的作用是说明对应区域下方电气元件或控制电路的功能，以便于理解整个电路的工作原理。例如：第二个功能文字说明框中标有文字“主电路”，表示该区域下方的电气元件组成主电机 M 的主电路；第三个功能文字说明框中标有文字“控制电路”，表示该区域下方的电气元件组成主电机 M 的控制电路。

2. 电气控制图

电气控制图是指位于机床电气原理图中间位置的电路，主要由主电路和控制电路组成，是机床电气原理图的核心部分。

主电路是指电源到电动机绕组的大电流通过的路径。控制电路包括各电动机控制电路、照明电路、信号电路及保护电路等，主要由继电器和接触器线圈、触头、按钮、照明灯、控制变压器等电气元件组成。

接触器和继电器线圈与触头的从属关系应用附图表示，即在电气控制图中接触器和继电器相应线圈的下方，给出触头的图形符号，并在其下面标注相应触头的索引代号，对未使用的触头用“×”标注，有时也可采用省去触头图形符号的表示方法。

(1)对于接触器 KM，附图中各栏的含义如表 3-1 所示。

表 3-1　接触器附图中各栏的含义

左　栏	中　栏	右　栏
主触头 所在图区号	辅助常开(动合) 触头所在图区号	辅助常闭(动断) 触头所在图区号

例如，在图 3-1 所示接触器 KM1 线圈下方的附图中，表示接触器 KM1 有 3 个主触头在第 2 图区，一个辅助常开触头在第 5 图区。

(2)对于继电器 KT 或 KA 而言，附图中各栏的含义如表 3-2 所示。

表 3-2　继电器附图中各栏的含义

左　栏	右　栏
常开(动合) 触头所在图区号	辅助常闭(动断) 触头所在图区号

3. 图区编号

图区编号是指在电气控制图的下方标注的“1”“2”等数字符号，其作用是将电气控制图部分进行分区，以便于使用者能快速、准确地检索所需元件在图中的位置。

3.1.2　机床电气原理图的绘制原则

绘制机床电气原理图的基本原则如下。

(1)电气控制图一般分为主电路和控制电路两部分。其中：主电路用粗实线表示，画在图纸左边(或上部)；控制电路用细实线表示，画在图纸右边(或下部)。

(2)各电气元件不用画出实际的外形图，而是采用国家规定的统一标准绘制。一般属于同一电气元件的线圈和触点，都要采用同一文字符号表示。对同类型的电气元件，在同一电路中的表示可在文字符号后加注阿拉伯数字序号进行分区。

(3)各电气元件和部件在控制电路中的位置，应根据便于阅读的原则安排，同一电气元件的各部件根据需要可不画在一起，但其文字符号要相同。

(4)所有的电气元件的触头状态，都应按常态(即线圈没有通电或没有外力作用)时的初

始开或关状态画出。例如:继电器与接触器的触头按控制线圈不通电时的状态画出,控制器按手柄处于零位时的状态画出,按钮与行程开关触点按不受外力作用时的状态画出等。

(5)电气元件的技术数据,除在电气元件明细表中说明外,也可用小号字体标注在其图形符号的旁边。

(6)无论是主电路还是控制电路,各电气元件一般按动作顺序从上至下、从左至右依次排列,可水平布置或垂直布置。

3.1.3　本书所采用的电气控制电路工作原理叙述方法

在分析继电器-接触式控制系统时,本书采用通俗易记的图形符号,对电气控制电路的工作原理进行描述,使读者不仅能快速掌握机床控制电路的工作过程,而且能充分了解电路中电器元件的状态及其变化原因,牢固掌握电气控制电路的基本内容。

描述电气控制电路工作原理所使用的图形符号如下:

(1)“电器线圈或电磁铁”使用符号“[电器名]”表示,如[KM1]、[YA2];

(2)“电器线圈或电磁铁得电”使用符号“[电器名]+”表示,如[KA1]+、[YA2]+;

(3)“电器线圈或电磁铁失电”使用符号“[电器名]-”表示,如[KM1]-、[YA2]-;

(4)“接触器主触点”使用符号“电器触点名”表示,如KM1、KM2;

(5)“电器常闭触点”使用符号“电器触点名#”表示,如 KA1#、KM2#;

(6)“具有延时功能的时间继电器触点”使用符号“§时间继电器触点名”表示,如§KT1;

(7)“电器触点闭合”使用符号“(电器触点名)↓”表示,如 KM1#↓、KA2↓;

(8)“电器触点断开”使用符号“(电器触点名)↑”表示,如 KM1#↑、SB2↑;

(9)“由前面变化引起后面结果”使用符号“→”表示,如[KM1]+→KM1↓;

(10)“由前面几项同时变化引起后面结果”使用符号“═]→”表示,如

KM2↓接入正向电源
KM2↓形成自锁
KM2#↑形成互锁
] → 电动机M反向转动

本书在继电器-接触器控制系统的相关章节中,对电气控制电路工作原理的叙述都采用以上所示的图形符号进行描述。

[例 3-1]

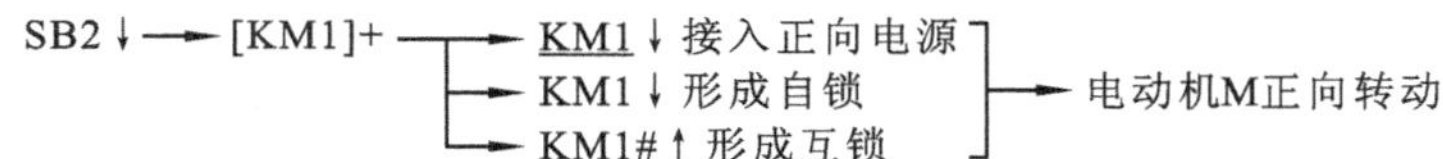

[例 3-2]

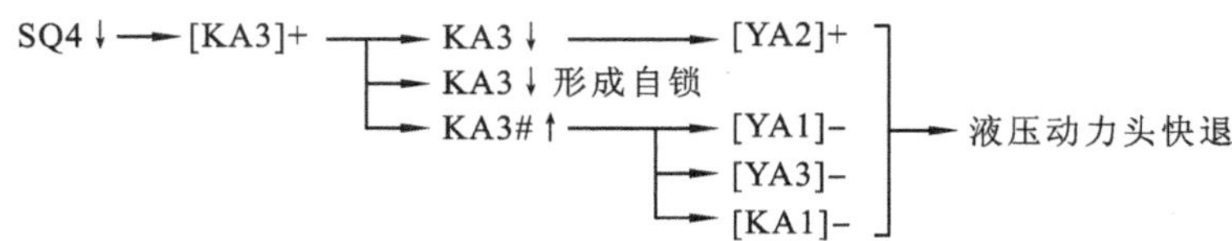

3.2 机床常用电气控制环节

通常，一台机床的电气控制电路一般由若干个基本电气控制环节组成。例如，电动机的启动、调速、制动、多地控制、行程控制和顺序控制环节等。正确地学习和掌握基本电气控制环节，是分析和设计各类机床控制电路的基础和关键。

本书将机床电气控制的基本环节简称为控制环节。

3.2.1 三相异步电动机点动与长动控制环节电路

三相异步电动机点动和长动控制环节电路的区别在于点动控制环节没有自锁环节，而长动控制环节有自锁环节。

1. 三相异步电动机点动控制环节和长动控制环节电路的结构

利用接触器构成的三相异步电动机点动控制环节电路如图 3-2(a)所示，该电路具有电动机点动控制、短路保护和过载保护的功能。利用接触器构成的三相异步电动机长动控制环节电路如图 3-2(b)所示，该电路具有电动机长动控制、短路保护和过载保护的功能。三相异步电动机点动控制环节与长动控制环节的电气元件符号、名称如表 3-3 所示。

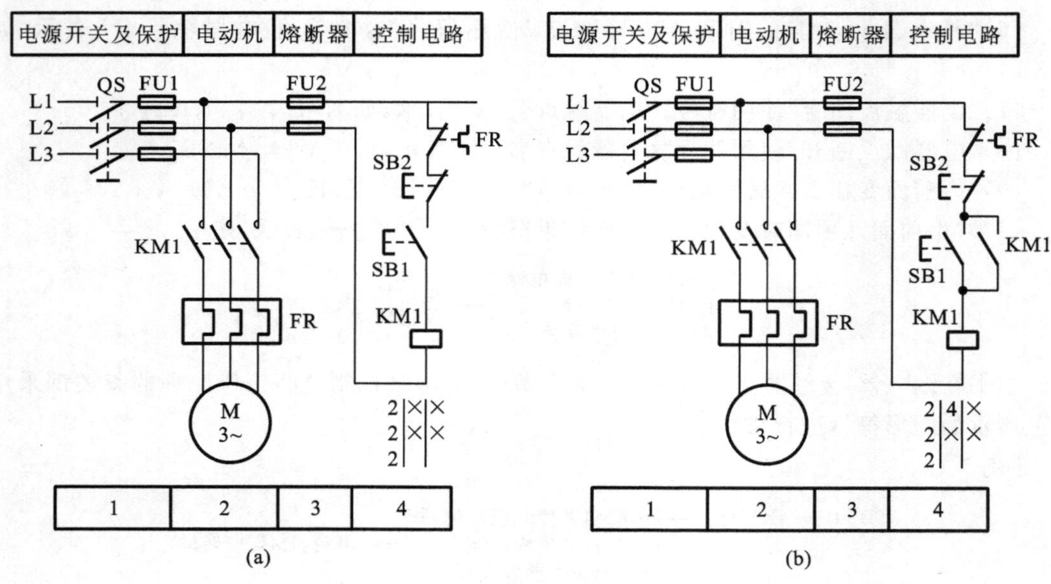

图 3-2 三相异步电动机点动与长动控制环节电路

表 3-3 三相异步电动机点动控制环节与长动控制环节的电气元件符号、名称

三相异步电动机点动控制环节		三相异步电动机长动控制环节	
符号	名称	符号	名称
M	三相异步电动机	M	三相异步电动机

续表

三相异步电动机点动控制环节		三相异步电动机长动控制环节	
符号	名称	符号	名称
KM1	M 正转接触器	KM1	M 正转接触器
QS	隔离开关	QS	隔离开关
SB1	M 启动按钮	SB1	M 启动按钮
SB2	M 停止按钮	SB2	M 停止按钮
FR	热继电器	FR	热继电器
FU1、FU2	熔断器	FU1、FU2	熔断器

2. 三相异步电动机点动控制环节与长动控制环节电路的工作原理

1)三相异步电动机 M 正向点动控制环节

SB1↓→[KM1]+ → KM1↓接入正向电源 / 没有自锁环节 → 电动机M正向点动

2)三相异步电动机 M 正向长动控制环节

SB1↓→[KM1]+ → KM1↓接入正向电源 / KM1↓形成自锁 → 电动机M正向长动

3)三相异步电动机 M 停止控制环节

SB2#↓→[KM1]- → KM1↑切除正向电源 → 电动机M停止

3.2.2　三相异步电动机正反转控制环节

1. 三相异步电动机正反转控制环节电路的结构

三相异步电动机正反转控制环节电路如图 3-3 所示，该电路具有电动机正反转控制、短路保护和过载保护等功能。三相异步电动机正反转控制环节的电气元件符号、名称如表 3-4 所示。

表 3-4　三相异步电动机正反转控制环节的电气元件符号、名称

符　　号	名　　称	符　　号	名　　称
M	三相异步电动机	SB3	M 反转启动按钮
KM1	M 正转接触器	QS	隔离开关
KM2	M 反转接触器	FU1、FU2	熔断器
SB1	M 停止按钮	FR	热继电器
SB2	M 正转启动按钮		

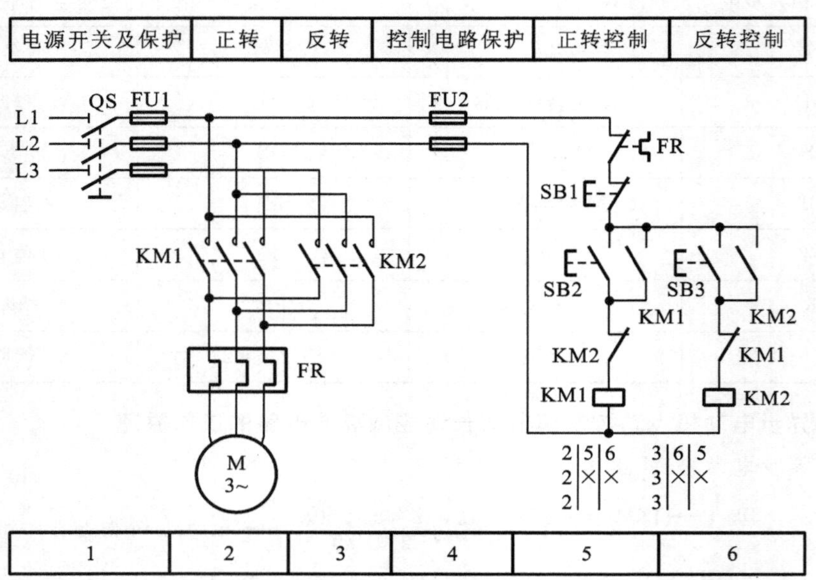

图 3-3　三相异步电动机正反转控制环节电路

2. 三相异步电动机正反转控制环节电路的工作原理

1)三相异步电动机 M 正向转动控制环节

SB2↓→[KM1]+ → KM1↓接入正向电源；→ KM1↓形成自锁；→ KM1#↑形成互锁 → 电动机M正向转动

2)三相异步电动机 M 反向转动控制环节

SB3↓→[KM2]+ → KM2↓接入反向电源；→ KM2↓形成自锁；→ KM2#↑形成互锁 → 电动机M反向转动

3)三相异步电动机 M 停止控制环节

SB1#↑→[KM1]- → KM1↑切除正向电源 → 电动机M停止

SB1#↑→[KM2]- → KM2↑切除反向电源 → 电动机M停止

3.2.3　三相异步电动机 Y-△降压启动控制环节

1. 三相异步电动机 Y-△降压启动控制环节电路的结构

当三相异步电动机容量较小时，可通过开关或接触器直接启动，但当三相异步电动机容量大时，就不能采用直接启动，而应该采用间接启动。利用时间继电器 KT 可以实现三相异步电动机 Y-△降压启动，其控制环节电路如图 3-4 所示。三相异步电动机 Y-△降压启动控制环节的电气元件符号、名称如表 3-5 所示。

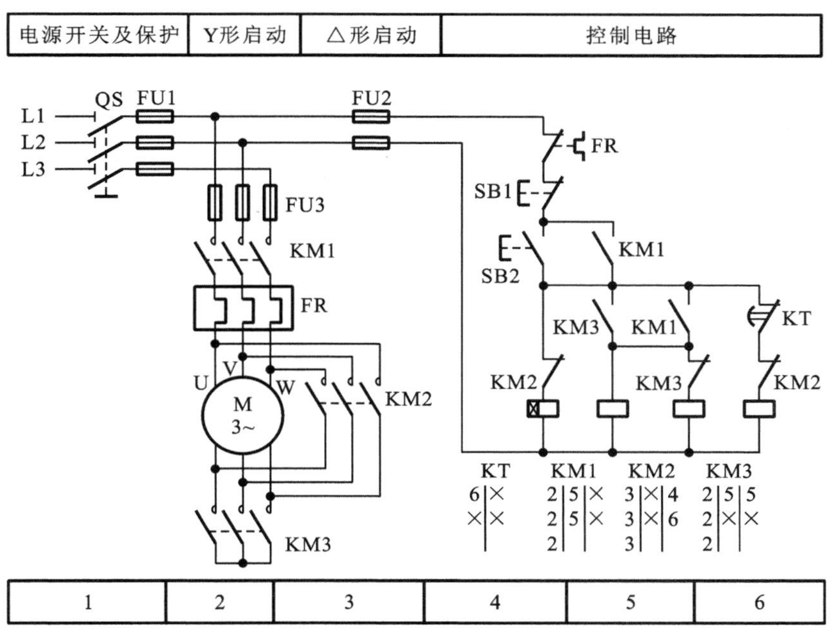

图 3-4　三相异步电动机 Y-△降压启动控制环节电路

表 3-5　三相异步电动机 Y-△降压启动控制环节的电气元件符号、名称

符　　号	名　　称	符　　号	名　　称
M	三相异步电动机	KT	时间继电器
KM1	M 控制接触器	FU1、FU2、FU3	熔断器
KM2	△形连接接触器	QS	隔离开关
KM3	Y 形连接接触器	SB1	M 停止按钮
FR	热继电器	SB2	M 启动按钮

2. 三相异步电动机 Y-△降压启动控制环节电路的工作原理

1)三相异步电动机 Y-△降压启动控制环节

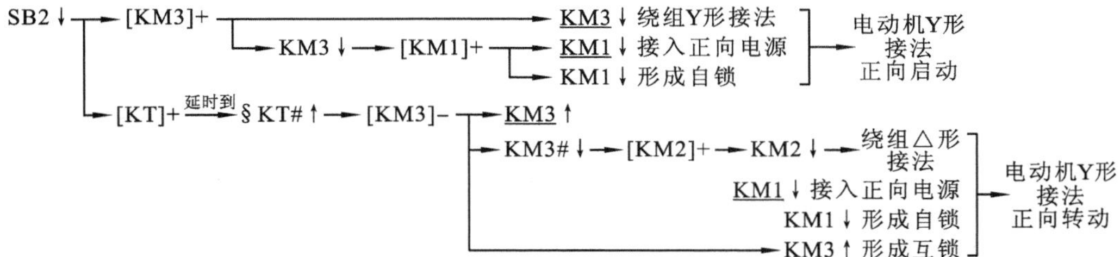

2)三相异步电动机 M 停止控制环节

SB1#↑ → [KT]- ; [KM1]- ; [KM2]- → 电动机M停止

3.2.4　三相异步电动机顺序转动控制环节

1. 三相异步电动机顺序转动控制环节电路的结构

三相异步电动机顺序动作控制环节电路如图 3-5 所示，该电路有两台电动机，M1 为主电动机，M2 为润滑电动机。这两台电动机都具有短路保护和过载保护等功能。先启动主电动机 M1，再启动润滑电动机 M2。三相异步电动机顺序动作控制环节的电气元件符号、名称如表 3-6 所示。

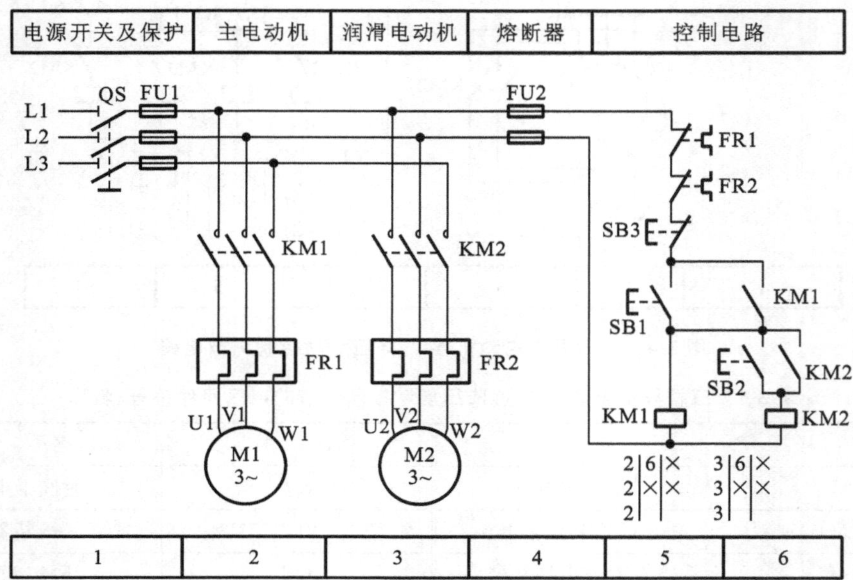

图 3-5　三相异步电动机顺序转动控制环节电路

表 3-6　三相异步电动机顺序转动控制环节的电气元件符号、名称

符　　号	名　　称	符　　号	名　　称
M1	主电动机	SB1	M1 启动按钮
M2	润滑电动机	SB2	M2 启动按钮
KM1	M1 控制接触器	SB3	M1、M2 停止按钮
KM2	M2 控制接触器	FR1、FR2	热继电器
QS	隔离开关	FU1、FU2	熔断器

2. 三相异步电动机顺序转动控制环节电路的工作原理

1）三相异步电动机顺序转动控制环节

SB1↓ → [KM1]+ → KM1↓ 接入电源；KM1↓ 形成自锁 → 电动机M1转动

→ KM1↓ 为M2启动做准备；SB2↓ → [KM2]+ → KM2↓；KM2↓ 形成自锁 → 电动机M2转动

2）三相异步电动机 M 停止控制环节

SB3#↑ ——→ [KM1]- ——→ 电动机M1停止
　　　 └→ [KM2]- ——→ 电动机M2停止

3.2.5　三相异步电动机多地点启动与停止控制环节

1. 三相异步电动机多地点启动与停止控制环节电路的结构

三相异步电动机多地点启动与停止控制环节电路如图 3-6 所示，该电路具有短路保护和过载保护等功能。三相异步电动机可以在三个不同的地点启动和停止电动机 M。三相异步电动机多地点启动与停止控制环节的电气元件符号、名称如表 3-7 所示。

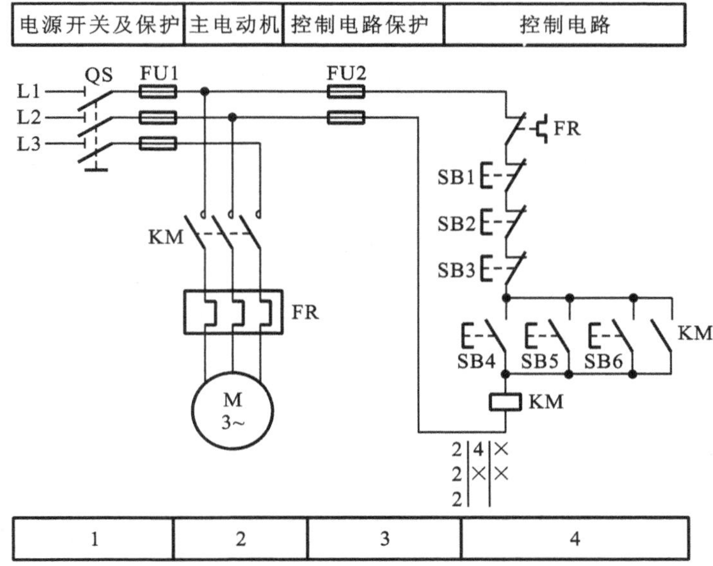

图 3-6　三相异步电动机多地点启动与停止控制环节电路

表 3-7　三相异步电动机多地点启动与停止控制环节的电气元件符号、名称

符　号	名　称	符　号	名　称
M	三相异步电动机	SB4～SB6	M 启动按钮
KM	M 控制接触器	FR	热继电器
SB1～SB3	M 停止按钮	QS	隔离开关
FU1、FU2	熔断器		

2. 三相异步电动机多地点启动与停止控制环节电路的工作原理

1）三相异步电动机 M 多地点启动控制环节

SB4↓ 或 ——→ [KM]+ ——→ KM↓ 接入电源 ┐
SB5↓ 或　　　　　　 └→ KM↓ 形成自锁 ┘——→ 电动机M转动
SB6↓

2)三相异步电动机 M 多地点停止控制环节

SB1#↑或 ——→ [KM]- ——→ KM↑切除电源 ——→ 电动机M停止
SB2#↑或
SB3#↑

3.2.6 三相异步电动机基于行程开关的行程控制环节

1. 三相异步电动机基于行程开关的行程控制环节电路的结构

机床设备中,常用行程开关对机械运动部件的行程与位置进行限制。三相异步电动机基于行程开关的行程控制环节电路如图 3-7 所示,该电路具有短路保护和过载保护等功能,三相异步电动机可以实现正反转。行程开关 SQ1、SQ2 分别安装在 A、B 位置。当三相异步电动机正转时,驱动运动部件从“位置 B”到“位置 A”,当三相异步电动机反转时,驱动运动部件从“位置 A”到“位置 B”。三相异步电动机基于行程开关的行程控制环节的电气元件符号、名称如表 3-8 所示。

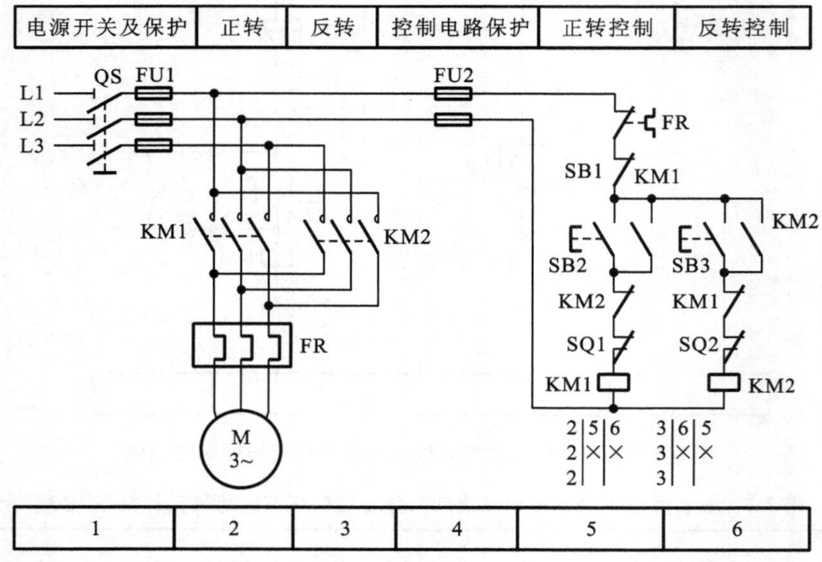

图 3-7 三相异步电动机基于行程开关的行程控制环节电路

表 3-8 三相异步电动机基于行程开关的行程控制环节的电气元件符号、名称

符号	名称	符号	名称
M	三相异步电动机	SB1	M 停止按钮
QS	隔离开关	SB2	M 正转启动按钮
KM1	M1 正转接触器	SB3	M 反转启动按钮
KM2	M2 反转接触器	FR	热继电器
SQ1、SQ2	行程开关	FU1、FU2	熔断器

2. 三相异步电动机基于行程开关的行程控制环节电路的工作原理

1)运动部件从“位置 B”到“位置 A”的控制环节

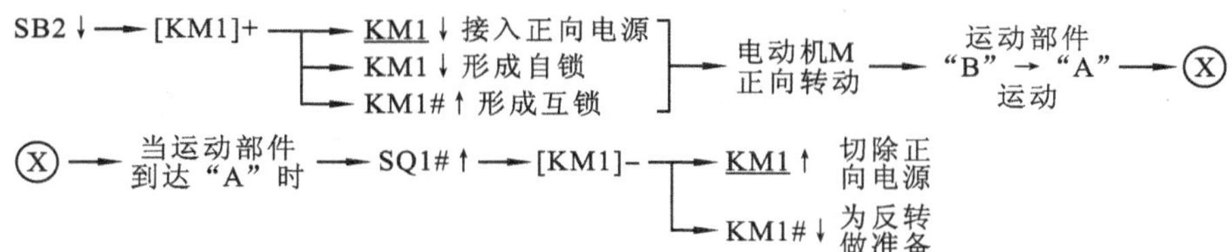

2)运动部件从“位置 A”到“位置 B”的控制环节

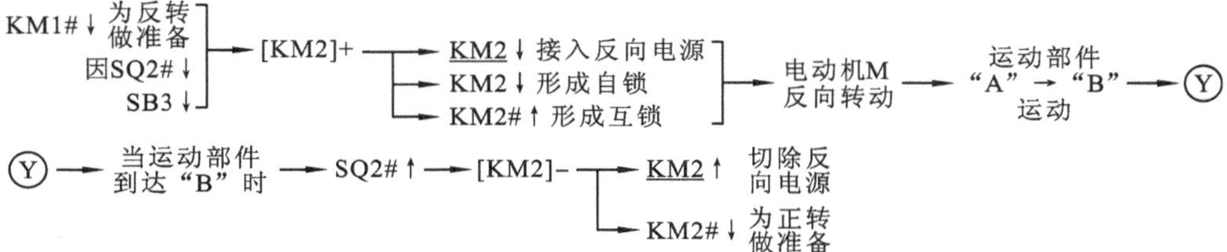

3)三相异步电动机 M 停止控制环节

SB1#↑ → [KM1]- → KM1↑切除正向电源 → 电动机M停止

SB1#↑ → [KM2]- → KM2↑切除反向电源 → 电动机M停止

3.2.7 双速电动机的调速控制环节

1. 双速电动机的调速控制环节电路的结构

机床设备中,有时要用到双速电动机。所谓双速电动机,是指具有高、低两个转速的电动机,可以通过电动机绕组的不同连接方式实现。双速电动机常用的调速控制方法有基于接触器的调速控制和基于时间继电器的调速控制,这里介绍后者。基于时间继电器的双速电动机的调速控制环节电路如图 3-8 所示,该电路具有短路保护和过载保护等功能。当三相异步电动机绕组为△形连接时,电动机低速转动;当三相异步电动机绕组为 YY 形连接时,电动机高速转动。双速电动机的调速控制环节的电气元件符号、名称如表 3-9 所示。

表 3-9 双速电动机的调速控制环节的电气元件符号、名称

符号	名称	符号	名称
M	三相异步电动机	SB2	M 低速启动按钮
KM1	M 低速转动控制接触器	SB3	M 高速启动按钮
KM2、KM3	M 高速转动制动接触器	QS	隔离开关
FR	热继电器	FU1、FU2	熔断器
SB1	M 停止按钮	KT	时间继电器

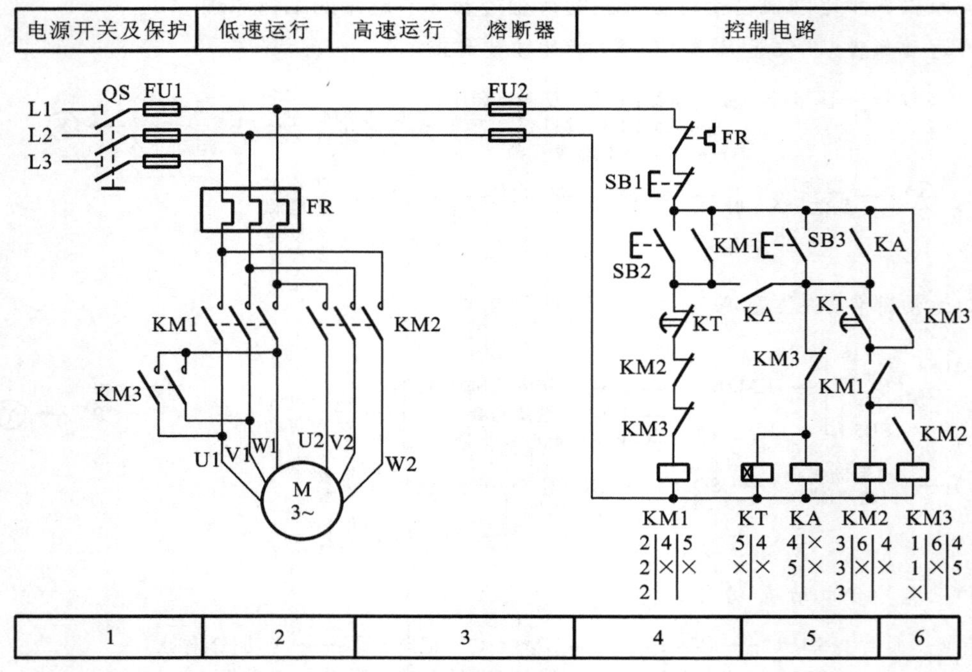

图 3-8　双速电动机的调速控制环节电路

2. 双速电动机的调速控制环节电路的工作原理

1)三相异步电动机 M 低速转动的控制环节

SB2↓→[KM1]+ → KM1↓形成自锁；→ KM1↓；→ KM1#↑形成互锁 → [KM2]- → KM2↑；→ [KM3]- → KM3↑ → 绕组△形接法 → 电动机M低速转动

2)三相异步电动机 M 高速转动的控制环节

SB3↓ → [KA]+ → KA↓形成自锁；→ KA↓ → [KM1]+ → KM1↓形成自锁；→ KM1↓；→ KM1#↑形成互锁 → [KM2]- → KM2↑；→ [KM3]- → KM3↑ → 绕组△形接法 → 电动机M低速启动

SB3↓ → [KT]+ →(延时到) § KT#↑ → [KM1]- → KM1↑；→ § KT↓ → [KM2]+ → KM2↓；→ [KM3]+ → KM3↓ → 绕组YY形接法 → 电动机M高速转动；→ KM3↓形成自锁

3)三相异步电动机 M 停止控制环节

SB1#↑ → [KM1]- → KM1↑切除电源 → 电动机M停止

SB1#↑ → [KM2]- → KM2↑；→ [KM3]- → KM3↑ → 切除电源 → 电动机M停止

3.2.8　三相异步电动机制动控制环节

为了使电动机快速停下来，可以采用制动的方法。所谓制动，是指电动机在切断电源停

转的过程中，产生一个和电动机实际旋转方向相反的制动力矩，迫使电动机迅速停转的方法。三相异步电动机的制动方法有机械制动和电力制动两种：机械制动常采用电磁抱闸制动器制动；电力制动常用的方法有能耗制动、反接制动、电容制动等。这里介绍机床中常用的能耗制动与反接制动。

1. 三相异步电动机的能耗制动

能耗制动具有制动准确、平稳且能量消耗较小，但需要附加直流电源装置，设备费用较高，制动力较弱，在低速运转时制动力矩小。能耗制动主要用于要求制动准确、平稳的场合，如磨床、立式铣床等的控制电路中。

1）三相异步电动机能耗制动电路的结构

能耗制动是在三相异步电动机脱离交流电源后，迅速给定子绕组通入直流电源，产生恒定磁场，利用转子感应电流与恒定磁场的相互作用达到制动的目的。这种方法是将电动机旋转的动能转变为电能，并消耗在制动电阻上，故称为能耗制动或动能制动。三相异步电动机的能耗制动控制环节电路如图 3-9 所示，该电路具有短路保护和过载保护等功能。当三相异步电动机绕组为△形连接时，电动机低速转动；当三相异步电动机绕组为 YY 形连接时，电动机高速转动。三相异步机电动机的能耗制动控制环节的电气元件符号、名称如表 3-10 所示。

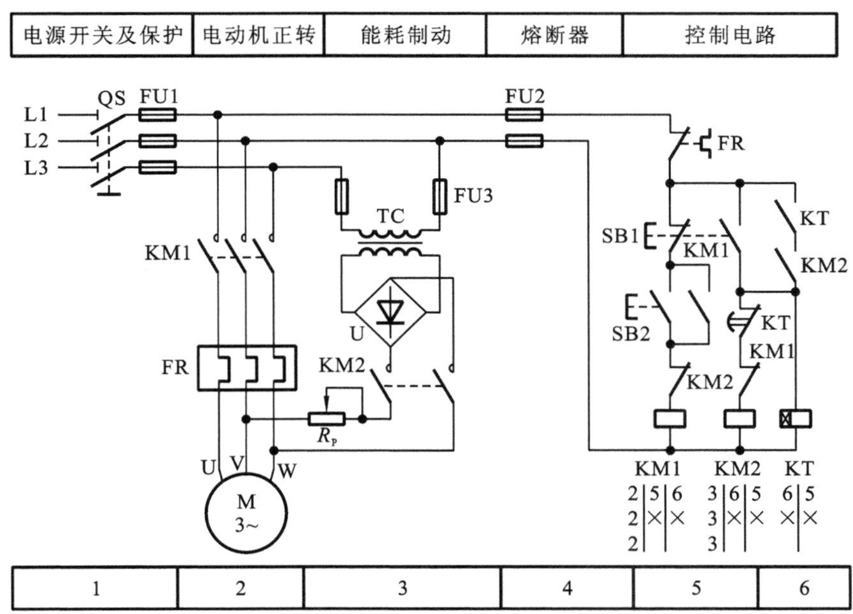

图 3-9　三相异步电动机的能耗制动控制环节电路

表 3-10　三相异步电动机的能耗制动控制环节的电气元件符号、名称

符　　号	名　　称	符　　号	名　　称
M	三相异步电动机	FU1～FU3	熔断器
KM1	M 控制接触器	TC	电源变压器

续表

符　号	名　称	符　号	名　称
KM2	M 制动接触器	U	桥式整流器
SB1	M 停止按钮	R_P	可调电阻器
SB2	M 启动按钮	FR	热继电器
QS	隔离开关	KT	时间继电器

2）三相异步电动机能耗制动控制环节电路的工作原理

（1）三相异步电动机 M 制动前的状态。

[KM1]＋　KM1↓　KM1↓　KM1＃↑

[KM2]－　[KT]－

（2）三相异步电动机 M 能耗制动控制环节。

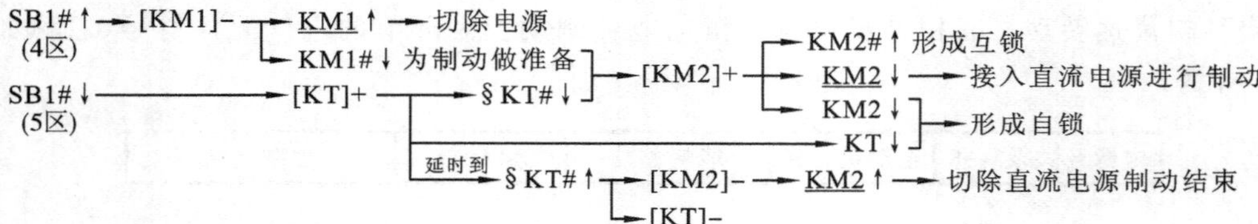

2. 三相异步电动机的反接制动

反接制动具有制动力强、制动迅速，适用于制动要求迅速、系统惯性较大、不经常启动和制动的场合，如铣床、镗床、中型车床等主轴的制动控制。反接制动时，旋转磁场与转子的相对转速很高，故转子绕组中感应电流很大，致使定子绕组中的电流也很大，一般为电动机额定电流的 10 倍左右。反接制动适用于 10 kW 以下小容量电动机的制动，且对 4.5 kW 以上的电动机进行反接制动时，需在定子回路中串入限流电阻 R 以限制反接制动电流。

1）三相异步电动机反接制动电路的结构

反接制动是依靠改变电动机定子绕组的电源相序形成制动力矩，迫使电动机迅速停转。三相异步电动机的反接制动控制环节电路如图 3-10 所示，该电路具有短路保护和过载保护等功能。三相异步电动机的反接制动控制环节的电气元件符号、名称如表 3-11 所示。

表 3-11　三相异步电动机的反接制动控制环节的电气元件符号、名称

符　号	名　称	符　号	名　称
M	三相异步电动机	KS	速度继电器
KM1	M 正转控制接触器	SB1	M 停止按钮
KM2	M 反转控制接触器	SB2	M 启动按钮
FU1、FU2	熔断器	QS	隔离开关
FR	热继电器		

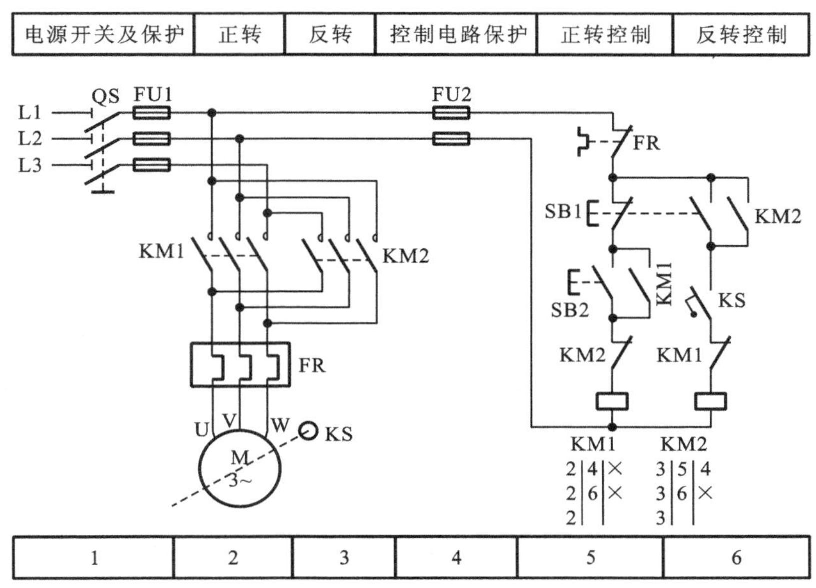

图 3-10　三相异步电动机的反接制动控制环节电路

2)三相异步电动机的反接制动控制环节电路的工作原理

(1)三相异步电动机 M 制动前的状态。

[KM1]＋　KM1↓　KM1↓　KM1#↑

[KM2]－　KS2↓

当电动机 M 的转速降到 120 r/min 时，速度继电器 KS 动作，即 KS2↑。

(2)三相异步电动机 M 反接制动控制环节。

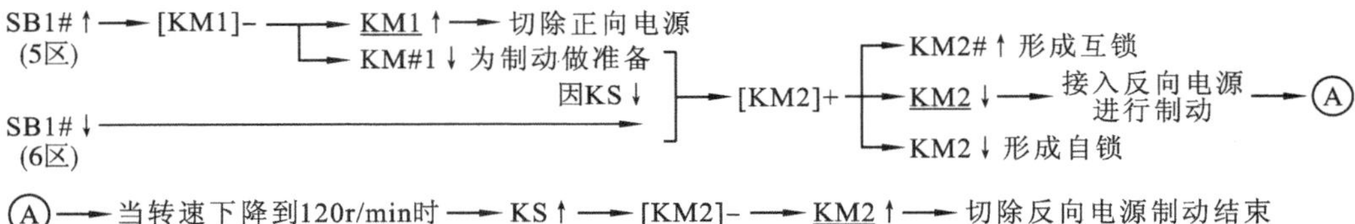

3.3　机床中的电液控制

电液控制系统是指液压系统和电气控制系统组合所形成的系统。电液控制是指通过电气控制系统控制液压传动系统，使其按规定的工作运动要求完成动作。电液控制技术被广泛地应用于组合机床、数控机床、自动化机床及自动生产线上，下面以液压动力头自动循环控制为例进行介绍。

3.3.1 液压传动系统

1. 液压传动系统

液压传动系统主要由以下五部分组成：①动力装置（液压泵）；②执行机构（液压缸或液压马达）；③控制调节装置（方向阀、压力阀、流量阀等）；④辅助装置（油箱、管路、滤油器等）；⑤液压油。

2. 电磁换向阀

在控制调节装置中，方向控制阀主要有单向阀和换向阀，换向阀也称为电磁换向阀。利用电磁换向阀来改变液流方向，实现运动换向，从而接通或切断油路。

在电液控制中，一般采用电磁铁推动换向阀来改变液流的方向，电磁换向阀就是利用电磁铁推动滑阀移动来控制液流方向的。三位四通电磁换向阀如图3-11所示，其工作原理如表3-12所示。

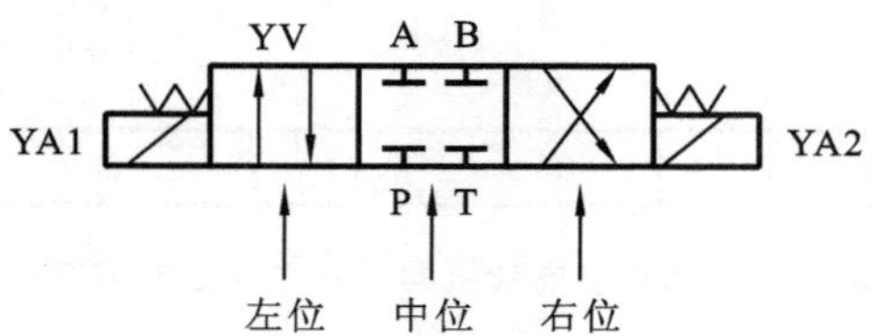

图3-11　三位四通电磁换向阀

表3-12　三位四通电磁换向阀的工作原理

电磁铁状态		电磁换向阀状态	液流流向
YA1	YA2		
+	−	工作于左位	P→A B→T
−	+	工作于右位	P→B A→T
−	−	工作于中位	P、T、A、B 互不相通

3.3.2 液压动力头自动工作循环控制电路

1. 液压动力头自动工作循环控制电路的结构

液压动力头为动力部件，不仅能完成进给运动，而且能同时完成刀具的切削运动。液压动力头的自动工作循环是由电气控制系统来控制液压系统实现的。液压传动系统原理图如图3-12所示。液压动力头的自动工作循环图如图3-13所示。电磁铁动作循环表如表3-13所示，电磁换向阀的电磁铁采用直流24 V电源。液压动力头一次工作进给自动工作循环电气控制电路如图3-14所示。液压动力头一次工作进给自动工作循环控制电路的电气元件符号、名称如表3-14所示。

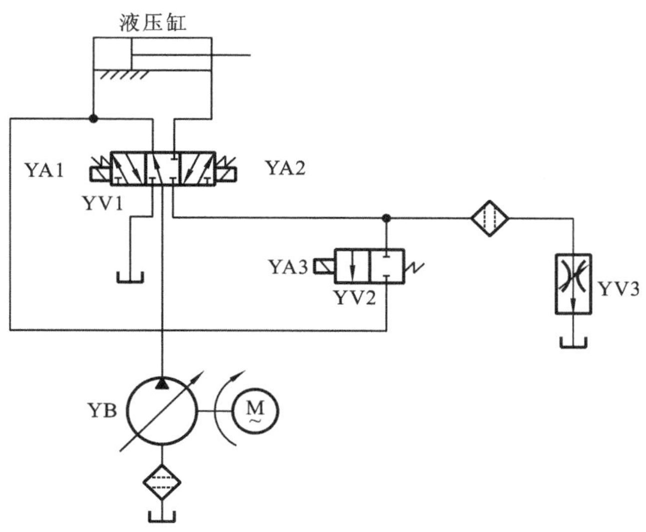

图 3-12　液压传动系统原理图

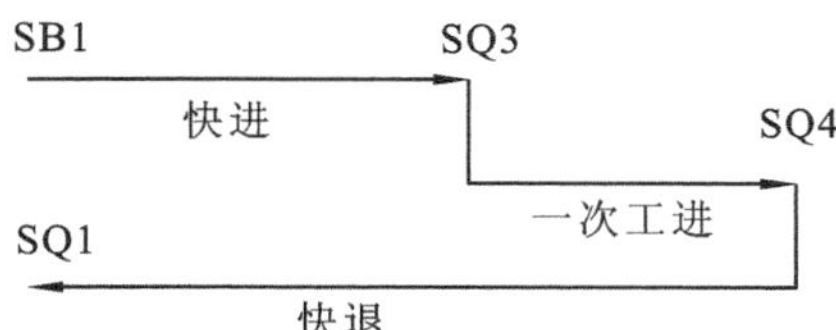

图 3-13　液压动力头的自动工作循环图

表 3-13　电磁铁动作循环表

动力头＼电磁铁	YA1	YA2	YA3	转换主令
快进	＋	－	＋	SB1
工进	＋	－	－	SQ3
快退	－	＋	－	SQ4
停留	－	－	－	SQ1

表 3-14　液压动力头一次工作进给自动工作循环控制电路的电气元件符号、名称

符　号	名　称	符　号	名　称
SB1	动力头前进启动按钮	SA	转换开关
SB2	动力头后退调整按钮	SQ1、SQ3、SQ4	行程开关
YA1～YA3	电磁铁	FU1、FU2	熔断器
KA1～KA3	中间继电器		

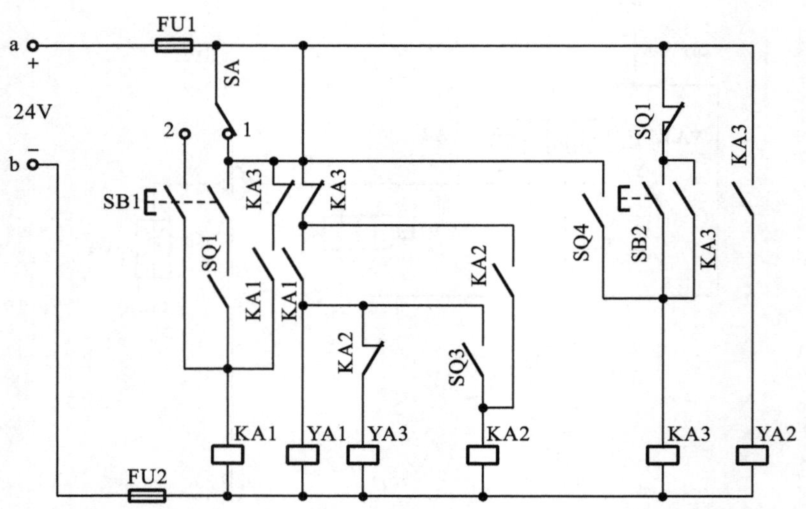

图 3-14　液压动力头一次工作进给自动工作循环电气控制电路

2. 液压动力头一次工作进给自动工作循环控制电路的工作原理

首先将转换开关 SA 拨到 2 位置，再进行如下操作。

1）液压动力头快进环节

因为液压动力头现在停留在原位，所以行程开关 SQ1 被压下，即 SQ1↓、SQ1#↑。

SA拨到2位置、因SQ1↓、SB1↓ → [KA1]+ → KA1↓ 形成自锁；
[KA1]+ → KA1↓ → [YA1]+、[YA3]+ → 液压动力头快进

2）液压动力头工进环节

SQ3↓、因KA1↓ → [KA2]+ → KA2#↑ → [YA3]−；
[KA2]+ → KA2↓ 形成自锁；
因[YA1]+、[YA3]−、KA2↓ 形成自锁 → 液压动力头一次工进

3）液压动力头快退环节

SQ4↓ → [KA3]+ → KA3↓ → [YA2]+；
[KA3]+ → KA3↓ 形成自锁；
[KA3]+ → KA3#↑ → [YA1]−、[YA3]−、[KA1]−；
[YA2]+、KA3↓ 形成自锁、[YA1]−、[YA3]−、[KA1]− → 液压动力头快退

4）液压动力头原位停止环节

SQ1#↑ → [YA2]−；
[YA2]−、因[YA1]−、因[YA3]− → 液压动力头原位停止

5）液压动力头的调整控制

液压动力头点动调整时，要先将转换开关 SA 拨到 1 位置，然后再进行调整操作。

(1)液压动力头点动调整。

SB1↓ → [KA1]+ → KA1↓ → [YA1]+、[YA3]+（无自锁环节）→ 液压动力头点动快进

SB1↑ → [KA1]- → KA1↑ → [YA1]-、[YA3]- → 液压动力头停止

(2)液压动力头回复到原位的调整。

在工作过程中，因为停电使液压动力头没有停在原位上。如果要开始新的自动工作循环，首先要使液压动力头回复到原位，然后才能开始新的自动工作循环。

SB2↓、因ST1#↓ → [KA3]+ → KA3↓ → [YA2]+；KA3↓ 形成自锁 → 液压动力头退回原位

本 章 小 结

本章主要介绍机床电气原理图的基本结构、原理图的绘制原则及常用机床电气控制基本环节(简称控制环节)电路。

电气控制系统在这里是指继电器-接触器控制系统，也称传统电气控制系统。常用的机床电气控制系统一般是由若干个控制环节组成的。机床中最常用的控制环节主要有三相异步电动机点动控制环节与长动控制环节、三相异步电动机正反转控制环节、三相异步电动机Y-△降压启动控制环节、三相异步电动机顺序转动控制环节、三相异步电动机多地点启动与停止控制环节、三相异步电动机基于行程开关的行程控制环节、双速电动机的调速控制环节、三相异步电动机制动控制环节等。由于电液控制技术被广泛地应用在自动化机床上，本章以液压动力头自动循环控制为例，介绍了如何用电气控制系统来控制液压系统。

思考复习题 3

1. 填空题

(1)在接触器控制电路中，依靠自身的__________保持线圈通电的环节称为__________；串入对方控制电路的__________称为互锁触点。

(2)在电气控制原理图中常用到几种“锁”字电路，如自锁、__________以及顺序联锁等。行程开关既可以用来控制工作台的__________长度，又可作为工作台的__________位置保护。

(3)电气制动是通过电动机产生一个与旋转方向__________来实现的；常用的电气制动方法有__________和__________。

(4)反接制动时，当电动机转速接近于零时，应及时__________，防止__________。

2. 选择题

(1)自锁环节应将接触器的常开触点与(　　)按钮相并联。

A. 启动　　B. 常闭　　C. 停止

(2)三相异步电动机正反转控制电路中，应将正转接触器的(　　)触点串联于反转接触器线圈所在的控制电路中。

A. 常开　　B. 常闭　　C. 任意

(3)控制工作台自动往返的控制电器是(　　)。

A. 自动空气开关　　B. 时间继电器　　C. 行程开关

(4)行程开关在控制电路中的作用是(　　)。

A. 过载保护　　B. 限位控制　　C. 开关控制

(5)(　　)是利用图形符号和项目代号来表示电气元件连接关系及电气系统工作原理的图形。

A. 电气控制系统图　　B. 电气元件布置图　　C. 电气原理图

3. 判断题

(1)现有四个按钮，欲使它们都能控制接触器 KM 通电，则它们的常开触点应串联接到 KM 的线圈电路中。(　　)

(2)三相异步电动机的正反转控制电路中，联锁控制可有可无。(　　)

(3)电动机为了停车平稳应采用反接制动。(　　)

(4)欠电压保护与失电压保护具有完全相同的功能，所起的作用也是一样的。(　　)

(5)双速电动机是指具有高、低两种转速的电动机，这可以通过电动机绕组的不同连接方式来实现。(　　)

4. 简答题

(1)电气互锁和机械互锁各有什么特点，试举例说明它们分别是如何实现互锁的？

(2)什么是欠电压保护？利用哪些电气元件可以实现欠电压保护？

(3)三相笼式异步电动机在什么情况下可以全压启动？什么条件下必须降压启动？试说明原因。

(4)什么是主电路？什么是控制电路？试说明其各自的特点。

(5)什么是反接制动？什么是能耗制动？各有什么特点？分别适用于什么场合？

5. 画图题

(1)画图并说明三相异步电动机正反转控制电路的工作原理。

(2)画图并说明三相异步电动机 Y-△降压启动控制电路的工作原理。

(3)画图并说明三相异步电动机能耗反接制动控制电路的工作原理。

(4)绘制组合机床中基于行程开关行程控制的液压动力头能完成“快进→工进→快退”自动工作循环的控制电路。

第4章 可编程控制器(PLC)

【内容提要】

内容提要	知识要点	(1)可编程控制器的组成、工作原理； (2)可编程控制器的编程语言； (3)三菱 FX2N 系列 PLC 的特点及系统配置； (4)FX2N 系列 PLC 的编程元件； (5)FX2N 系列 PLC 的编程指令(基本逻辑指令、步进指令)； (6)基本逻辑指令的编程规则； (7)机床电气控制电路基本环节的 PLC 编程。
	技术要点	(1)可编程控制器的种类、型号及选用方法； (2)掌握 FX2N 系列 PLC 的编程元件及编程指令； (3)阅读机床电气控制电路基本环节 FX2N 系列 PLC 的梯形图； (4)阅读机床电气控制电路基本环节 FX2N 系列 PLC 的程序； (5)了解 FX2N 系列 PLC 的编程工具。

【教学导航】

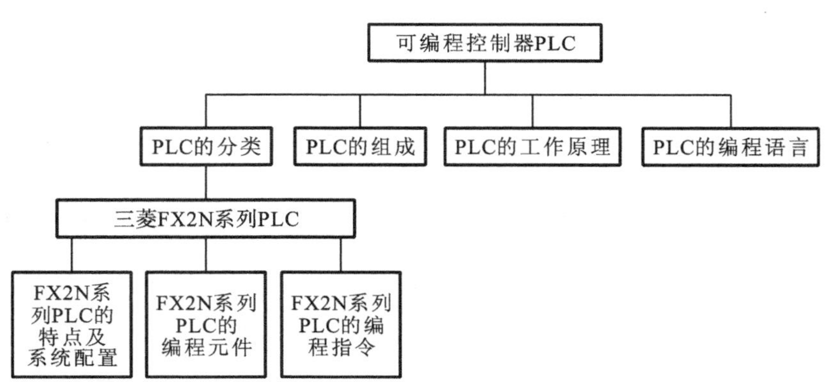

4.1 PLC 概述

4.1.1 PLC 的基本概念

可编程控制器(programmable controller,PC)是计算机家族中的一员,是为工业控制应用而设计制造的。早期的可编程控制器称为可编程逻辑控制器(programmable logic controller,PLC),它主要用来代替继电器实现逻辑控制。随着科学技术的发展,这种装置的功能已经大大超过了逻辑控制的范围,因而这种装置现被称为可编程控制器。为了避免与个人计算机(personal computer)的英文缩写混淆,所以将可编程控制器的英文缩写称为PLC。

PLC 自问世以来,尽管时间不长,但发展迅速。国际电工委员会(IEC)先后颁布了 PLC 标准的草案第一稿、第二稿,并在 1987 年 2 月通过了对它的定义:可编程控制器是一种数字运算操作的电子系统,专为在工业环境下应用而设计。它采用一类可编程的存储器,用于其内部存储执行逻辑运算、顺序控制、定时、计数与算术等操作的指令,并通过数字或模拟式输入或输出,控制各种类型的机械或生产过程。可编程控制器及其有关外围设备,都按易于与工业控制系统连成一个整体,易于扩充其功能的原则设计。

总之,可编程控制器是一台计算机,它是专为工业环境应用而设计制造的计算机,其I/O接口丰富,驱动能力较强。可编程控制器产品并不针对某一具体工业应用,在实际应用时,其硬件需根据实际需要进行选用配置,其软件需根据控制要求进行设计编制。

4.1.2 PLC 的特点

PLC 的主要特点如下。

1. 高可靠性

所有的 I/O 接口电路均采用光电隔离,使工业现场的外电路与 PLC 内部电路之间隔离。各输入端均采用 *R-C* 滤波器,其滤波时间常数一般为 10～20 ms。各模块均采用屏蔽措施,以防止辐射干扰。采用性能优良的开关电源,并对采用的器件进行严格的筛选。良好的自诊断功能,一旦电源或其他软、硬件发生异常情况,CPU 立即采用有效措施,以防止故障扩大。大型 PLC 还可以采用由双 CPU 构成冗余系统或由三 CPU 构成表决系统,使可靠性得到进一步的提高。

2. 丰富的 I/O 接口模块

PLC 针对不同的工业现场信号,如交流或直流,开关量或模拟量,电压或电流,脉冲或电位,强电或弱电等。有相应的 I/O 模块与工业现场的器件或设备,如按钮、行程开关、接近开关、传感器及变送器、电磁线圈、控制阀等直接连接。

另外,为了提高操作性能,PLC 还有多种人-机对话的接口模块;为了组成工业局部网络,它还有多种通信联网的接口模块等。

3. 采用模块化结构

为了适应各种工业控制需要，除了单元式的小型 PLC 以外，绝大多数 PLC 均采用模块化结构。如 CPU、电源、I/O 接口等均采用模块化设计，由机架及电缆将各模块连接起来，系统的规模和功能可根据用户的需要自行组合。

4. 编程简单易学

PLC 的编程大多采用类似于继电器控制电路的梯形图形式，对使用者来说，不需要具备计算机的专门知识，因此很容易被一般工程技术人员所理解和掌握。

5. 安装简单、维修方便

PLC 不需要专门的机房，可以在各种工业环境下直接运行。使用时只需将现场的各种设备与 PLC 相应的 I/O 端口相连接，即可投入运行。各种模块上均有运行和故障指示装置，便于用户了解运行情况和查找故障。

由于 PLC 采用模块化结构，因此一旦某模块发生故障，用户可以通过更换模块的方法，使系统迅速恢复运行。

4.1.3　PLC 与继电器-接触器控制系统的区别

PLC 与继电器-接触器控制系统比较有如下优势。

1. 功能强，性能价格比高

一台小型 PLC 内有成百上千个可供用户使用的编程元件，可以实现非常复杂的控制功能。与相同功能的继电器相比，PLC 具有很高的性价比。可编程控制器可以通过通信联网，实现分散控制、集中管理。

2. 硬件配套齐全，用户使用方便，适应性强

可编程控制器产品已经标准化、系列化、模块化，配备有品种齐全的各种硬件装置供用户选用。用户能灵活方便地进行系统配置，组成不同功能、不同规模的系统。可编程控制器的安装接线也很方便，一般用接线端子连接外部接线。PLC 有很强的带负载能力，可以直接驱动一般的电磁阀和交流接触器。

3. 可靠性高，抗干扰能力强

传统的继电器-接触器控制系统中使用了大量的中间继电器、时间继电器，由于触点接触不良，容易出现故障。PLC 用软件代替大量的中间继电器和时间继电器，仅剩下与输入和输出有关的少量硬件，接线可减少为继电器控制系统的 1/100～1/10，因触点接触不良造成的故障会大大减少。

PLC 采取了一系列硬件和软件抗干扰措施，具有很强的抗干扰能力，平均无故障时间达到数万小时以上，可以直接用于有强烈干扰的工业生产现场，PLC 已被广大用户公认为最可靠的工业控制设备之一。

4. 系统的设计、安装、调试工作量少

PLC 用软件功能取代了继电器-接触器控制系统中大量的中间继电器、时间继电器、计数器等硬件，使控制柜的设计、安装、接线工作量大大减少。

PLC 的梯形图程序一般采用顺序控制设计方法，这种编程方法很有规律，很容易掌握。

对于复杂的控制系统，梯形图的设计时间比继电器-接触器控制系统电路图的设计时间要少得多。

PLC 的用户程序可以在实验室模拟调试，输入信号用小开关来模拟，通过 PLC 上的发光二极管可观察输出信号的状态。完成了系统的安装和接线后，在现场的统调过程中发现的问题一般通过修改程序就可以解决，系统的调试时间比继电器-接触器控制系统少得多。

5. 编程方法简单

梯形图是使用得最多的可编程控制器的编程语言，其电路符号和表达方式与继电器-接触器控制系统电路原理图相似，且梯形图语言形象直观、易学易懂。

6. 维修工作量少，维修方便

PLC 的故障率很低，且有完善的自诊断和显示功能。PLC 或外部的输入装置和执行机构发生故障时，可以根据 PLC 上的发光二极管或编程器提供的信息迅速地查明故障，用更换模块的方法可以迅速地排除故障。

7. 体积小，能耗低

对于复杂的控制系统，使用 PLC 后，可以减少大量的中间继电器和时间继电器，小型 PLC 的体积相当于几个继电器大小，因此可将开关柜的体积缩小到原来的 1/10～1/2。

PLC 的配线比继电器-接触器控制系统的配线要少得多，故可以省下大量的配线和附件，减少大量的安装接线工时，可以减少大量费用。

4.2 PLC 的组成和工作原理

4.2.1 PLC 的组成

1. PLC 的硬件组成

PLC 的硬件主要由中央处理器(CPU)、存储器、输入/输出接口电路、电源及编程设备等组成。

按硬件的结构形式分，PLC 主要有以下三种结构(下文仅介绍整体式 PLC 和模块式 PLC)。

PLC 结构：
- 整体式 PLC
- 模块式 PLC
- 叠加式 PLC

对于整体式 PLC，所有部件都装在同一机壳内，其组成框图如图 4-1 所示。

对于模块式 PLC，各部件独立封装成模块，各模块通过总线连接，安装在机架或导轨上，其组成框图如图 4-2 所示。

无论是哪种结构类型的 PLC，都可根据用户需要进行配置与组合。尽管整体式 PLC 与模块式 PLC 的结构不太一样，但各部分的功能作用是相同的，下面对 PLC 各主要组成部分进行简单介绍。

1)中央处理单元

CPU 是 PLC 的核心。PLC 中所配置的 CPU 通常有三类：通用微处理器(如 Z80、

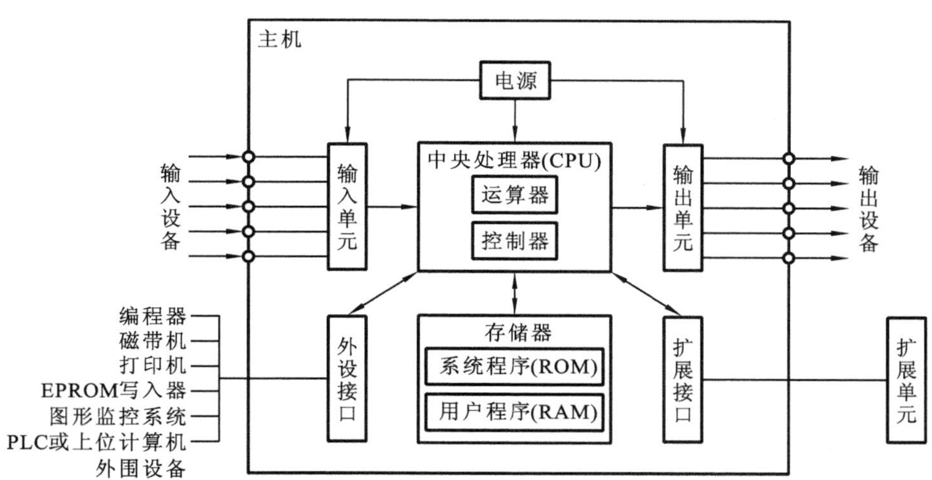

图 4-1　整体式 PLC 组成框图

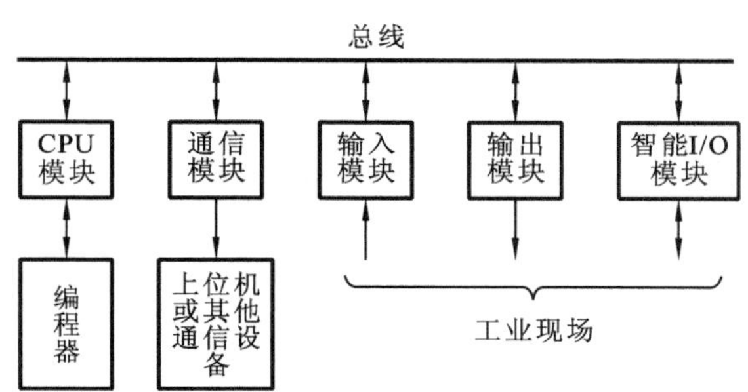

图 4-2　模块式 PLC 组成框图

8086、80286 等)、单片微处理器(如 8031、8096 等)和位片式微处理器(如 AMD29W 等)。小型 PLC 大多采用 8 位通用微处理器和单片微处理器;中型 PLC 大多采用 16 位通用微处理器或单片微处理器;大型 PLC 大多采用高速位片式微处理器。

在 PLC 中,CPU 按系统程序赋予的功能,指挥 PLC 有条不紊地进行工作。

2)存储器

存储器主要有两种:一种是可读/写操作的随机存储器 RAM;另一种是只读存储器 ROM、PROM、EPROM 和 EEPROM。在 PLC 中,存储器主要用于存放系统程序、用户程序及工作数据。

系统程序是由 PLC 的制造厂家编写的,和 PLC 的硬件组成有关,完成系统诊断、命令解释、功能子程序调用管理、逻辑运算、通信及各种参数设定等功能,提供 PLC 运行的平台。系统程序关系到 PLC 的性能,而且在 PLC 使用过程中不会变动,所以是由制造厂家直接固化在只读存储器 ROM、PROM 或 EPROM 中,用户不能访问和修改。

用户程序是随 PLC 的控制对象而定的,由用户根据对象生产工艺的控制要求而编制的应用程序。为了便于读出、检查和修改,用户程序一般存储于 CMOS 静态 RAM 中,用锂电池作为后备电源,以保证掉电时不会丢失信息。为了防止干扰对 RAM 中程序的破坏,当用户程序经过运行表现正常,不需要改变时,可将其固化在只读存储器 EPROM 中。现在有许多PLC直接采用EEPROM作为用户存储器。

工作数据是PLC运行过程中经常变化、存取的一些数据。存放在RAM中,以适应随机存取的要求。在PLC的工作数据存储器中,设有存放输入/输出继电器、辅助继电器、定时器、计数器等逻辑器件的存储区,这些器件的状态都是由用户程序的初始设置和运行情况确定的。根据需要,部分数据在掉电时用后备电池维持其现有的状态,这部分在掉电时可保存数据的存储区域称为保持数据区。

3)输入/输出电路

输入/输出电路通常也称为I/O单元或I/O接口,是PLC与工业生产现场之间的连接部件。PLC通过输入接口可以检测被控对象的各种数据,以这些数据作为PLC对被控制对象进行控制的依据;同时,PLC又通过输出接口将处理结果送给被控制对象,以实现控制目的。

由于外部输入/输出设备所需的信号电平是多种多样的,而PLC内部CPU的处理的信息只能是标准电平,所以I/O接口要实现这种转换。

按使用电源的不同,常用的开关量输入接口分为如下三种类型,其基本原理图如图4-3所示。

常用的开关量输入接口
- 直流输入接口
- 交流输入接口
- 交/直流输入接口

按输出开关器件类型的不同,常用的开关量输出接口分为如下三种类型,其基本原理图如图4-4所示。

常用的开关量输出接口
- 继电器输出接口
- 晶体管输出接口
- 双向晶闸管输出接口

继电器输出接口可驱动交流或直流负载,但其响应时间长、动作频率低;晶体管输出接口和双向晶闸管输出接口的响应速度快、动作频率高,但晶体管输出接口只能用于驱动直流负载,双向晶闸管输出接口只能用于驱动交流负载。

PLC的I/O接口所能接受的输入信号个数和输出信号个数称为PLC输入/输出(I/O)点数。I/O点数是选择PLC的重要依据之一。当系统的I/O点数不够时,可通过PLC的I/O扩展接口对系统进行扩展。

4)编程装置

编程装置的作用是编辑、调试及输入用户程序,也可在线监控PLC内部状态和参数,与PLC进行人机对话。它是开发、应用、维护PLC不可缺少的工具。编程装置可以是专用编程器,也可以是配有专用编程软件包的通用计算机系统。专用编程器是由PLC厂家生产,专供该厂家生产的某些PLC产品使用,它主要由键盘、显示器和外存储器接口等部件组成。专用编程器可分为简易编程器和智能编程器两类。

简易编程器只能联机编程,而且不能直接输入和编辑梯形图程序,需将梯形图程序转化为指令表程序才能输入。简易编程器体积小、价格便宜,它可以直接插在PLC的编程插座上,或者用专用电缆与PLC相连,以方便编程和调试。有些简易编程器带有存储盒,可用来储存用户程序,如三菱的FX-20P-E简易编程器(手持编程器)。

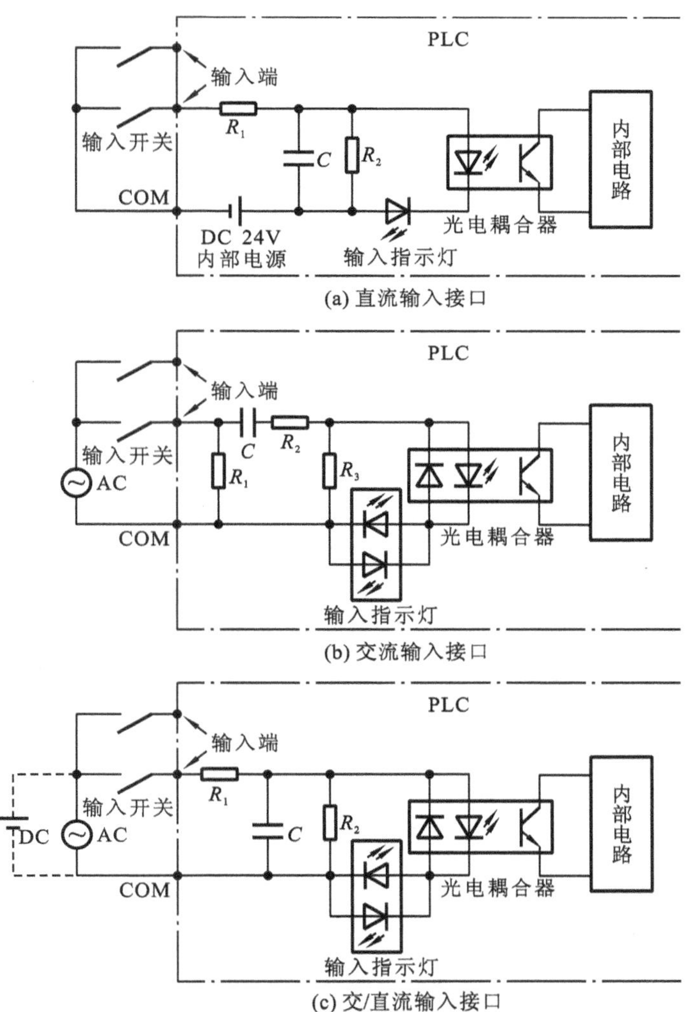

图 4-3　开关量输入接口基本原理图

智能编程器又称图形编程器，本质上它是一台专用便携式计算机，如三菱的GP-80FX-E-KIT智能编程器，它既可联机编程，又可脱机编程。智能型编程器可直接输入和编辑梯形图程序，使用更加直观、方便，但价格较高，操作也比较复杂。大多数智能编程器带有磁盘驱动器，提供录音机接口和打印机接口。

5）电源

PLC 配有开关电源，以供内部电路使用。与普通电源相比，PLC 电源的稳定性好、抗干扰能力强。对电网提供的电源稳定度要求不高，一般允许电源电压在其额定值±15% 的范围内波动。许多 PLC 还向外提供直流 24 V 稳压电源，用于对外部传感器供电。

2. PLC 的软件组成

PLC 的软件是由系统程序和用户程序两个部分组成的。

系统程序是由 PLC 制造厂商设计编写的，并存入 PLC 的系统存储器中，用户不能直接读写与更改。系统程序一般包括系统诊断程序、输入处理程序、编译程序、信息传送程序、监

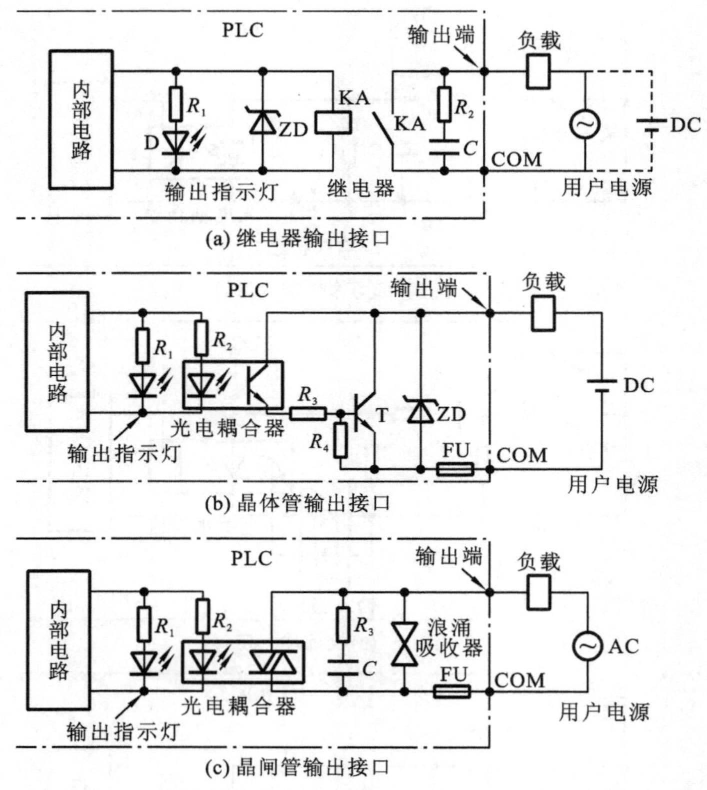

图 4-4　开关量输出接口

控程序等。

用户程序是用户利用 PLC 的编程语言，根据控制要求编制的程序。在 PLC 的应用中，最重要的是用 PLC 的编程语言来编写用户程序，以实现控制目的。由于 PLC 是专门为工业控制而开发的装置，其主要使用者是广大电气技术人员，为了满足他们的传统习惯和掌握能力，PLC 的主要编程语言采用比计算机语言相对简单、易懂、形象的专用语言。

不同生产厂家、不同系列的 PLC 产品采用的编程语言的表达方式也不相同，但基本上可归纳为两种类型：一是采用字符表达方式的编程语言，如语句表等；二是采用图形符号表达方式编程语言，如梯形图等。

4.2.2　PLC 的工作原理

与通用计算机不同，PLC 采用循环扫描的方式工作。当 PLC 投入运行后，其工作过程一般分为输入采样、用户程序执行和输出刷新三个阶段，如图 4-5 所示。完成上述三个阶段称为一个扫描周期。在整个运行期间，PLC 的 CPU 以一定的扫描速度重复执行上述三个阶段。

1. 输入采样阶段

在输入采样阶段，PLC 以扫描方式依次地读入所有输入状态和数据，并将它们存入 I/O 映像寄存区中的相应单元内。输入采样结束后，转入用户程序执行和输出刷新阶段。在这

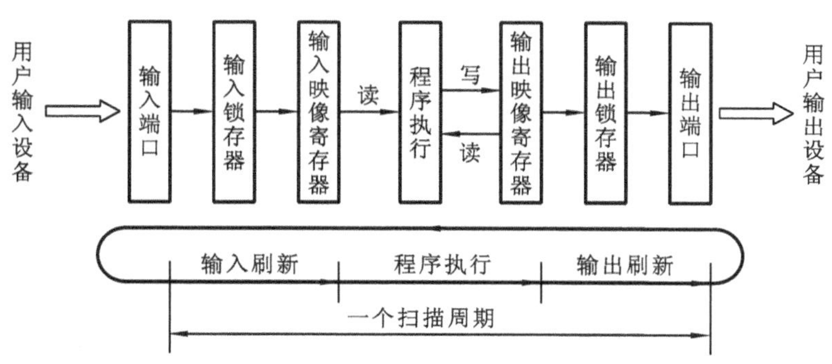

图 4-5　PLC 的工作扫描过程

两个阶段中，即使输入状态和数据发生变化，I/O 映像寄存区中的相应单元的状态和数据也不会改变。因此，如果输入的是脉冲信号，则该脉冲信号的宽度必须大于一个扫描周期，才能保证在任何情况下该输入均能被读入。

2. 用户程序执行阶段

在用户程序执行阶段，PLC 总是按由上而下的顺序依次地扫描用户程序(梯形图)。在扫描每一条梯形图时，又总是先扫描梯形图左边的由各触点构成的控制电路，并按先左后右、先上后下的顺序对由触点构成的控制电路进行逻辑运算，然后根据逻辑运算的结果，刷新该逻辑线圈在系统 RAM 存储区中对应位的状态；或者刷新该输出线圈在 I/O 映像寄存区中对应位的状态；或者确定是否要执行该梯形图所规定的特殊功能指令。

在用户程序执行过程中，只有输入点在 I/O 映像寄存区内的状态和数据不会发生变化，而其他输出点和软设备在 I/O 映像寄存区或系统 RAM 存储区内的状态和数据都有可能发生变化，而且排在上面的梯形图，其程序执行结果会对排在下面的凡是用到这些线圈或数据的梯形图起作用；相反，排在下面的梯形图，其被刷新的逻辑线圈的状态或数据只能到下一个扫描周期才能对排在其上面的程序起作用。

3. 输出刷新阶段

当扫描用户程序结束后，PLC 就进入输出刷新阶段。在此期间，CPU 按照 I/O 映像寄存区内对应的状态和数据刷新所有的输出锁存电路，再经输出电路驱动相应的外部设备，这才是 PLC 真正的输出。

同样的若干条梯形图，其排列次序不同，执行的结果也不同。另外，采用扫描用户程序的运行结果与继电器控制装置的硬逻辑并行运行的结果有所区别。当然，如果扫描周期所占用的时间对整个运行来说可以忽略，那么两者之间就没有什么区别了。

一般来说，PLC 的扫描周期包括自诊断、通信等，即一个扫描周期等于自诊断、通信、输入采样、用户程序执行、输出刷新等所有时间的总和。

4.3　PLC 的编程语言

PLC 的用户程序，是设计人员根据控制系统的工艺控制要求，通过 PLC 编程语言的编制规范，按照实际需要使用的功能来设计的。只要用户能够掌握某种标准编程语言，就能够在控制系统中使用PLC实现各种自动化控制功能。

根据国际电工委员会制定的工业控制编程语言标准(IEC 1131-3),PLC有五种标准编程语言:梯形图语言、指令表语言、功能模块语言、顺序功能流程图语言和结构化文本语言。这五种标准编程语言十分简单易学。

1. 梯形图语言

梯形图语言是PLC程序设计中最常用的编程语言。由于电气设计人员对继电器控制较为熟悉,因此,梯形图编程语言得到了广泛应用。梯形图基本结构形式如图4-6所示。

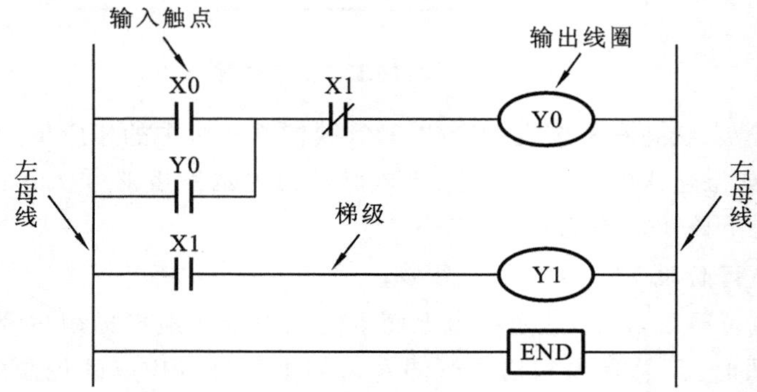

图4-6 梯形图基本结构形式

梯形图语言的特点是它与电气操作原理图相对应,具有直观性和对应性;与原有继电器控制相一致,电气设计人员易于掌握。梯形图编程语言与原有的继电器控制的不同点是,梯形图中的能流不是实际意义的电流,内部的继电器也不是实际存在的继电器,应用时,需要与原有继电器控制的概念区别对待。

2. 指令表语言

指令表语言是与汇编语言类似的一种助记符编程语言,和汇编语言一样由操作码和操作数组成。在无计算机的情况下,适合采用PLC手持编程器对用户程序进行编制。同时,指令表语言与梯形图语言一一对应,在PLC编程软件下可以相互转换。与图4-6梯形图对应的指令表语言形式如图4-7所示。

步序号	指令助记符	操作元件号
0	LD	X0
1	OR	Y0
2	ANI	X1
3	OUT	Y0
4	LD	X1
5	OUT	Y1
6	END	

图4-7 指令表语言形式

指令表语言的特点是采用助记符来表示操作功能,具有便于记忆、便于掌握的特点;在手持编程器的键盘上采用助记符表示,便于操作,可在无计算机的场合进行编程设计;与梯形图有一一对应关系,其特点与梯形图语言基本一致。

3. 功能模块图语言

功能模块图语言是与数字逻辑电路类似的一种PLC编程语言。采用功能模块图的形

式来表示模块所具有的功能,不同的功能模块具有不同的功能。功能模块图语言形式如图4-8所示。

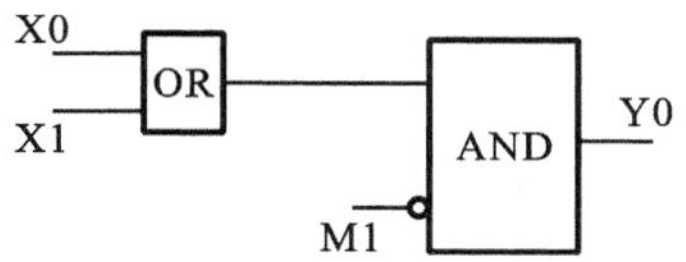

图 4-8　功能模块图语言形式

功能模块图语言的特点是以功能模块为单位,分析理解控制方案简单容易;用图形的形式表达功能,其直观性强;对于具有数字逻辑电路基础的设计人员很容易掌握编程方法;对规模大、控制逻辑关系复杂的控制系统,由于功能模块图能够清楚表达功能关系,使编程调试时间大大减少。

4. 顺序功能流程图语言

顺序功能流程图语言是为了满足顺序逻辑控制而设计的编程语言。编程时将顺序流程动作的过程分成步和转换条件,根据转移条件对控制系统的功能流程顺序进行分配,一步一步地按照顺序动作。每一步代表一个控制功能任务,用方框表示。在方框内含有用于完成相应控制功能任务的梯形图逻辑。顺序功能流程图语言适用于系统规模较大、程序关系较复杂的场合。顺序功能流程图形式如图 4-9 所示。

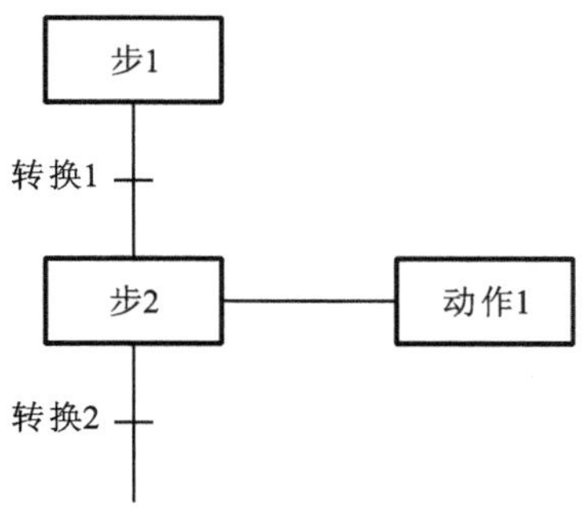

图 4-9　顺序功能流程图形式

顺序功能流程图语言的特点如下:①以功能为主线,按照功能流程的顺序分配,条理清楚,便于对用户程序的理解;②避免梯形图或其他语言不能顺序动作的缺陷,同时也避免了用梯形图语言对顺序动作编程时,由于机械互锁造成用户程序结构复杂、难以理解的缺陷;③用户程序扫描时间也大大缩短。

5. 结构化文本语言

结构化文本语言是用结构化的描述文本来描述程序的一种编程语言。它是类似于高级语言的一种编程语言。在大中型的 PLC 系统中,常采用结构化文本来描述控制系统中各个变量的关系,主要用于其他编程语言较难实现的用户程序编制。

结构化文本语言采用高级语言进行编程,可以完成较复杂的控制运算;需要有一定的计算机高级语言的知识和编程技巧,对工程设计人员要求较高,直观性和操作性较差。

4.4 三菱FX2N系列PLC应用基础

4.4.1 三菱FX2N系列PLC概述

1. FX2N系列PLC的特点

FX系列PLC是日本三菱公司的产品，而FX2N系列PLC是FX系列中功能最强、运行速度最快的PLC。FX2N系列PLC的基本指令执行时间高达0.08 μs，比FX2系列PLC快4倍，其速度超过了许多大中型PLC。

FX2N系列PLC采用一体化箱体结构，其基本单元将CPU、存储器、输入/输出接口及电源等都集成在一个模块内，结构紧凑，体积小巧，成本低，安装方便。FX2N系列PLC的用户存储器容量可扩展到16 KB，其I/O点数最大可扩展到256点。

FX2N系列PLC有多种特殊功能模块，如模拟量输入/输出模块、高速计数器模块、脉冲输出模块、位置控制模块、RS-232C/RS-422/RS-485串行通信模块或功能扩展板、模拟定时器扩展板等。

FX2N系列PLC有3000多点辅助继电器、1000点状态继电器、200多点定时器、200点16位加计数器、35点32位加/减计数器、8000多点16位数据寄存器、128点跳步指针、15点中断指针。

FX2N系列PLC有128种功能指令，具有中断输入处理、修改输入滤波器常数、数学运算、浮点数运算、数据检索、数据排序、PID运算、开平方、三角函数运算、脉冲输出、脉宽调制、ACL码输出、串行数据传送、校验码、比较触点等功能指令。

2. FX系列PLC的型号说明

FX系列PLC型号命名的基本规则如图4-10所示，具体说明如下。

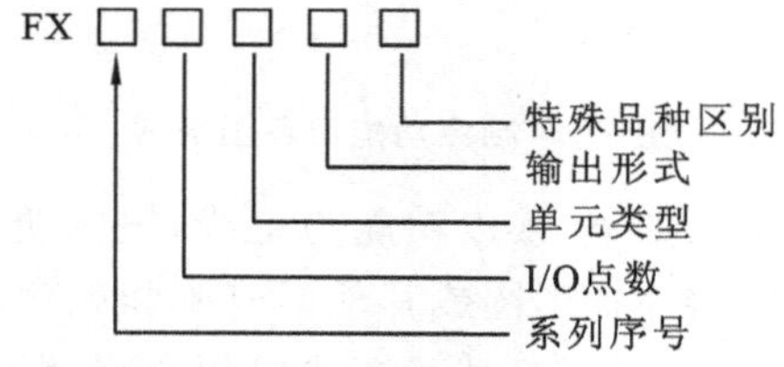

图4-10 FX系列PLC型号命名的基本规则

(1)系列序号。如0、2、0N、2C、1S、1N、2N、1NC、2NC。

(2)I/O点数。如10～256点。

(3)单元类型。如M—基本单元；E—扩展单元(输入输出混合)；EX—扩展输入单元(模块)；EY—扩展输出单元(模块)。

(4)输出形式。如R—继电器输出；T—晶体管输出；S—晶闸管输出。

(5)特殊品种区别。如D—DC电源，DC输入；A—AC电源，AC输入；H—大电流输出扩展单元；V—立式端子排的扩展单元；C—接插口输入/输出方式；F—输入滤波器1 ms的扩展单元；L—TFL输入型扩展单元；S—独立端子(无公共端)扩展单元。

例如,FX2N-32MT-D 表示 FX2N 系列,32 个 I/O 点基本单元,晶体管输出,使用直流电源,24V 直流输出型。

3. FX2N 系列 PLC 的硬件

FX2N 系列 PLC 的硬件包括基本单元、扩展单元、扩展模块、模拟量输入/输出模块、各种特殊功能模块及外部设备等。

FX2N 系列 PLC 综合了整体式 PLC 和模块式 PLC 的优点,各单元间采用叠装式连接。根据它们与基本单元的距离,对每个模块按 0～7 的顺序编号,最多可连接 8 个特殊功能模块。

1)基本单元

基本单元是构成 PLC 系统的核心部件,带有 CPU、存储器、I/O 模块、通信接口和扩展接口等。FX2N 系列 PLC 的基本单元有 16 点、32 点、48 点、64 点、80 点、128 点 6 个基本单元,每个基本单元都可以通过 I/O 扩展单元扩充为 256 个 I/O 点,其基本单元详见附录 B 的附表 B-1。

2)I/O 扩展单元和 I/O 扩展模块

FX2N 系列 PLC 具有较为灵活的 I/O 扩展功能,可利用扩展单元及扩展模块实现 I/O 扩展。扩展单元内部设有电源。扩展模块用于增加 I/O 点数及改变 I/O 比例,内部无电源,电源由基本单元或扩展单元供给。因扩展单元及扩展模块无 CPU,所以必须与基本单元一起使用。

FX2N 系列 PLC 的扩展单元详见附录 B 的附表 B-2,FX2N 系列 PLC 的扩展模块详见附录 B 的附表 B-3。

3)特殊功能单元

特殊功能单元是 FX2N 系列 PLC 的一些专用装置,如模拟量 I/O 单元、高速计数单元、位置控制单元、通信单元等。这些单元大多数通过基本单元的扩展口连接基本单元,也可以通过编程器接口接入或通过主机上扩展的适配器接入,不影响原系统的扩展。FX2N 系列的特殊功能单元的型号及功能详见附录 B 的附表 B-4。

4. FX2N 系列 PLC 的技术指标

FX2N 系列 PLC 的技术指标包括一般技术指标、电源技术指标、输入技术指标、输出技术指标和性能技术指标,分别详见附录 B 的附表 B-5 至附表 B-9。

4.4.2　三菱 FX2N 系列 PLC 编程元件

编程元件是 PLC 的重要元素,是各种指令的操作对象。FX2N 系列 PLC 编程元件的编号由字母和数字组成,其中输入继电器和输出继电器用八进制数字编号,其他软继电器均采用十进制数字编号。

FX2N 系列 PLC 编程元件如表 4-1 所示。

表 4-1　FX2N 系列 PLC 编程元件

FX2N 系列 PLC 编程元件	
输入继电器 X	计数器 C

续表

FX2N 系列 PLC 编程元件	
输出继电器 Y	数据寄存器 D
辅助继电器 M	变址寄存器 V/Z
状态器 S	指针 P/I
定时器 T	常数 K/H

1. 输入继电器 X

PLC 输入接口的一个接线点对应一个输入继电器。输入继电器的线圈只能由机外信号驱动，它可提供无数个常开触点、常闭触点供编程时使用。输入继电器示意图如图 4-11 所示。输入继电器采用八进制地址编号，X0～X267 最多可达 184 点。

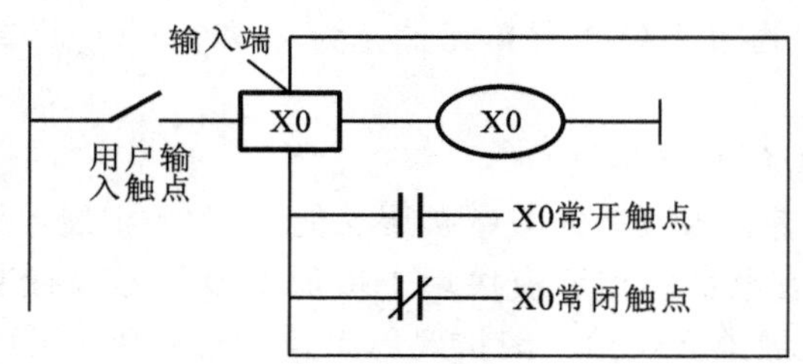

图 4-11　输入继电器示意图

2. 输出继电器 Y

PLC 输出接口的一个接线点对应一个输出继电器。输出继电器的线圈只能由程序驱动，每个输出继电器除了为内部控制电路提供编程用的常开触点、常闭触点外，还为输出电路提供一个常开触点与输出接线端连接。驱动外部负载的电源由用户提供。输出继电器示意图如图 4-12 所示。输出继电器也采用八进制地址编号，Y0～Y267 最多可达 184 点。

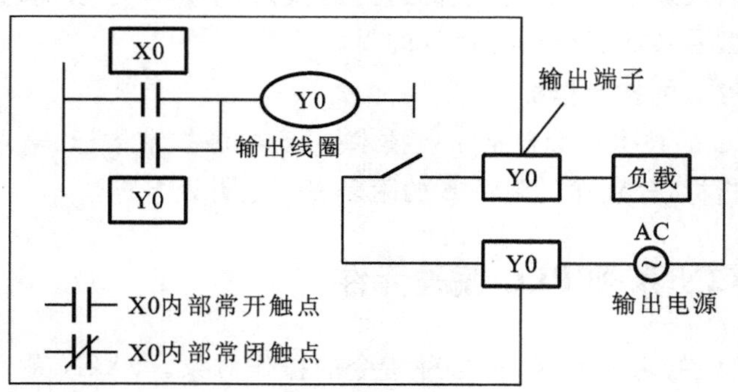

图 4-12　输出继电器示意图

3. 辅助继电器 M

PLC 内部有很多辅助继电器，和输出继电器一样，只能由程序驱动，每个辅助继电器也有无数对常开触点、常闭触点供编程使用。其作用相当于继电器控制电路中的中间继电器。辅助继电器的触点在 PLC 内部编程时可以任意使用，但它不能直接驱动负载，外部负载必须由输出继电器的输出触点来驱动。

辅助继电器分以下三种类型。

(1)通用辅助继电器,M0～M499 共 500 个点。

(2)断电保持辅助继电器,M500～M1023 及 M1024～M3071 共 2 572 点。

(3)特殊辅助继电器,M8000～M8255 共 256 个点。

特殊辅助继电器分为以下两类。

(1)只能利用其触点的特殊辅助继电器。线圈由 PLC 自动驱动,用户只可以利用其触点。例如:M8000 为运行监控用,PLC 运行时 M8000 接通;M8002 为仅在运行开始瞬间接通的初始脉冲特殊辅助继电器。

(2)可驱动线圈型特殊辅助继电器。用户激励线圈后,PLC 做特定动作。例如:M8033 为 PLC 停止时输出保持特殊辅助继电器;M8034 为禁止全部输出特殊辅助继电器;M8039 为定时扫描特殊辅助继电器。

4. 状态器 S

状态器 S 是构成状态转移图的重要软元件,它与后续的步进梯形指令配合使用。通常状态继电器软元件有以下五种类型:

(1)初始状态继电器 S0～S9 共 10 点;

(2)回零状态继电器 S10～S19 共 10 点;

(3)通用状态继电器 S20～S499 共 480 点;

(4)停电保持状态器 S500～S899 共 400 点;

(5)报警用状态继电器 S900～S999 共 100 点。

5. 定时器 T

定时器作为时间元件相当于时间继电器,由设定值寄存器、当前值寄存器和定时器触点组成。只有其当前值寄存器的值等于设定值寄存器的值时,定时器触点才动作。故设定值、当前值和定时器触点是定时器的三要素。

定时器累计 PLC 内的 1 ms、10 ms、100 ms 等的时钟脉冲,当达到所定的设定值时,输出触点动作。定时器可以使用用户程序存储器内的常数 K 作为设定值,也可以用后述的数据寄存器 D 的内容作为设定值。这里的数据寄存器应具有断电保持功能。

定时器可以分为以下两类:

(1)常规定时器 T0～T245;

(2)积算定时器 T246～T255。

常规定时器的动作过程如图 4-13 所示。

积算定时器的动作过程如图 4-14 所示。1 ms 积算定时器 T246～T249 共 4 点,每点设定值范围 0.001～32.767 s;100 ms 积算定时器 T250～T255 共 6 点,每点设定值范围 0.1～3 276.7 s。例如:当定时器线圈 T250 的驱动输入 X1 接通时,T250 为当前值计数器累计 100 ms 的时钟脉冲个数;当该值与设定值 K10 相等时,定时器的输出触点接通;当计数中间驱动输入 X0 断开或停电时,当前值可保持。输入 X1 接通或复电时,定时器继续计数,当累计时间为 10×0.1 s=1 s 时,输出触点才动作。当输入 X1 复位时,定时器就复位,输出触点也复位。

触点动作时序示意图如图 4-15 所示。定时器在其线圈被驱动后开始计时,到达设定值后,在执行第一个线圈指令时,其输出触点动作。从驱动定时器线圈到其触点动作称为定时

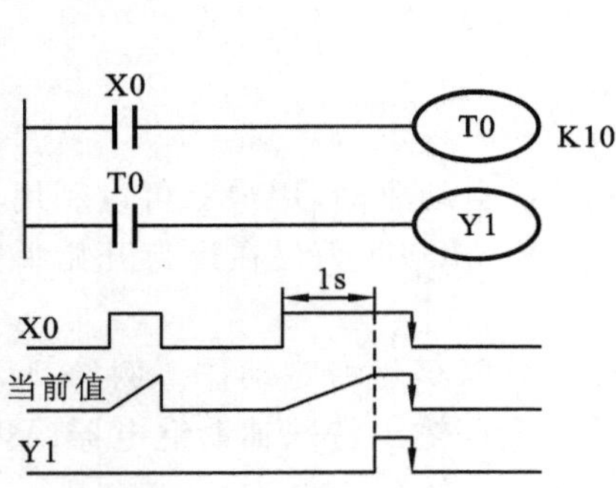

图 4-13 常规定时器的动作过程

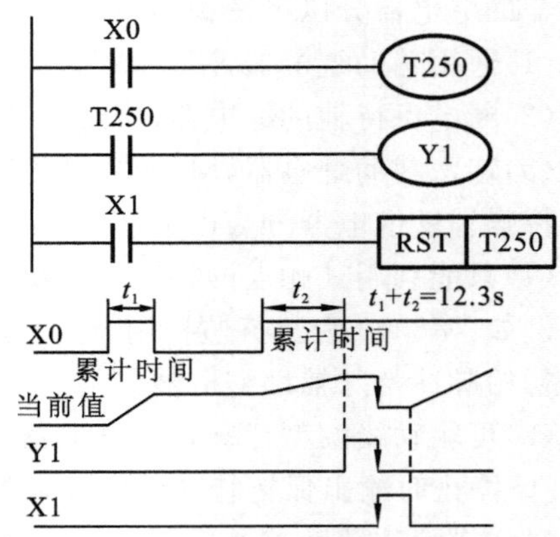

图 4-14 积算定时器的动作过程

器触点动作精度时间，用 t 表示。

$$t = T + T_0 - \alpha$$

式中：T 为定时器设定时间，单位为 s；T_0 为扫描周期，单位为 s；α 为定时器的时钟周期，如 1 ms、10 ms 和 100 ms 的定时器分别对应为 0.001、0.01 和 0.1，单位为 s。

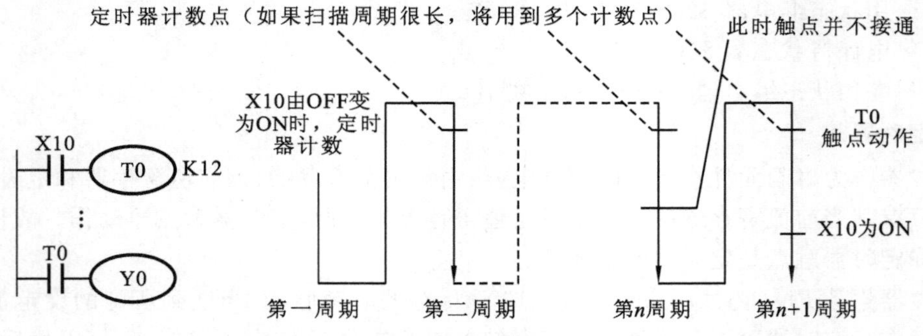

图 4-15 触点动作示意图

6. 计数器 C

可编程控制器的计数器共有两种：内部信号计数器和高速计数器。内部信号计数器分为两种：16 位递加计数器和 32 位增减计数器。

1)16 位递加计数器

16 位递加计数器的设定值为 1～32 767，其中 C0～C99 共 100 点是通用型，C100～C199 共 100 点是断电保持型。16 位递加计数器的动作过程如图 4-16 所示。

2)32 位增减计数器

32 位增减计数器的设定值为－2 147 483 648～＋2 147 483 647，其中 C200～C219 共 20 点是通用型，C220～C234 共 15 点为断电保持型。32 位增减计数器是递加计数还是递减计数由特殊辅助继电器 M8200～M8234 设定。特殊辅助继电器接通（置 1）时为递减计数，特殊辅助继电器断开（置 0）时为递加计数。可直接用常数 K 或间接用数据寄存器 D 的内容作为设定值。间接设定时，要用继电器编号紧连在一起的两个数据寄存器。如图 4-17 所示，用 X14 作为计数输入，驱动 C200 计数器进行计数操作。

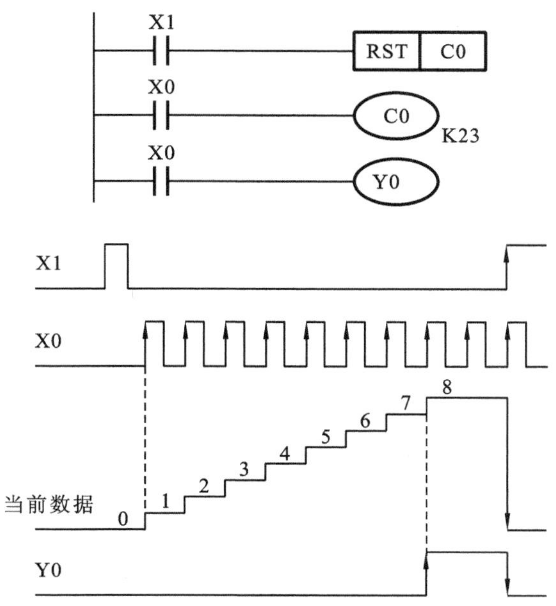

图 4-16 16 位递加计数器的动作过程

当计数器的当前值由－4 到－3(增大)时,其触点接通(置 1);当计数器的当前值由－3 到－4(减小)时,其触点断开(置 0)。32 位增减计数器的动作过程如图 4-17 所示。

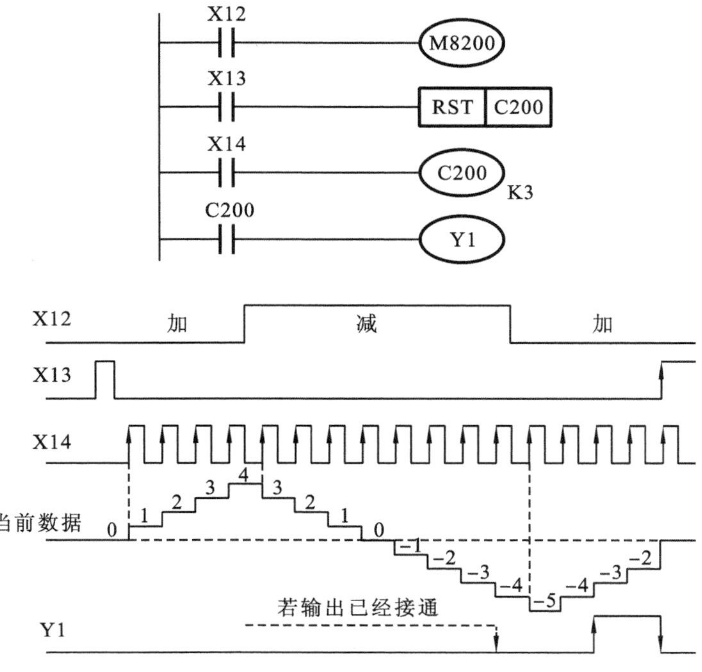

图 4-17 32 位增减计数器的动作过程

7. 数据寄存器 D

在进行输入/输出处理、模拟量控制、位置控制时,需要许多数据寄存器存储数据和参数。数据寄存器为16位，最高位为符号位，可用两个数据寄存器合并起来存放32位数据，最高位仍为符号位。

数据寄存器分成以下几类：

(1)通用数据寄存器D0～D199共200点；

(2)断电保持/锁存寄存器D200～D7999共7 800点；

(3)特殊数据寄存器D8000～D8255共256点；

(4)文件数据寄存器D1000～D7999共7 000点。

通用数据寄存器D0～D199共200点。一旦在通用数据寄存器中写入数据，只要中途不再写入其他数据，就不会变化。但是当PLC由运行到停止或断电时，该类数据寄存器中的数据就会被清零。但是当特殊辅助继电器M8033置1，PLC由运行转向停止时，该数据可以保持。

断电保持/锁存寄存器D200～D7999共7 800点。断电保持/锁存寄存器有断电保持功能，PLC从RUN状态进入STOP状态时，断电保持/锁存寄存器的值保持不变。利用参数设定，可改变断电保持/锁存寄存器的数据存储范围。

特殊数据寄存器D8000～D8255共256点。特殊数据寄存器供监视PLC中器件运行方式用，其内容在电源接通时写入初始值(先全部清零，然后由系统ROM安排写入初始值)。例如，D8000所存的警戒监视时钟的时间由系统ROM设定，若有改变时，可用传送指令将目的时间送入D8000，且该值在PLC由RUN状态到STOP状态保持不变。未定义的特殊数据寄存器，用户不能用。

文件数据寄存器D1000～D7999共7 000点。文件寄存器是以500点为一个单位，可被外部设备存取。文件寄存器实际上被设置为PLC的参数区。文件寄存器与锁存寄存器是重叠的，可保证数据不会丢失。FX2N系列的文件寄存器可通过BMOV(块传送)指令改写。

8. 变址寄存器V/Z

变址寄存器除了和普通的数据寄存器有相同的使用方法外，还常用于修改器件的地址编号。V、Z都是16位寄存器，可进行数据的读写。当进行32位寄存器操作时，可将V、Z合并使用，并指定Z为低位。

9. 指针P/I

(1)分支指令用P0～P62、P64～P127共127点。指针P0～P62、P64～P127为标号，用来指定条件跳转、子程序调用等分支指令的跳转目标。P63为结束跳转用。

(2)中断用指针I0□□～I8□□共9点。中断指针的格式表示如下。

①输入中断I△0□。

□=0表示为下降沿中断；□=1表示为上升沿中断。

△表示输入号，取值范围为0～5，每个输入只能用一次。

例如：I001为输入X0从OFF到ON变化时，执行由该指令作为标号后面的中断程序，并根据IRET指令返回。

②定时器中断I△□□。

△表示定时器中断号，取值范围为6～8，每个定时器只能用1次。

□表示定时时间，取值范围为10～99 ms。

例如:I710 即每隔 10 ms 就执行标号为 I710 后面的中断程序,并根据 IRET 指令返回。

10. 常数 K/H

常数也作为元件对待,它在存储器中占有一定的空间,十进制常数用 K 表示,如 18 表示为 K18;十六进制常数用 H 表示,如 18 表示为 H12。

4.4.3　三菱 FX2N 系列 PLC 的基本逻辑指令

FX2N 系列 PLC 有 13 类 27 条基本逻辑指令。基本逻辑指令可采用指令符和梯形图两种常用语言形式表达。每条基本逻辑指令都有特定的功能和应用对象。

1. LD、LDI、OUT 指令

表 4-2　逻辑取及线圈驱动指令的定义与应用对象

符号及名称	功　能	操作元件	步　数
LD 取	常开触点逻辑运算起始	X、Y、M、S、T、C	1
LDI 取反	常闭触点逻辑运算起始	X、Y、M、S、T、C	1
OUT 输出	线圈驱动	Y、M、S、T、C	Y、M 步数为 1;S、特殊 M 步数为 2;T 步数为 3;C 步数为 3～5

1)程序举例

LD、LDI、OUT 指令程序应用如图 4-18 所示。

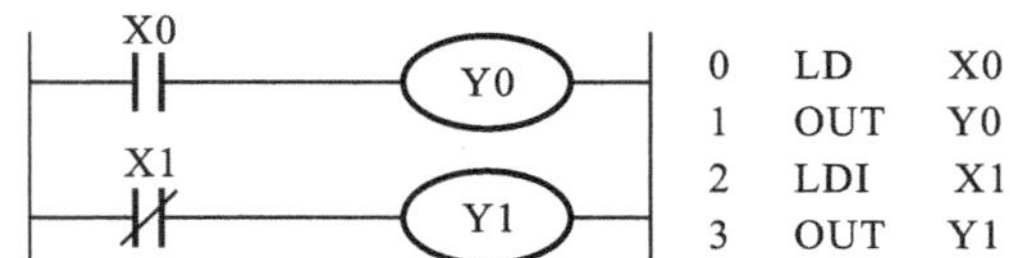

图 4-18　LD、LDI、OUT **指令程序应用**

2)程序解释

(1)当 X0 接通时,Y0 接通。

(2)当 X1 断开时,Y1 接通。

3)指令使用说明

(1)LD、LDI 指令用于将常开触点和常闭触点接到左母线上。

(2)LD、LDI 指令在电路块分支起点处也可使用。

(3)OUT 指令是对输出继电器、辅助继电器、状态继电器、定时器、计数器的线圈驱动指令,不能用于驱动输入继电器,因为输入继电器的状态是由输入信号决定的。

(4)OUT 指令可作多次并联使用,如图 4-19 所示。

(5)定时器的计时线圈或计数器的计数线圈,使用 OUT 指令后,必须设定值(常数 K 或指定数据寄存器的地址号),如图 4-19 所示。

2. AND、ANI 指令

触点串联指令的 AND、ANI 定义与应用对象如表 4-3 所示。

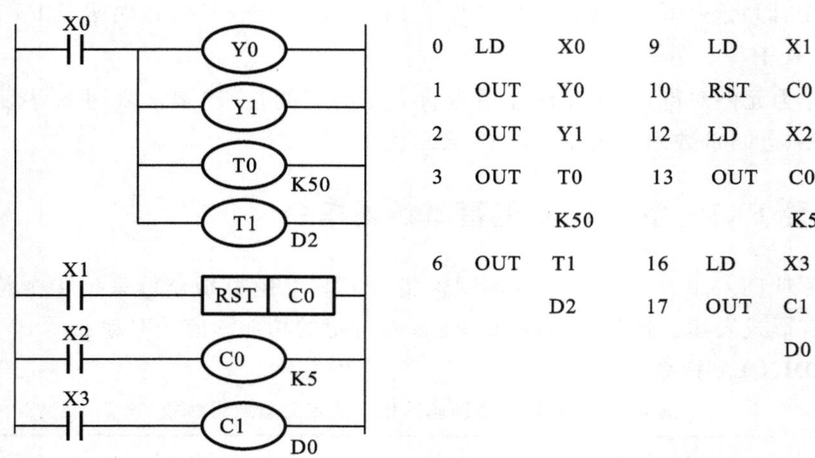

图 4-19 OUT 指令可作多次并联使用

表 4-3 触点串联指令的 AND、ANI 定义与应用对象

符号及名称	功　能	操 作 元 件	步　数
AND 与	常开触点串联连接	X、Y、M、S、T、C	1
ANI 与非	常闭触点串联连接	X、Y、M、S、T、C	1

1)程序举例

AND、ANI 指令程序应用如图 4-20 所示。

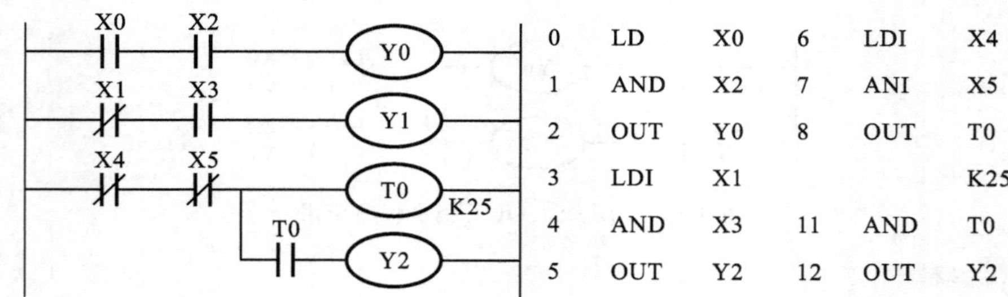

图 4-20 AND、ANI 指令程序应用

2)程序解释

(1)当 X0、X2 接通时,Y0 接通;

(2)当 X1 断开,X3 接通时,Y1 接通;

(3)当 X4 断开,X5 断开,同时达到 2.5 s 时间,T0 接通,Y2 接通。

3)指令说明

(1)AND、ANI 指令可进行 1 个触点的串联连接。串联触点的数量不受限制,可以连续使用。

(2)OUT 指令之后,通过触点对其他线圈使用 OUT 指令,称为纵接输出。这种纵接输出如果顺序不错,可多次重复使用;如果顺序颠倒,就必须用 MPS、MRD、MPP 堆栈指令。

(3)当继电器的常开触点或常闭触点与其他继电器的触点组成的电路块串联时,也可使用 AND 指令或 ANI 指令。

3. OR、ORI 指令

触点并联指令的 OR、ORI 定义与应用对象如表 4-4 所示。

表 4-4　触点并联指令的 OR、ORI 定义与应用对象

符号及名称	功　　能	操 作 元 件	步　　数
OR 或	常开触点并联连接	X、Y、M、S、T、C	1
ORI 或非	常闭触点并联连接	X、Y、M、S、T、C	1

1)程序举例

OR、ORI 指令程序应用如图 4-21 所示。

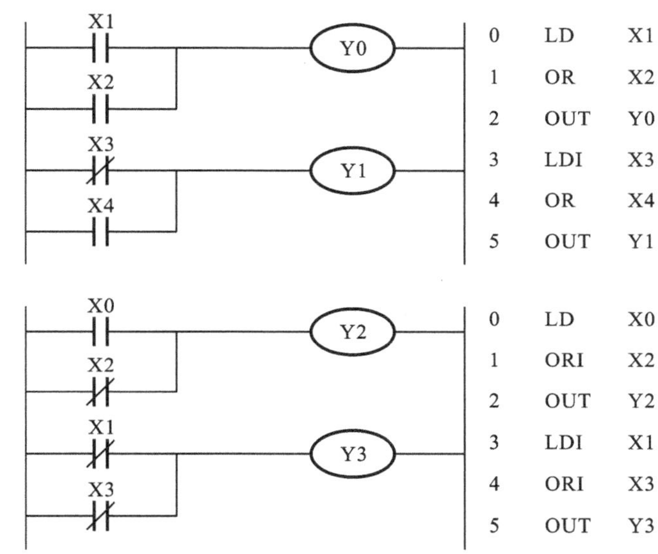

图 4-21　OR、ORI 指令程序应用

2)程序解释

(1)当 X1 或 X2 接通时,Y0 接通。

(2)当 X3 断开或 X4 接通时,Y1 接通。

(3)当 X0 接通或 X2 断开时,Y2 接通。

(4)当 X1 或 X3 断开时,Y3 接通。

3)指令说明

(1)OR、ORI 指令用作 1 个触点的并联连接指令。

(2)OR、ORI 指令可以连续使用,并且不受使用次数的限制,如图 4-22 所示。

(3)OR、ORI 指令是从该指令步开始,与前面的 LD、LDI 指令步进行并联连接。

(4)当继电器的常开触点或常闭触点与其他继电器的触点组成的混联电路块并联时,也可以用 OR、ORI 指令。

4. 串联电路块并联指令 ORB、并联电路块串联指令 ANB

串联电路块并联指令 ORB、并联电路块串联指令 ANB 的定义与应用对象如表 4-5 所示。

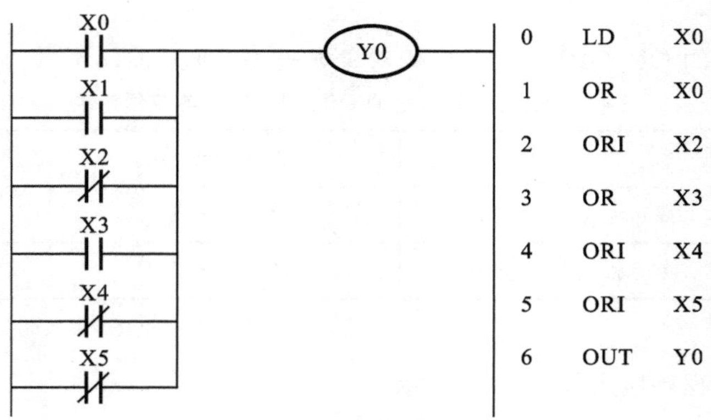

图 4-22　OR、ORI 指令连续使用不受限制

表 4-5　串联电路块并联指令 ORB、并联电路块串联指令 ANB 的定义与应用对象

符号及名称	功　能	操作元件	步　数
ORB 电路块或	触点并联一个电路块	—	1
ANB 电路块与	触点后串联一个电路块	—	1

电路块是指由几个触点按一定的方式连接的梯形图。由两个或两个以上的触点串联而成的电路块，称为串联电路块。由两个或两个以上的触点并联连接而成的电路块，称为并联电路块。触点的混联就称为混联电路块。

1）程序举例

串联电路块并联指令 ORB 程序应用如图 4-23 所示，并联电路块串联指令 ANB 程序应用如图 4-24 所示。

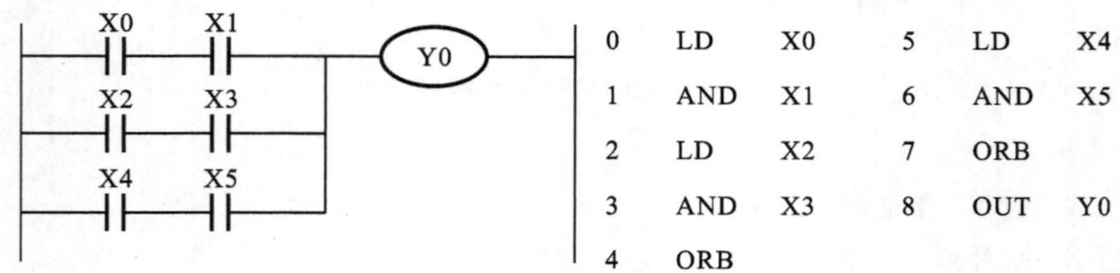

图 4-23　串联电路块并联指令 ORB 程序应用

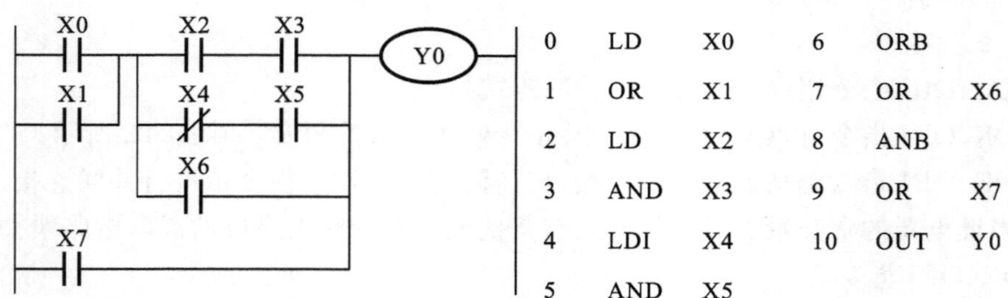

图 4-24　并联电路块串联指令 ANB 程序应用

2)程序解释

X0 与 X1、X2 与 X3、X4 与 X5 任一电路块接通，Y0 接通。

3)指令说明

(1)ORB、ANB 指令为无操作软元件。

(2)两个或两个以上的触点串联连接的电路称为串联电路块。

(3)将串联电路并联连接时，分支开始用 LD、LDI 指令，分支结束用 ORB 指令。

(4)ORB、ANB 指令是无操作元件的独立指令，它们只描述电路的串并联关系。有多个串联电路时，若对每个电路块使用 ORB 指令，则串联电路没有限制，如图 4-23 所示的程序。

(5)若多个并联电路块按顺序和前面的电路串联连接时，则 ANB 指令的使用次数没有限制。

(6)使用 ORB、ANB 指令编程时，也可以采取 ORB、ANB 指令连续使用的方法，但只能连续使用不超过 8 次，在此建议不使用此法。

5. 分支多重输出 MPS、MRD、MPP 指令

分支多重输出 MPS、MRD、MPP 指令的定义与应用对象如表 4-6 所示。

表 4-6 分支多重输出 MPS、MRD、MPP 指令的定义与应用对象

符号及名称	功　能	操作元件	步　数
MPS 进栈	将逻辑运算结果存入栈存储器	—	1
MRD 读栈	读出栈存储器结果	—	1
MPP 出栈	取出栈存储器结果并清除	—	1

MPS、MRD、MPP 指令用于多重输出电路；FX2N 系列 PLC 有 11 个栈存储器，用来存放运算中间结果的存储区域称为堆栈存储器。使用一次 MPS 指令就将此刻的运算结果送入堆栈的第一段，而将原来的第一层存储的数据移到堆栈的下一段。

栈存储器与多重输出指令如图 4-25 所示。

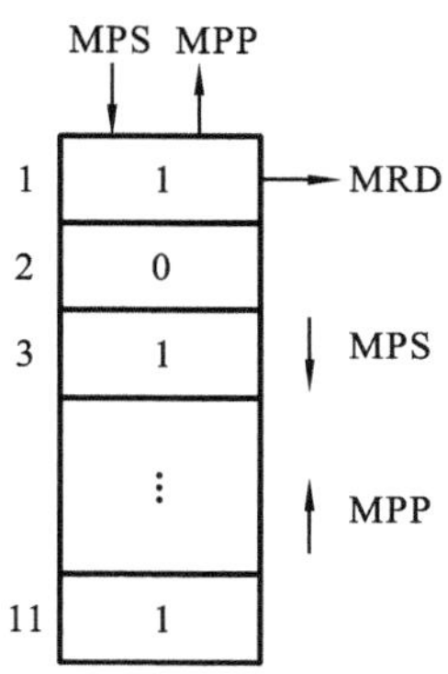

图 4-25 栈存储器与多重输出指令

MRD 指令只用来读出堆栈最上段的最新数据，此时堆栈内的数据不移动。

使用 MPP 指令，各数据向上一段移动，最上段的数据被读出，同时这个数据就从堆栈中清除。

1）程序举例

栈存储器与多重输出指令的编程如图 4-26 所示。

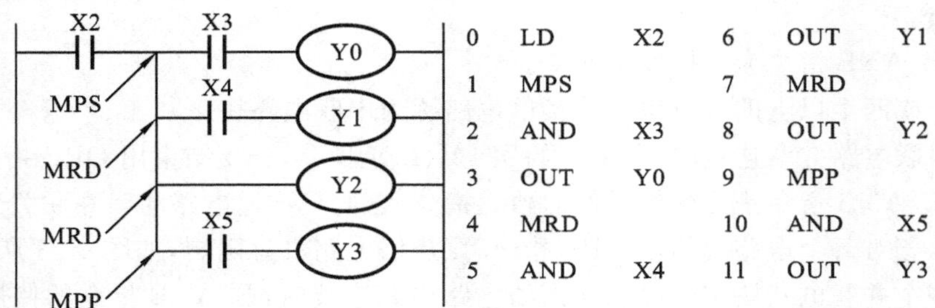

图 4-26　栈存储器与多重输出指令的编程

2）程序解释

公共条件 X2 闭合：X3 闭合则 Y0 接通；X4 接通则 Y1 接通；Y2 接通；X5 接通则 Y3 接通。

3）指令说明

（1）MPS、MRD、MPP 指令为无操作软元件。

（2）MPS、MPP 指令可以重复使用，但是连续使用不能超过 11 次，且两者必须成对使用，缺一不可，MRD 指令有时可以不用。

（3）MRD 指令可多次使用，但在打印等方面有 24 行限制。

（4）最终输出电路以 MPP 指令代替 MRD 指令，读出存储并复位清零。

（5）MPS、MRD、MPP 指令之后若有单个常开触点或常闭触点串联，则应该使用 AND 指令或 ANI 指令。

（6）MPS、MRD、MPP 指令之后若有触点组成的电路块串联，则应该使用 ANB 指令。堆栈与 ANB、ORB 指令并用如图 4-27 所示。

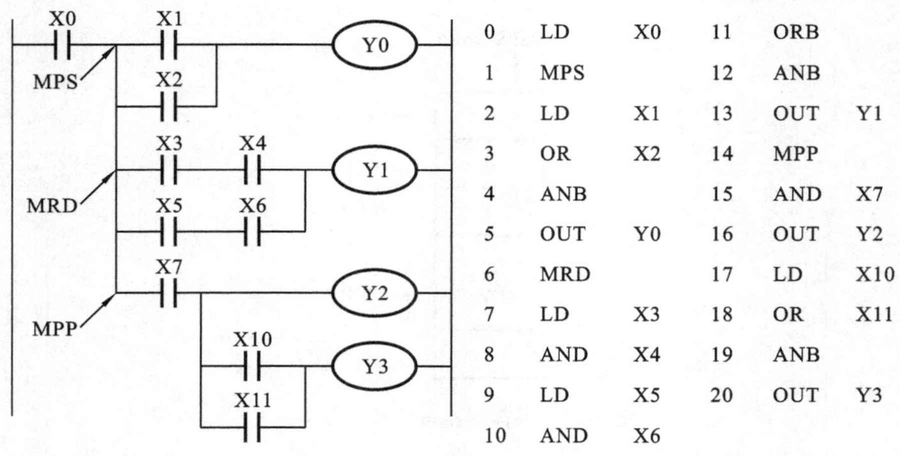

图 4-27　堆栈与 ANB、ORB 指令并用

（7）MPS、MRD、MPP 指令之后若无触点串联，直接驱动线圈，则应该使用 OUT 指令。

（8）指令使用可以有多层堆栈。

一层堆栈程序应用如图 4-28 所示。

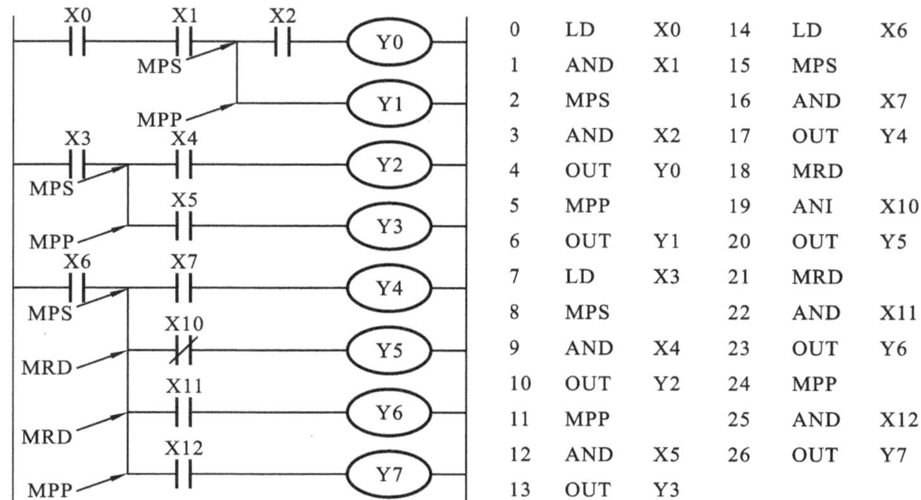

0	LD	X0	14	LD	X6
1	AND	X1	15	MPS	
2	MPS		16	AND	X7
3	AND	X2	17	OUT	Y4
4	OUT	Y0	18	MRD	
5	MPP		19	ANI	X10
6	OUT	Y1	20	OUT	Y5
7	LD	X3	21	MRD	
8	MPS		22	AND	X11
9	AND	X4	23	OUT	Y6
10	OUT	Y2	24	MPP	
11	MPP		25	AND	X12
12	AND	X5	26	OUT	Y7
13	OUT	Y3			

图 4-28 一层堆栈程序应用

两层堆栈程序应用如图 4-29 所示。

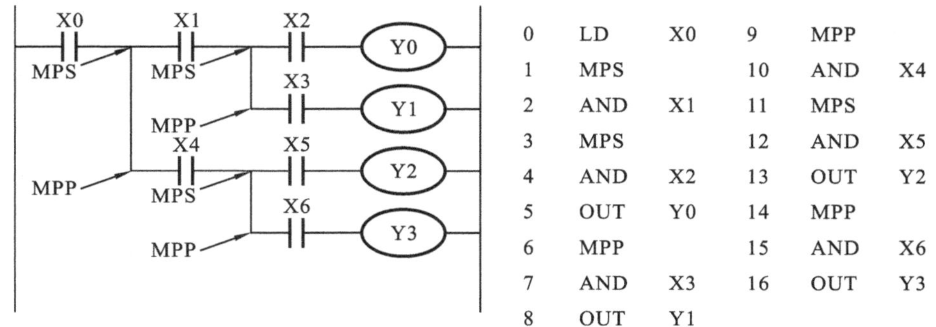

0	LD	X0	9	MPP	
1	MPS		10	AND	X4
2	AND	X1	11	MPS	
3	MPS		12	AND	X5
4	AND	X2	13	OUT	Y2
5	OUT	Y0	14	MPP	
6	MPP		15	AND	X6
7	AND	X3	16	OUT	Y3
8	OUT	Y1			

图 4-29 两层堆栈程序应用

四层堆栈程序应用如图 4-30 所示。

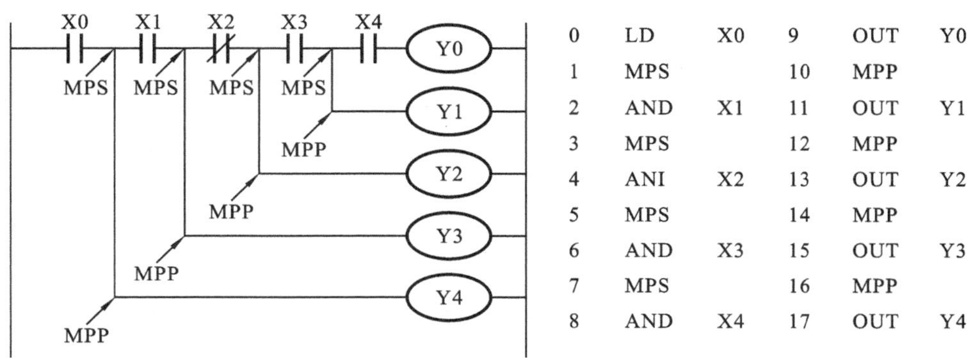

0	LD	X0	9	OUT	Y0
1	MPS		10	MPP	
2	AND	X1	11	OUT	Y1
3	MPS		12	MPP	
4	ANI	X2	13	OUT	Y2
5	MPS		14	MPP	
6	AND	X3	15	OUT	Y3
7	MPS		16	MPP	
8	AND	X4	17	OUT	Y4

图 4-30 四层堆栈程序应用

四层堆栈程序应用若使用纵接输出的形式就可以不用 MPS 指令了。

6. 主控指令 MC、MCR

主控指令 MC、MCR 的定义与应用对象如表 4-7 所示。

表 4-7　主控指令的定义与应用对象

符号及名称	功　能	操 作 元 件	步　数
MC 主控	主控开始	Y、M(除特殊辅助继电器)	3
MCR 主控复位	主控结束	Y、M(除特殊辅助继电器)	2

在程序中常常会有这样的情况，多个线圈受一个或多个触点控制，要是在每个线圈的控制电路中都要串入同样的触点，将占用多个存储单元，应用主控指令就可以解决这一问题。

1)程序举例

MC、MCR 指令程序运用如图 4-31 所示。

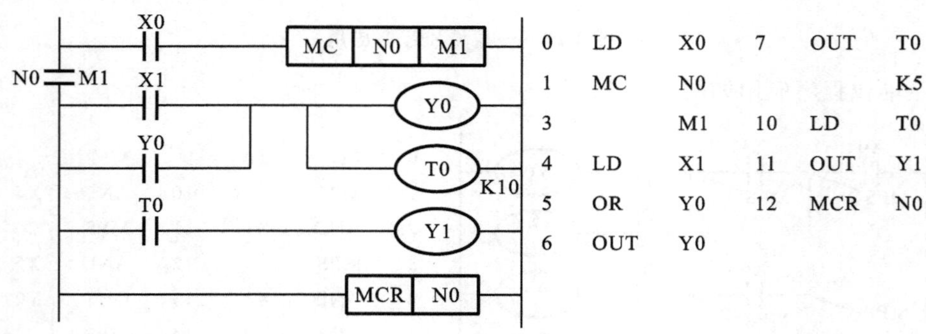

图 4-31　MC、MCR **指令程序应用**

2)程序解释

(1)当 X0 接通时，执行主控指令 MC 到 MCR 的程序。

(2)MC 至 MCR 之间的程序只有在 X0 接通后才能执行。

3)指令说明

(1)MC 指令的操作软元件为 N、M。

(2)在图 4-31 所示的程序中，输入 X0 接通时，直接执行从 MC 到 MCR 之间的程序；如果输入 X0 为断开状态，则根据不同的情况形成不同的形式。

(3)保持当前状态：积算定时器(T63)、计数器、SET/RST 指令驱动的软元件。

(4)断开状态：非积算定时器、用 OUT 指令驱动的软元件。

(5)主控指令 MC 后，母线(LD、LDI 指令)临时移到主控触点后，MCR 指令为将其临时母线返回原来位置的指令。

(6)MC 指令的操作元件可以是继电器 Y 或辅助继电器 M(特殊继电器除外)。

(7)MC 指令后，必须用 MCR 指令使临时左母线返回原来位置。

(8)MC、MCR 指令可以嵌套使用，即 MC 指令内可以再使用 MC 指令，但是必须使嵌套级编号从 N0 到 N7 按顺序增加，顺序不能颠倒；而主控返回则嵌套级标号必须从大到小，

即按 N7 到 N0 的顺序返回，不能颠倒，最后一定是 MCR N0 指令。

无嵌套主令指令 MC、MCR 程序应用如图 4-32 所示。

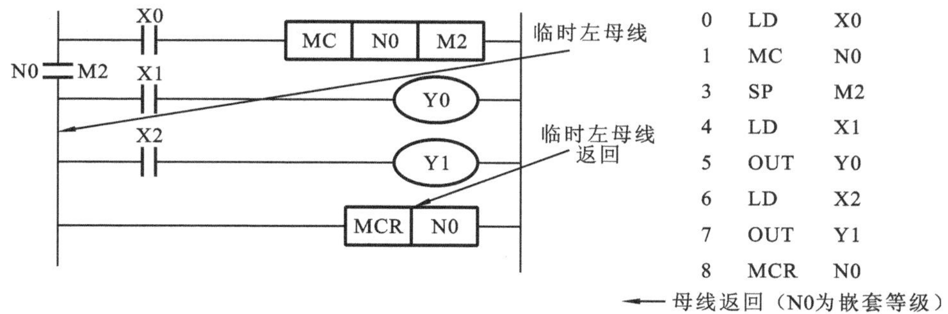

图 4-32　无嵌套主控指令 MC、MCR 程序应用

上述程序为无嵌套程序，操作元件 N 编程，且 N 在 N0～N7 之间任意使用没有限制。当主令指令 MC、MCR 为有嵌套结构时，嵌套级 N 的地址号按增序使用，即 N0～N7，如图 4-33所示。

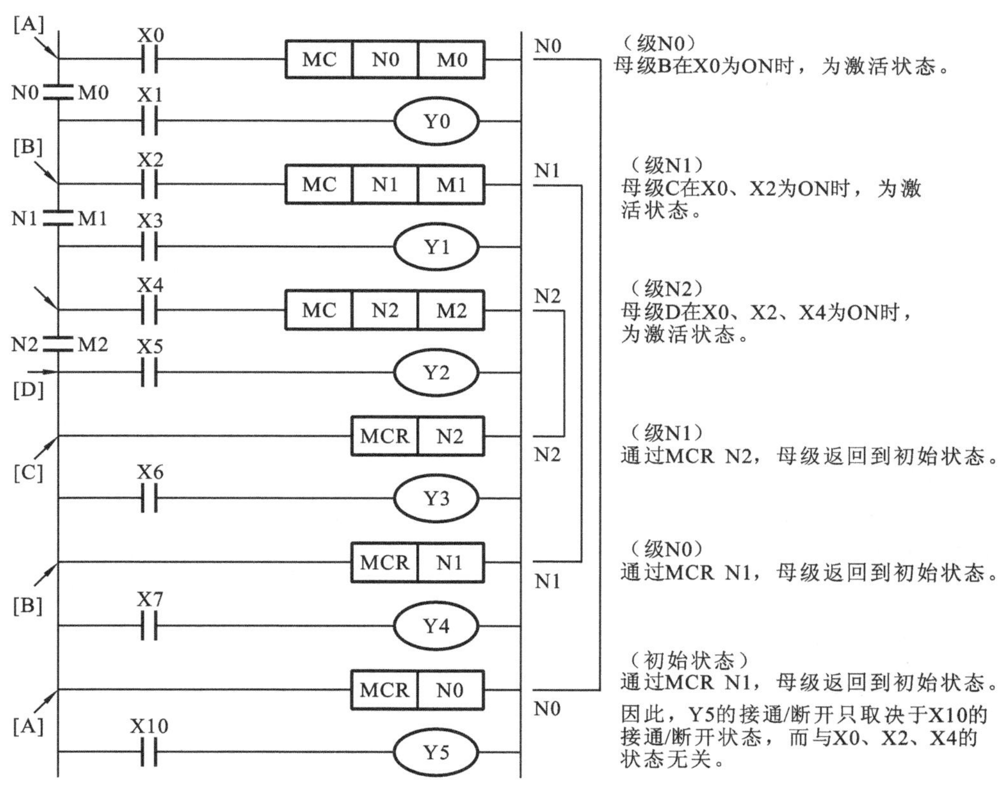

图 4-33　有嵌套主控指令 MC、MCR 程序应用

7. 置位指令 SET、复位指令 RST

置位指令 SET、复位指令 RST 的定义与应用对象如表 4-8 所示。

表 4-8　置位指令 SET、复位指令 RST 的定义与应用对象

符号及名称	功　能	操作元件	步　数
SET 置位	线圈保持接通	Y、M、S	Y、M 的步数为 1； S、T、C、特殊 M 的步数为 2； D、V、Z、特殊 D 的步数为 3
RST 复位	线圈保持断开	Y、M、S、T、C、D、V、Z	

1)程序举例

置 1 指令 SET、复 0 指令 RST 程序应用如图 4-34 所示。

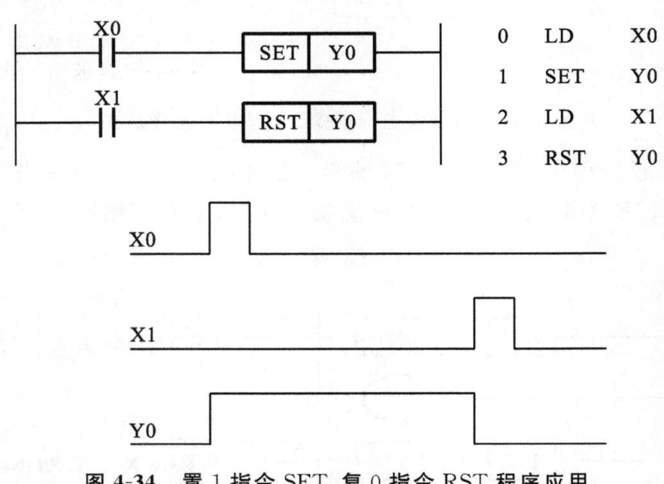

图 4-34　置 1 指令 SET、复 0 指令 RST 程序应用

2)程序解释

(1)当 X0 接通时，Y0 接通并自保持接通。

(2)当 X1 接通时，Y0 清除保持。

3)指令说明

(1)在图 4-34 所示的程序中，X0 接通，即使断开，Y0 也保持接通；X1 接通，即使断开，Y0 也不接通。

(2)用 SET 指令使软元件接通后，必须要用 RST 指令才能使其断开。

(3)如果两者对同一软元件操作的执行条件同时满足，则 RST 指令优先。

(4)对数据寄存器 D、变址寄存器 V 和变址寄存器 Z 的内容清零时，也可使用 RST 指令。

8. 上升沿脉冲指令 PLS、下降沿脉冲指令 PLF

上升沿脉冲指令 PLS、下降沿脉冲指令 PLF 的定义与应用对象如表 4-9 所示。

表 4-9　脉冲指令的定义与应用对象

符号及名称	功　能	操作元件	步数
PLS 上升沿脉冲指令	元件触点闭合时接通一个扫描周期	Y、M(除特殊辅助继电器)	1
PLF 下降沿脉冲指令	元件触点断开时接通一个扫描周期	Y、M(除特殊辅助继电器)	1

脉冲微分指令主要作为信号变化的检测，即从断开到接通的上升沿和从接通到断开的下降沿信号的检测，如果条件满足，则被驱动的软元件产生一个扫描周期的脉冲信号。

上升沿脉冲指令 PLS,当检测到逻辑关系的结果为上升沿信号时,驱动的操作软元件产生一个脉冲宽度为一个扫描周期的脉冲信号。

下降沿脉冲指令 PLF,当检测到逻辑关系的结果为下降沿信号时,驱动的操作软元件产生一个脉冲宽度为一个扫描周期的脉冲信号。

1)程序举例

上升沿脉冲指令 PLS、下降沿脉冲指令 PLF 程序应用如图 4-35 所示。

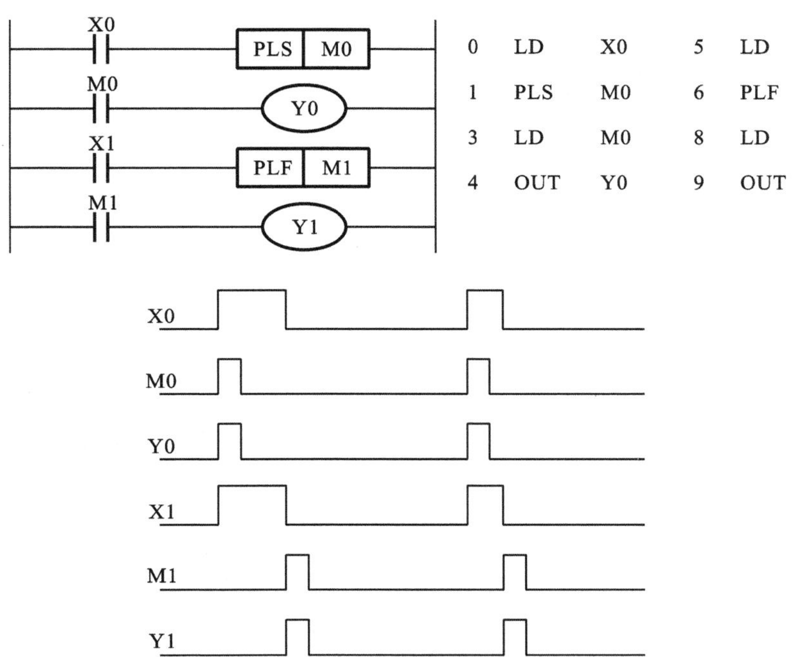

图 4-35　上升沿脉冲指令 PLS、下降沿脉冲指令 PLF 程序应用

2)程序解释

(1)当检测到 X0 的上升沿时,PLS 的操作软元件 M0 产生一个扫描周期的脉冲,Y0 接通一个扫描周期。

(2)当检测到 X1 的上升沿时,PLF 的操作软元件 M1 产生一个扫描周期的脉冲,Y1 接通一个扫描周期。

3)指令说明

(1)PLS 指令驱动的软元件只在逻辑输入结果由 OFF 到 ON 时动作一个扫描周期。

(2)PLF 指令驱动的软元件只在逻辑输入结果由 ON 到 OFF 时动作一个扫描周期。

(3)特殊辅助继电器不能作为 PLS、PLF 的操作软元件。

9. 取反指令 INV

取反指令 INV 的定义与应用对象如表 4-10 所示。

表 4-10　取反指令 INV 的定义与应用对象

符号及名称	功　能	操作元件	步数
INV 取反	将指令之前的运算结果取反	—	1

1)程序举例

INV取反指令程序应用如图4-36所示。

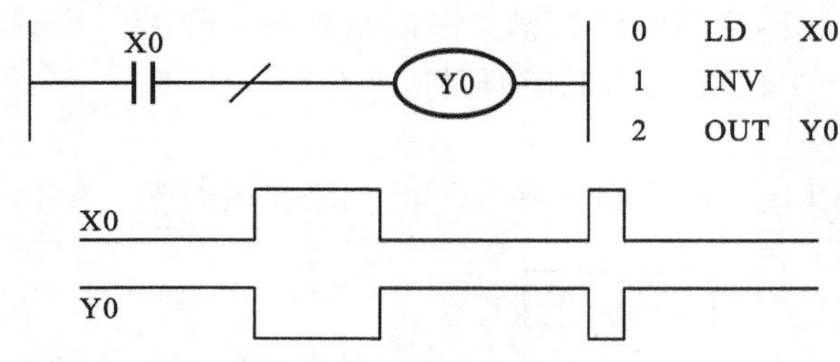

图4-36 INV取反指令程序应用

2)程序解释

X0接通,Y0断开;X0断开,Y0接通。

3)指令说明

(1)编写INV指令需要前面有输入量,INV指令不能直接与母线相连接,也不能和OR、ORI等指令单独并联使用。

(2)INV指令可以多次使用,只是结果有两个,要么接通要么断开。

(3)INV指令只对其前的逻辑关系取反。

在包含ORB指令、ANB指令的复杂电路中使用INV指令编程时,INV的取反动作如指令表中所示,将各个电路块开始处的LD、LDI、LDP、LDF指令以后的逻辑运算结果作为INV运算的对象。

10. 空操作指令NOP、结束指令END

空操作指令NOP、结束指令END的定义与应用对象如表4-11所示。

表4-11 空操作指令NOP、结束指令END的定义与应用对象

符号名称	功能	操作元件	步数
NOP空操作	空操作	—	1
END结束程序	结束程序	—	1

NOP指令称为空操作指令,无任何操作元件。NOP指令的主要功能是在调试程序时,用其取代一些不必要的指令,即删除由这些指令构成的程序。另外,在程序中使用NOP指令,可延长扫描周期。若在普通指令与指令之间加入空操作指令,可编程控制器可继续工作,就如没有加入NOP指令一样;若在程序执行过程中加入空操作指令,则在修改或追加程序时可减少步数的变化。

END指令称为结束指令,为无操作元件,其功能是输入/输出处理和返回到0步程序。

1)指令说明

(1)在将程序全部清除时,存储器内指令全部成为NOP指令。

(2)若将已经写入的指令换成NOP指令,则电路会发生变化。

(3)可编程控制器反复进行输入处理、程序执行、输出处理,若在程序的最后写入END指令,则END指令以后的其余程序步不再执行,而直接进行输出处理。

(4)在程序中没END指令时,可编程控制器处理完其全部的程序步。

(5)在调试期间,在各程序段插入 END 指令,可依次调试各程序段程序的动作功能,确认后再删除各 END 指令。

(6)可编程控制器在 RUN 开始时首次执行是从 END 指令开始。

(7)可编程控制器执行 END 指令时,也会刷新监视定时器,检测扫描周期是否过长。

11. LDP、LDF、ANDP、ANDF、ORP、ORF 指令

LDP、LDF、ANDP、ANDF、ORP、ORF 指令的定义与应用对象如表 4-12 所示。

表 4-12　LDP、LDF、ANDP、ANDF、ORP、ORF 指令的定义与应用对象

符号及名称	功　　能	操 作 元 件	步数
LDP 取脉冲上升沿	检测到信号的上升沿时接通一个扫描周期	X、Y、M、S、T、C	2
LDF 取脉冲下降沿	检测到信号的下降沿时接通一个扫描周期	X、Y、M、S、T、C	2
ANDP 与脉冲上升沿	检测到位软元件上升沿信号时接通一个扫描周期	X、Y、M、S、T、C	2
ANDF 与脉冲下降沿	检测到位软元件下降沿信号时接通一个扫描周期	X、Y、M、S、T、C	2
ORP 或脉冲上升沿	检测到位软元件上升沿信号时接通一个扫描周期	X、Y、M、S、T、C	2
ORF 或脉冲下降沿	检测到位软元件下降沿信号时接通一个扫描周期	X、Y、M、S、T、C	2

1)程序举例

LDP 上升沿指令程序应用如图 4-37 所示,LDF 下降沿指令程序应用如图 4-38 所示。

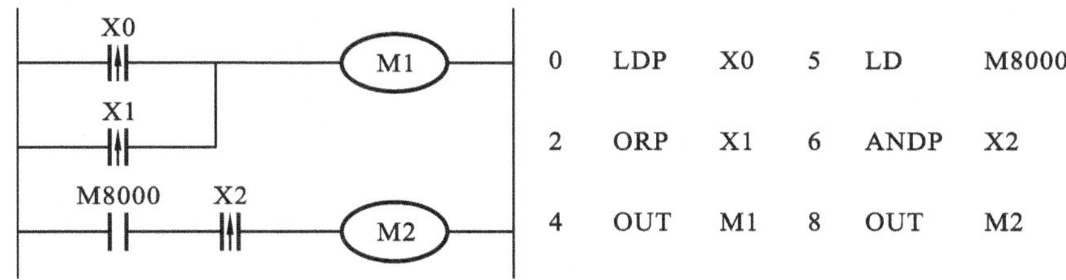

图 4-37　LDP 上升沿指令程序应用

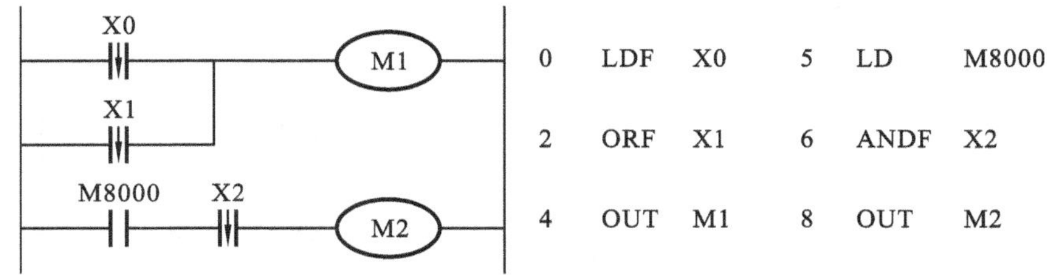

图 4-38　LDF 下降沿指令程序应用

2)程序解释

(1)在图 4-37 所示的程序中,X0 或 X1 由 OFF 转为 ON 时,M1 仅闭合一个扫描周期;X2 由 OFF 转为 ON 时,M2 仅闭合一个扫描周期。

(2)在图 4-38 所示的程序中,X0 或 X1 由 ON 转为 OFF 时,M0 仅闭合一个扫描周期;X2 由 ON 转为 OFF 时,M1 仅闭合一个扫描周期。

上述两个程序都可以使用 PLS、PLF 指令来实现。

4.4.4 三菱 FX2N 系列 PLC 的步进指令

基本逻辑指令不能直观地实现较为复杂的顺序控制，因此 PLC 厂家开发出了专门用于顺序控制的指令，如三菱 FX 系列的 STL、RET 指令，使得顺序控制变得直观简单。在学习步进指令之前我们先了解一下与之相关的顺序控制及状态转移图。

1. 顺序控制及状态转移图

1）顺序控制

顺序控制是指按照生产工艺预先规定的顺序，在各个输入信号的作用下，根据内部状态和时间的顺序，在生产过程中各个执行机构自动有序地进行操作。

2）状态转移图

为了解决基本指令编写复杂程序时的缺陷，人们最终找到一种易于构思、理解的图形程序设计工具，即状态转移图。它与流程图一样直观，又有利于复杂逻辑关系的分解与综合。为了说明状态转移图，现将三台电动机顺序控制中的各个控制步骤用工序表示，而工作顺序将工序连接成如图 4-39 所示的工序图，这就是状态转移图的雏形。

从图 4-39(a)可以看出该图有以下特点。

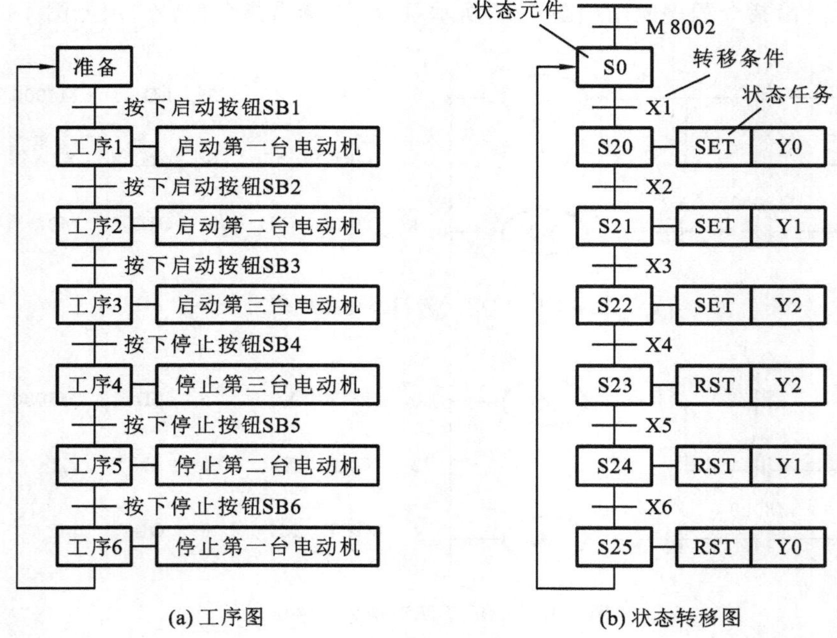

图 4-39　工序图与状态转移图

(1)将复杂的任务或过程分解成若干个工序，即使再复杂的过程都能分化为小的工序，这有利于程序的结构化设计。

(2)相对某一个具体的工序来说，简化了控制任务，给局部程序的编制带来了方便。

(3)整体程序是局部程序的综合，只要弄清楚工序成立的条件、工序转移的条件和方向，就可进行这类图形的设计。

(4)这种图很容易理解，可读性很强，能清晰地反映全部控制工艺过程。

其实将图 4-39 中的"工序"更换为"状态"，就得到了状态转移图。其编程思想为：将一个复杂的控制过程分解为若干个工作状态，再弄清楚各个状态的功能、转移条件和转移方向，然后依据总的控制顺序要求，将这些状态联系起来，形成状态转移图，如图 4-39(b)所示，进而编制出梯形图程序。因此，在状态转移图中，一个完整的状态必须包括以下三个部分：

(1)状态任务，即本次状态用来做什么；

(2)状态转移条件，即满足什么条件实现状态转移；

(3)状态转移方向，即转移到什么状态去。

3)FX2N 系列 PLC 中的状态元件

FX2N 系列 PLC 中的控制元件为状态继电器 S，其信息表如表 4-13 所示。

表 4-13　状态继电器 S 信息表

类　　别	元 件 编 号	个　　数	用途及特点
初始状态	S0～S9	10	用作初始状态
返回原点状态	S10～S19	10	多运行模式中，用作返回原点的状态
一般状态	S20～S499	480	用作中间状态
掉电保持状态	S500～S899	400	用作停电恢复后需继续执行的场合
信号报警状态	S900～S999	100	用作报警元件

说明：

①状态的编号必须在指定范围内选择；

②各状态元件的触点，在 PLC 内部可自由使用，次数不限；

③不用步进顺序控制指令时，状态元件可作为辅助继电器在程序中使用；

④通过参数设置，可改变一般状态元件和掉电保持状态元件的地址分配。

2. 步进指令

步进指令有 STL 指令和 RET 指令，如表 4-14 所示。

表 4-14　步进指令

符号及名称	功　　能	程　序　步
STL 步进指令	步进梯形图开始	1
RET 返回指令	步进梯形图结束	1

1)STL 指令

STL 指令的操作元件是状态继电器 S，STL 指令的意义为激活某个状态。在梯形图上体现为从主母线上引出的状态接点。STL 指令有建立子母线的功能，以使该状态的所有操作均在子母线上进行。

STL 指令程序应用如图 4-40 所示。

由此可见，在状态转移图中状态有状态任务(驱动负载)、转移方向(目标)和转移条件三个要素。其中转移方向(目标)和转移条件是必不可少的，而驱动负载则视具体情况而定，也可能不进行实际的负载驱动。图 4-40 所示为状态转移图和梯形图的对应关系，其中 SET Y0 为状态 S20 的状态任务(驱动负载)，S21 为其转移的目标，X2 为其转移条件。

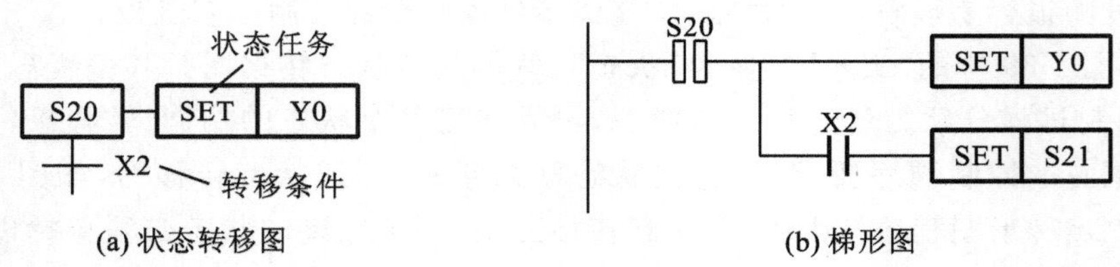

图 4-40 STL 指令程序应用

图 4-40 所示的指令表程序如下：

```
STL    S20    ;使用 STL 指令,激活状态继电器 S20
SET    Y0     ;驱动负载
LD     X2     ;转移条件
SET    S21    ;转移方向(目标)处理
STL    S21    ;使用 STL 指令,激活状态继电器 S21
```

步进顺序控制的编程思想是:先进行负载驱动处理,然后进行状态转移处理。从程序中可以看出,首先要使用 STL 指令,这样负载驱动和状态转移均是在子母线上进行,并激活状态继电器 S20;其次进行本次状态下负载驱动,SET Y0;最后,如果转移条件 X2 满足,使用 SET 指令将状态转移到下一个状态继电器 S21。

步进接点只有常开触点,没有常闭触点。步进接点接通,需要用 SET 指令进行置位。步进接点闭合,其作用如同主控触点闭合一样,将左母线移到新的临时位置,即移到步进接点右边,相当于子母线,这时,开始执行与步进接点相连的逻辑行,与子母线相连的触点可以采用 LD 指令或者 LDI 指令。

2)RET 指令

RET 指令没有操作元件。RET 指令的功能是:当步进顺序控制程序执行完毕时,使子母线返回到原来主母线的位置,以便非状态程序的操作在主母线上完成,防止出现逻辑错误。

在每条步进指令后面,不必都加一条 RET 指令,只需在一系列步进指令的最后加一条 RET 指令即可。状态转移程序的结尾必须有 RET 指令。

3. 步进顺序控制

1)单流程步进顺序控制

单流程是指状态转移只可能有一种顺序,如图 4-41 所示的台车单流程运动。

下面以台车单流程运动为例,说明运用状态编程思想编写步进顺序控制程序的方法和步骤。

(1)状态转移图的设计。

①将整个工作过程按任务要求分解,每个工序对应一个状态,并分配状态元件。

符号	状　态	符号	状　态
S0	准备(初始状态)	S20	暂停 5s
S20	台车第一次前进	S24	台车第二次前进
S21	台车第一次后退	S25	台车第二次后退

注意:不同工序,其状态继电器编号也不同。一个状态(步)用一个矩形框来表示,中间写上状态元件编号用以区分。一个步进顺序控制程序必须要有一个初始状态,一般状态和初始状态的符号如图 4-42 所示。

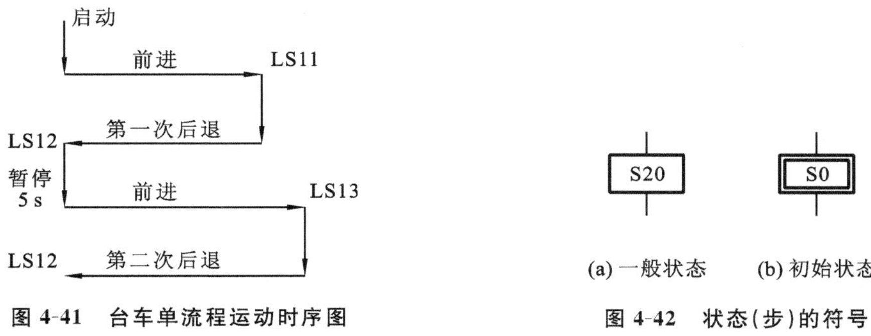

(a) 一般状态　　(b) 初始状态

图 4-41　台车单流程运动时序图　　　图 4-42　状态(步)的符号

②弄清每个状态的状态任务(驱动负载)。

符号	状　　态	符号	状　　态
S0	PLC 上电做好工作准备	S22	停止电动机 5s(T0)
S20	电动机正转(Y0)	S23	电动机正转(Y0)
S21	电动机反转(Y1)	S24	电动机反转(Y1)

如图 4-43 所示,用右边的一个矩形框表示该状态对应的状态任务,多个状态任务对应多个矩形框。各状态的功能是通过 PLC 驱动其各种负载来完成的。负载可由状态元件直接驱动,也可由其他软元件触点的逻辑组合驱动。

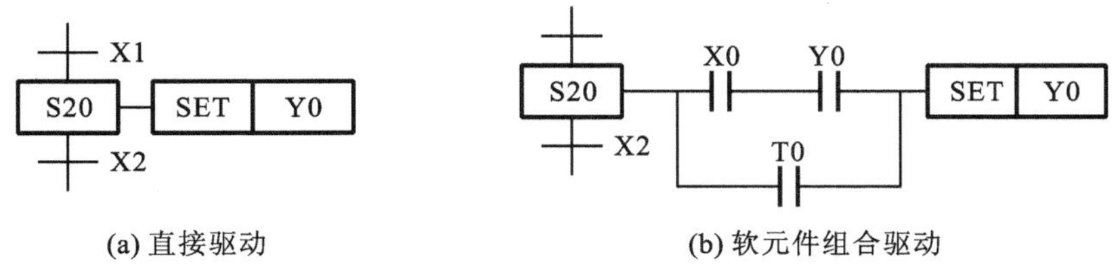

(a) 直接驱动　　(b) 软元件组合驱动

图 4-43　负载的驱动

③找出每个状态的转移条件。

状态的转移条件即为在什么条件下将下一个状态“激活”。状态转移图就是状态和状态转移条件及转移方向构成的流程图,经分析可知,本例中各状态的转移条件如下。

符号	转 移 条 件	符号	转 移 条 件
S0	按下启动按键	S22	时间达到 5s
S20	压合 LS11	S23	压合 LS13
S21	压合 LS12	S24	压合 LS12

用一个有向线段来表示状态转移的方向,从上向下画时可以省略箭头,当有向线段从下向上画时,必须画上箭头,以表示方向。状态之间的有向线段上再用一段横线来表示这一转

移的条件。状态的转移条件可以是单一条件，也可以是多条件组合，如图 4-44 所示。

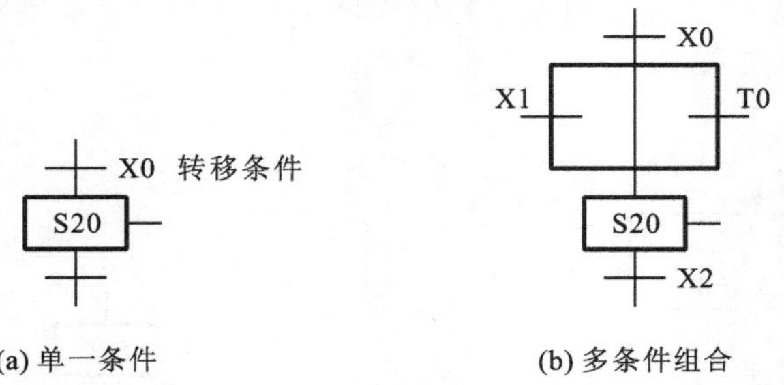

图 4-44　状态的转移条件

经过以上三步，可得到台车单流程运动状态转移图，如图 4-45 所示。

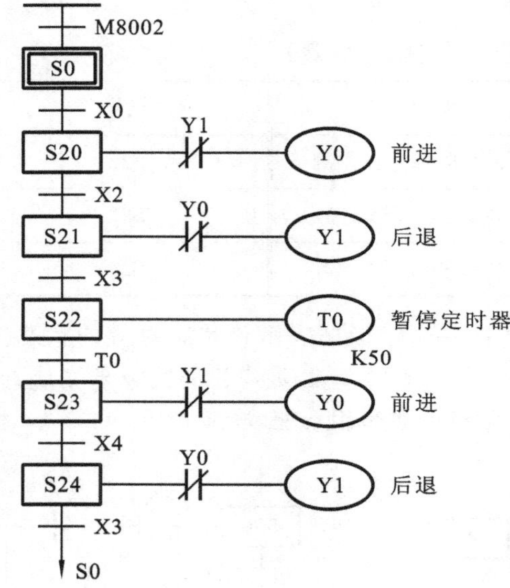

图 4-45　台车单流程运动状态转移图

(2)单流程状态转移图的编程要点。

状态编程的基本原则是激活状态，先进行负载驱动，再进行状态转移，顺序不能颠倒。使用 STL 指令将某个状态激活后，该状态下的负载驱动和转移才有可能。若对应状态是关闭的，则负载驱动和状态转移是不可能发生的。

除初始状态外，其他所有状态只有在其前一个状态被激活且转移条件满足时才能被激活，同时一旦下一个状态被激活，上一个状态自动关闭。因此，对于单流程状态转移图来说，同一时间，只有一个状态是处于激活状态的。

若为顺序连续转移(即按状态继电器元件编号顺序向下)，可使用 SET 指令进行状态转移；若为顺序不连续转移，不能使用 SET 指令，应改用 OUT 指令进行状态转移，如图 4-46 所示。

状态的顺序可自由选择，不一定非要按状态继电器元件编号的顺序选用，但在一系列的 STL 指令的最后，必须写入 RET 指令。

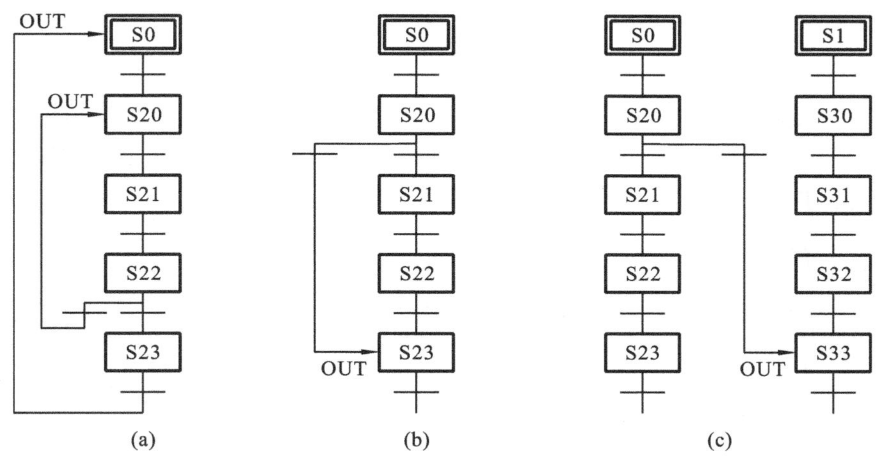

图 4-46　非顺序连续转移图

在 STL 电路中不能使用 MC 指令，MPS 指令也不能紧接着 STL 指令后使用。

初始状态可由其他状态驱动，但运行开始必须用其他方法预先做好驱动，否则状态流程不可能向下进行。一般用系统的初始条件，若无初始条件，可用 M8002(PLC 从 STOP 状态到 RUN 状态切换时的初始脉冲)进行驱动。

在步进程序中，允许同一状态元件不同时激活的双线圈是允许的。同一定时器和计数器不要在相邻的状态中使用，可以隔开一个状态使用。在同一程序段中，同一状态继电器也只能使用一次。

状态继电器元件 S500～S899 是用锂电池做后备电源的，适用于运行中途发生停电、再通电时要继续运行的场合。

(3)台车单流程运动的 STL 编程。

台车单流程运动梯形图及指令表程序如图 4-47 所示。

2)选择性流程步进顺序控制

(1)选择性分支简介。

分支流程可分为选择性分支和并行性分支，从多个流程顺序中选择执行哪一个流程，称为选择性分支。

下面以传送机分拣大小金属球系统为例介绍选择性流程步进顺序控制。传送机分拣大小金属球系统原理图如图 4-48 所示，如果电磁铁吸住大的金属球，则将其送到大球的球箱里，如果电磁铁吸住小的金属球，则将其送到小球的球箱里。

传送机分拣大小金属球系统工作过程如下：传送机的机械手臂上升、下降运动由电动机驱动，机械手臂的左行、右行运动由另一台电动机驱动。机械手臂停在原位时，按下启动按钮，手臂下降到球箱中，如果压合下限行程开关 SQ2，电磁铁线圈通电后，将吸住小金属球，然后手臂上升，右行到行程开关 SQ4 位置，手臂下降，将小金属球放进球箱中，最后手臂回到原位。如果手臂由原位下降后未碰到下限行程开关 SQ2，则电磁铁吸住的是大金属球，将大金属球放到大金属球的球箱中。

PLC 的 I/O 地址表如表 4-15 所示。

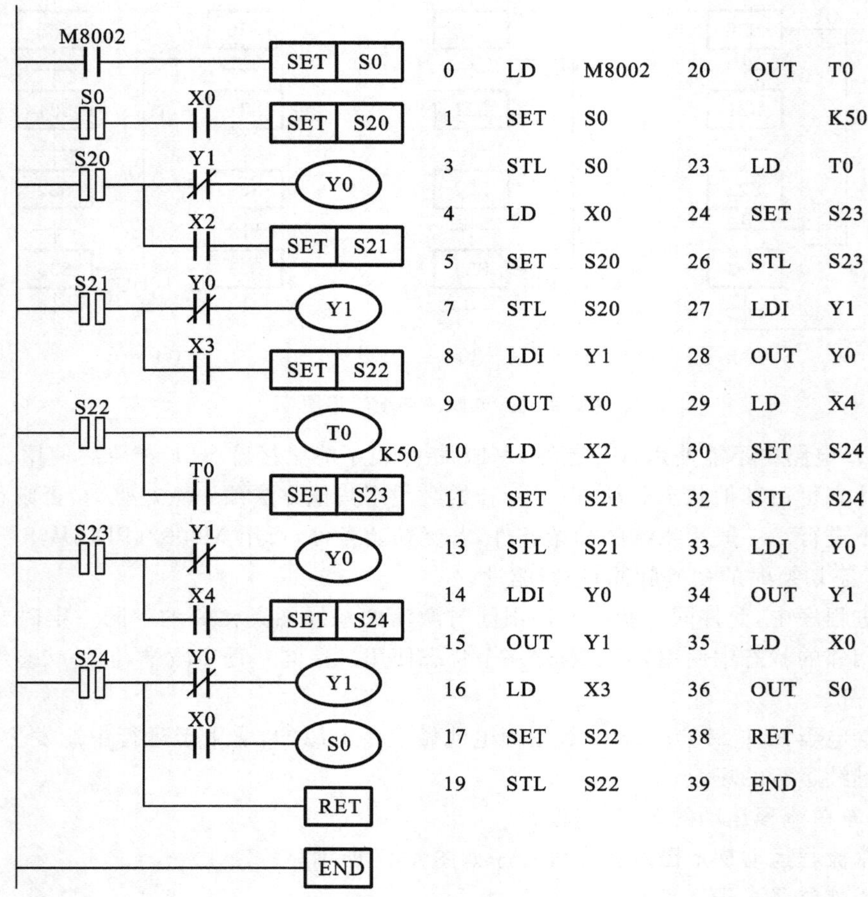

0	LD	M8002	20	OUT	T0
1	SET	S0			K50
3	STL	S0	23	LD	T0
4	LD	X0	24	SET	S23
5	SET	S20	26	STL	S23
7	STL	S20	27	LDI	Y1
8	LDI	Y1	28	OUT	Y0
9	OUT	Y0	29	LD	X4
10	LD	X2	30	SET	S24
11	SET	S21	32	STL	S24
13	STL	S21	33	LDI	Y0
14	LDI	Y0	34	OUT	Y1
15	OUT	Y1	35	LD	X0
16	LD	X3	36	OUT	S0
17	SET	S22	38	RET	
19	STL	S22	39	END	

图 4-47　台车单流程运动梯形图及指令表程序

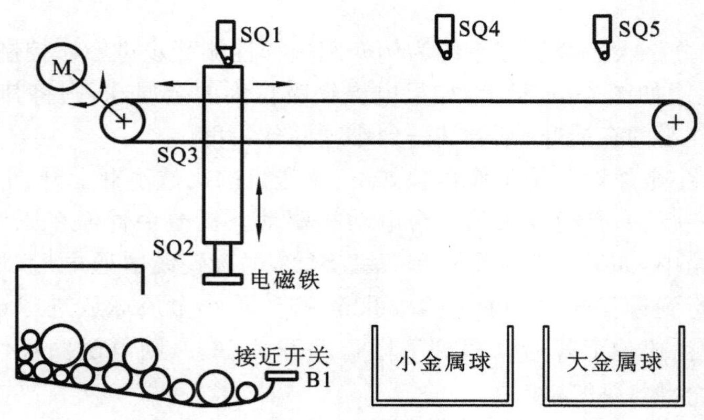

图 4-48　传送机分拣大小金属球系统原理图

表 4-15　PLC 的 I/O 地址表

输　　入			输　　出		
元件	作　　用	输入继电器	元件	作　　用	输入继电器
SB1	启动按钮	X0	HL	指示灯	Y0
SQ1	球箱定位行程开关	X1	KM1	接触器(上升)	Y1
SQ2	下限行程开关	X2	KM2	接触器(下降)	Y2
SQ3	上限行程开关	X3	KM3	接触器(左移)	Y3
SQ4	小金属球球箱定位行程开关	X4	KM4	接触器(右移)	Y4
SQ5	大金属球球箱定位行程开关	X5	YA	电磁铁	Y5
B1	接近开关	X6			

传送机分拣大小金属球系统的接线图如图 4-49 所示，其状态转移图如图 4-50 所示。

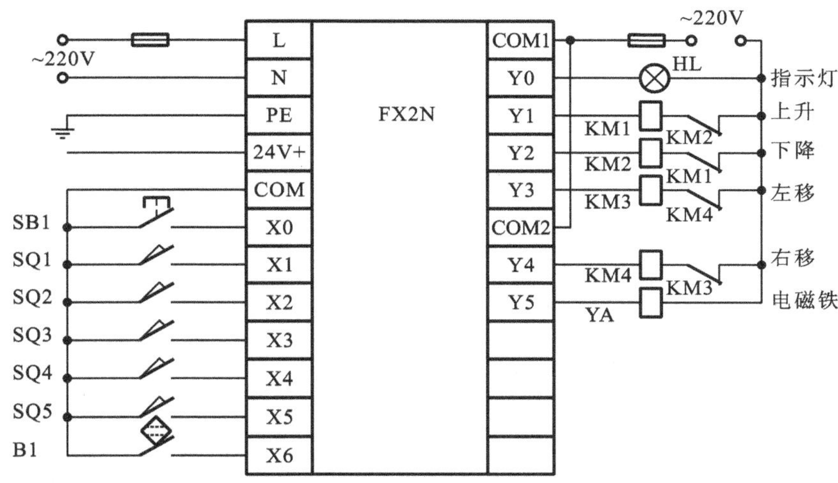

图 4-49　传送机分拣大小金属球系统的接线图

由此可见，该状态转移图有两个流程顺序，S21 状态被激活后驱动负载：OUT Y2，同时延时 2 s，如果 SQ2 检测到机械手处于下限位(X2 为 ON)，程序判断机械手臂抓住的是小金属球，选择执行流程 a；如果 SQ2 检测不到机械手处于下限位(X2 为 OFF)，程序判断机械手臂抓住的是大金属球，选择执行流程 b。这两个分支的选择条件(X2 为 ON 或 X2 为 OFF)具有唯一性。

(2)选择性分支、汇合的编程。

①选择性分支编程。S21 的分支有两条，分别是小金属球流程开始步 S22 和大金属球流程开始步 S25，根据 X2 的状态，选择执行其中的一个流程。编程原则是先集中处理分支状态，然后再集中处理汇合状态。选择性分支的编程方法是先进行分支状态的驱动处理，再依顺序进行转移处理。程序如下：

```
STL     S21         驱动处理
OUT     Y2
LD      X6          选择转移条件
```

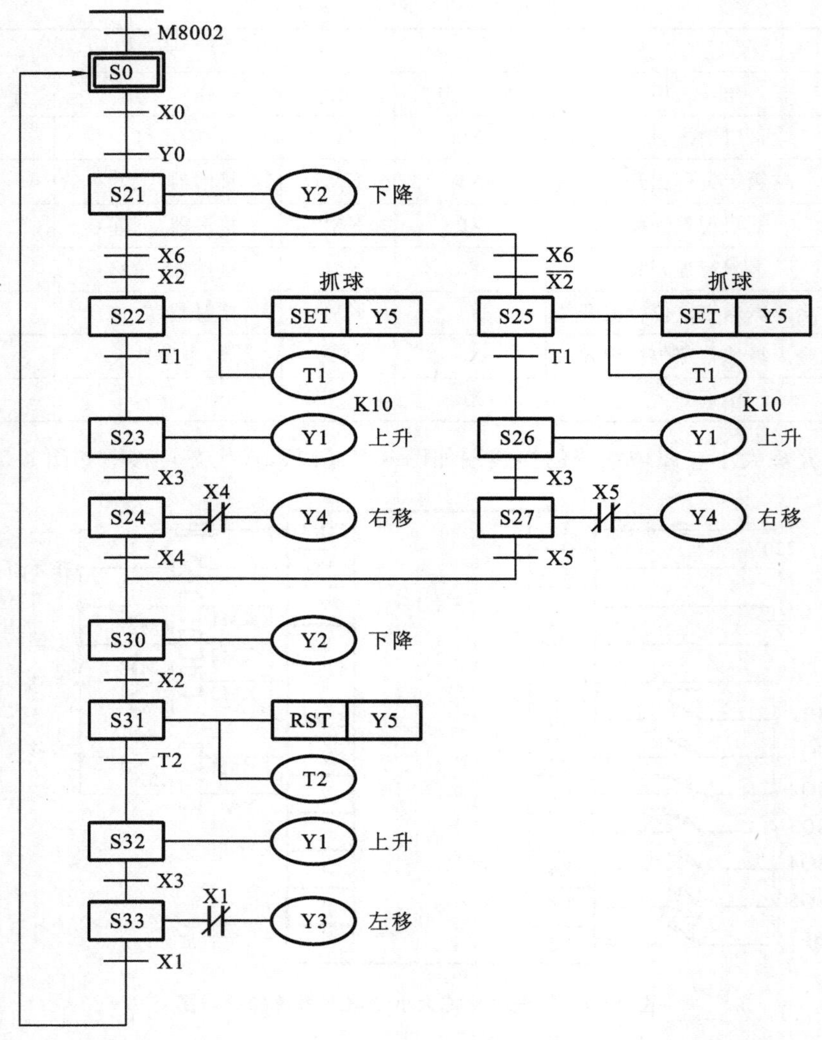

图 4-50　传送机分拣大小金属球系统状态转移图

```
AND    X2
STL    S21        驱动处理
OUT    Y2
LD     X6         选择转移条件
ANI    X2
```

②汇合状态的编程。其编程方法是先进行汇合前各分支的驱动处理，再依次进行向汇合状态的转移处理。依次将 S22、S23、S24、S25、S26、S27 的输出进行处理，然后按顺序进行从 S22(a 分支)、S25(b 分支)向汇合点 S30 的转移。程序如下：

```
STL   S22   a分支汇合前的驱动处理        STL   S25   b分支汇合前的驱动处理
SET   Y5                                SET   Y5
OUT   T1                                OUT   T1
```

```
      K10                                         K10
LD    T1                                    LD    T1
SET   S23                                   SET   S26
STL   S23                                   STL   S26
OUT   Y1                                    OUT   Y1
LD    X3                                    LD    X3
SET   S24                                   SET   S27
STL   S24                                   STL   S27
LDI   X4                                    LDI   X5
OUT   Y4    a分支驱动处理结束               OUT   Y4    a分支驱动处理结束
LD    X4    a分支转移条件
SET   S30   由a分支转移到汇合点S30
LD    X5    a分支转移条件
SET   S30   由a分支转移到汇合点S30
```

③程序状态分析。当行程开关 SQ1 和 SQ3 被压合，机械手臂电磁吸盘线圈未通电（Y5 常闭触点保持闭合状态）且球箱中存在金属球（接近开关动作 X6 常开闭合时，指示灯 HL 亮）时，此状态为分拣系统的机械原点。

按下启动按钮，机械手臂开始下降，由定时器 T0 控制下降时间，完成动作转换。为保证机械手臂抓住和松开金属球，采用定时器 T1 控制抓金属球时间，采用定时器 T2 控制放金属球时间。机械手臂抓金属球动作和放金属球动作是由电磁吸盘线圈通电后产生的电磁吸力将金属球吸住，线圈失电后，电磁吸力消失，金属球在重力作用下而下坠。为保证电磁吸盘在机械手运行中始终通电，采用 SET 指令控制电磁吸盘线圈得电，RST 指令使电磁吸盘线圈失电。

3）并行性流程步进顺序控制

（1）并行性分支简介。

并行性流程是指多个流程分支可同时执行的分支流程。

（2）并行分支、汇合编程应注意的问题。

①并行分支的汇合最多能实现 8 个分支的汇合。

②并行分支和汇合流程中，转移条件应该在横线的外面，否则应该进行转化。转移条件示意图如图 4-51 所示。

4.4.5 基本逻辑指令的编程规则（梯形图设计规则）

梯形图按 PLC 在一个扫描周期内扫描程序的顺序，从左到右、从上到下的顺序进行绘制，与右边线圈相连的全部支路组成一个逻辑行。

（1）逻辑行起于左母线而终止于右母线（或终止于线圈，或终止于一特殊指令）。

（2）不能在线圈与右母线之间接其他元件。

（3）一个逻辑行编程顺序则是从上到下、从左到右进行。

（4）触点应画在水平支路上，不能画在垂直支路上，如图 4-52 所示。

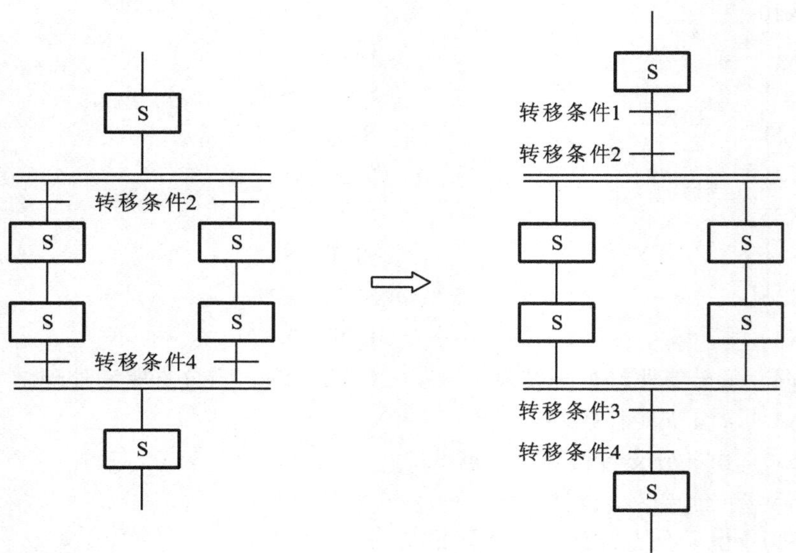

图 4-51　转移条件示意图

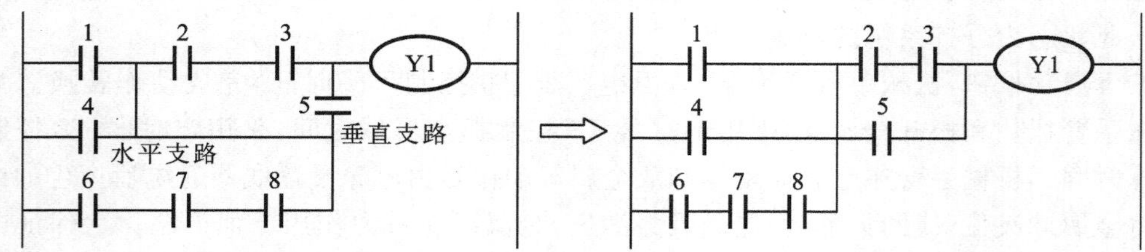

图 4-52　梯形图编程规则(一)

(5)几条支路并联时,串联触点多的支路块安排在上面(先画),如图 4-53 所示。

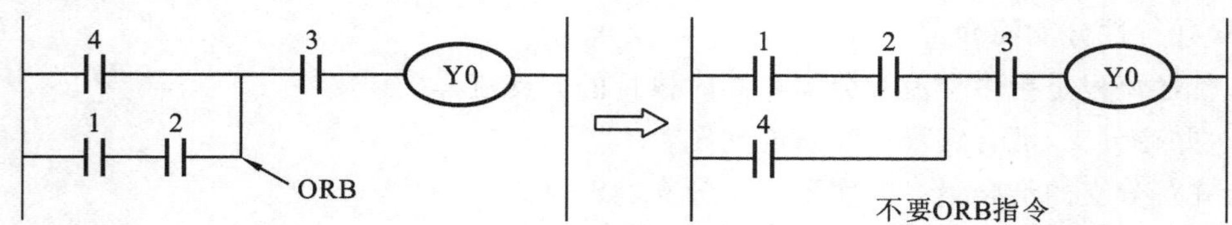

图 4-53　梯形图编程规则(二)

(6)几个支路串联时,并联触点多的支路块安排在左面,如图 4-54 所示。

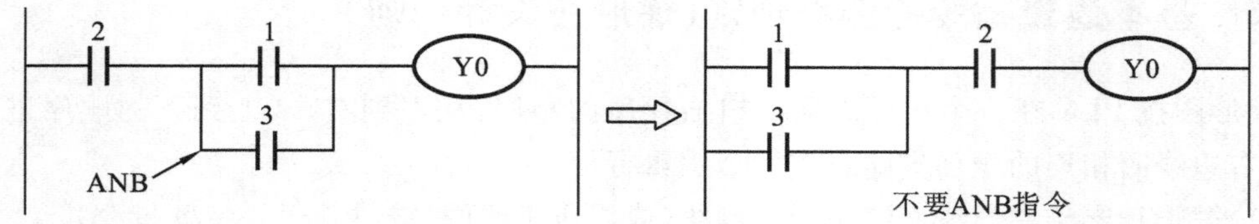

图 4-54　梯形图编程规则(三)

(7)一个触点不允许有双向电流通过,当出现这种情况时,如图 4-55 所示,可按图示的

方法加以修改。

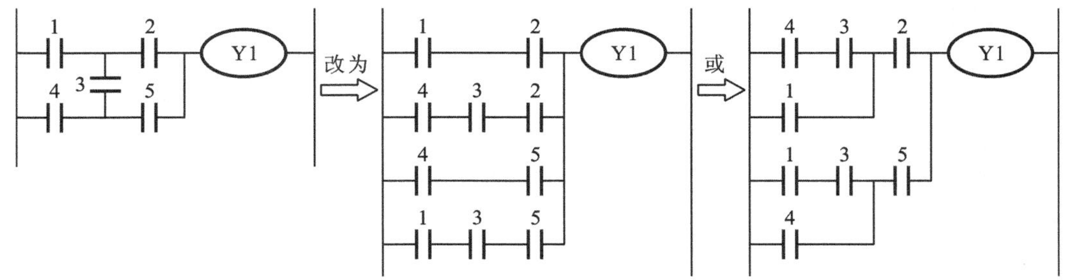

图 4-55　梯形图编程规则(四)

(8)当两个逻辑行之间互有牵连时,如图 4-56 所示,可按图示的方法加以修改。

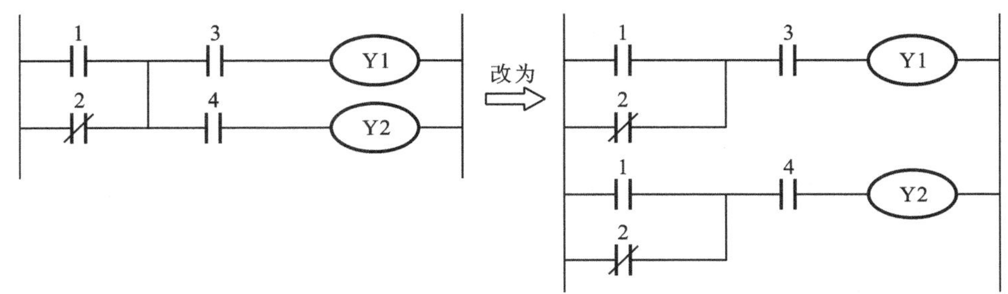

图 4-56　梯形图编程规则(五)

(9)在梯形图中任一支路上的串联触点、并联触点以及内部并联线圈的个数一般不受限制,但有的 PLC 有自己的规定,应注意看说明书。

(10)若在顺序控制中进行线圈的双重输出(双线圈),则后面的动作优先执行。绘图时应注意 PLC 外部所接输入信号的触点状态,与梯形图中所采用内部输入触点(X 编号的触点)的关系。

4.4.6　机床电气控制电路基本环节的 PLC 编程的应用举例

随着 PLC 技术的发展,PLC 已逐渐代替继电器-接触器控制电路,在机床电气控制中占主导地位。机床电气控制的继电器-接触器控制电路一般由一些基本环节组成,了解掌握继电器-接触器控制电路的基本环节,便于我们理解、设计继电器-接触器控制电路。同样,在进行机床的 PLC 控制时,了解掌握一些常见的最基本电路控制环节的 PLC 应用编程,也便于我们分析、理解、设计复杂的 PLC 程序。

对机床电气控制电路的基本环节进行 PLC 编程时,一般将继电器-接触器电路中的控制开关、主令电器(如按钮、行程开关等)的触点接在 PLC 的输入端,而接触器、指示灯、电磁阀等执行机构接在 PLC 的输出端,将 PLC 想象成一个继电器-接触器控制系统的控制箱,PLC 内部的梯形图是控制箱内部的电路,梯形图中的输入继电器和输出继电器是控制箱与外部设备联系的接口继电器,这样就可以用分析继电器-接触器电路图的方法来进行 PLC 编程。

1. 起-保-停电路

起-保-停电路的 PLC 接线图如图 4-57(a)或图 4-57(c)所示，对应的梯形图如图 4-57(b)或图 4-57(d)所示，在图 4-57(a)中，停止按钮 SB2(常闭触点)和 PLC 的公共端已接通，在 PLC 内部电源作用下，输入继电器 X1 线圈接通，X1 的常开触点为 ON，常闭触点为 OFF。若采用图 4-57(b)所示的程序，则按下启动按钮 SB1 时，在 PLC 内部电源作用下，输入继电器 X1 线圈接通，X1 的常开触点为 ON，输出继电器 Y0 线圈接通，Y0 常开触点为 ON 且自锁，电动机能启动。

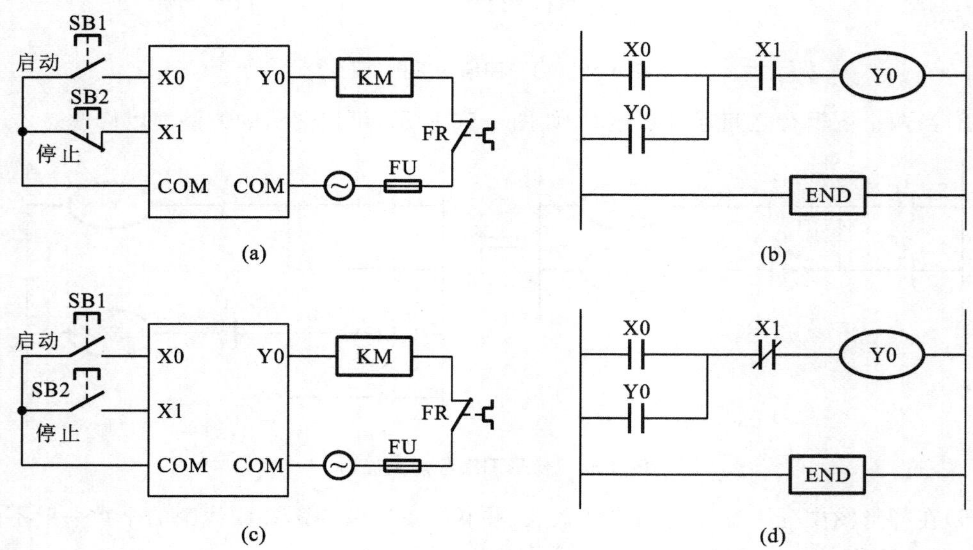

图 4-57　电动机起-保-停电路的 PLC 接线图及梯形图

若采用图 4-57(d)所示的程序，由于 X1 的常闭触点为 OFF，则按下启动按钮 SB1 时，输出继电器 Y0 不能动作。若停止按钮 SB2 采用图 4-57(c)所示的常开触点，由于 X1 的常闭触点取反，SB2 的断开状态为 ON，则按下启动按钮 SB1 时，输出继电器 Y0 线圈接通，电动机能启动。

2. 连续运行与点动电路

采用转换开关法及按钮法实现连续运行与点动的 PLC 接线图与梯形图如图 4-58 所示。连续运行用自锁电路实现，断开(或取消)自锁电路，便能实现长动。

1)转换开关法

转换开关接通 SA↓→X2=ON 按下连续(点动)按钮 SB1↓→X0=ON→驱动输出继电器 Y0 导通并自锁→KM+→电动机连续运行，转换开关断开 SA↑→X2=OFF→断开自锁环节，按下连续(点动)按钮 SB1↓→X0=ON→驱动输出继电器 Y0 导通→KM+→电动机点动运行。

2)按钮法

采用辅助继电器 M0 记录连续运行状态。

3. 多地点控制电路

多地点对同一电动机进行启停控制电路的 PLC 接线图及梯形图如图 4-59(a)、图

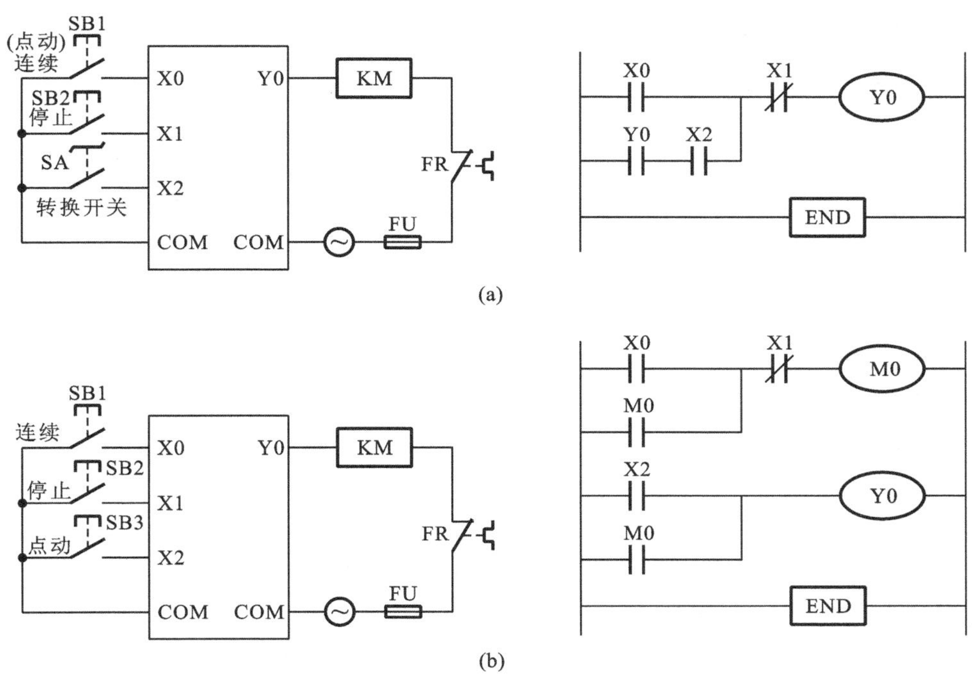

图 4-58　连续运行与点动电路的 PLC 接线图及梯形图

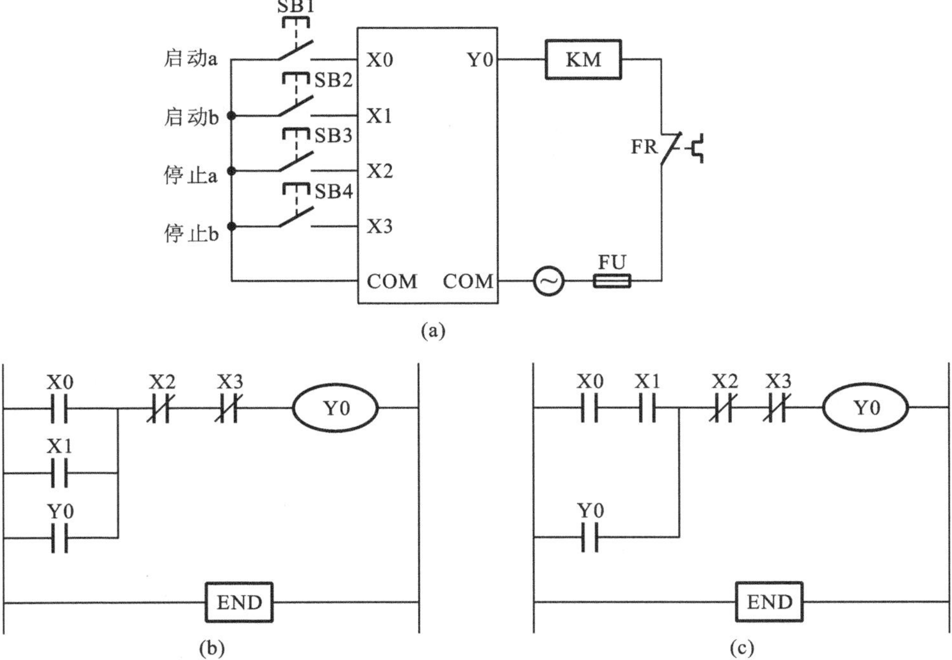

图 4-59　多地点控制电路的 PLC 接线图及梯形图

4-59(b)所示。对于大型设备,多地点同时操作才能使电动机运转的 PLC 梯形图如图 4-59(c)所示。

4. 顺序控制电路

1)具有协调的联锁电路

两台电动机顺序启动控制电路的 PLC 接线图及梯形图如图 4-60 所示,Y0 的常开触点串接在 Y1 的控制回路中,Y1 接通是以 Y0 的接通为条件,因此 KM2 得电以 KM1 得电为条件,只有电动机 1 启动后才能启动电动机 2。

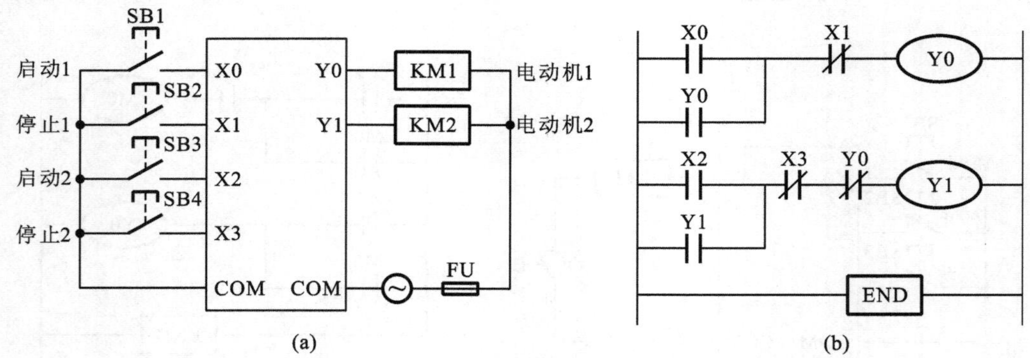

图 4-60　两台电动机顺序启动控制电路的 PLC 接线图及梯形图

2)顺序步进电路

顺序步进是指只有前一个运动发生,才允许后一个运动发生,一旦后一个运动发生,前一个运动立即停止。图 4-61 所示为三台电动机顺序步进控制电路的 PLC 接线图及梯形图。

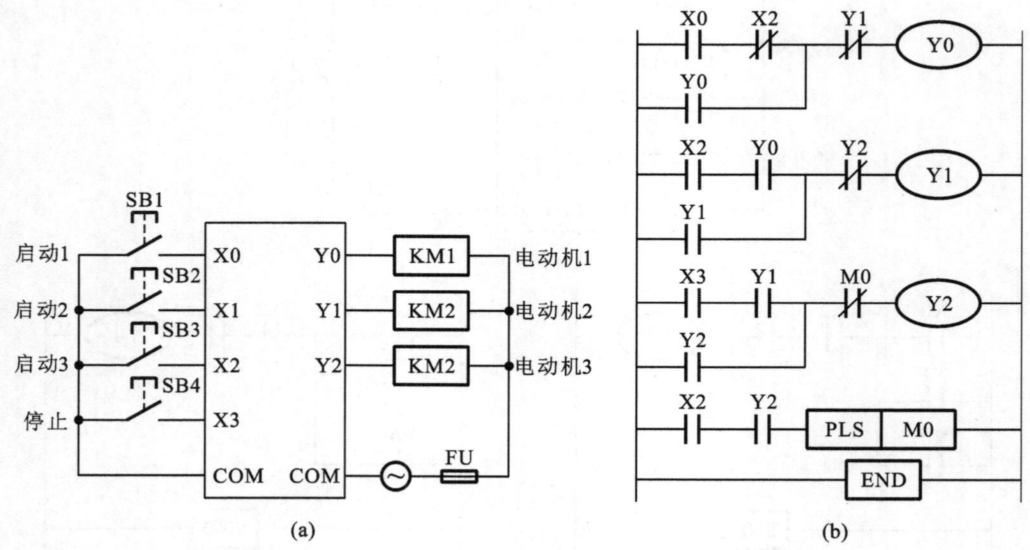

图 4-61　三台电动机顺序步进控制电路的 PLC 接线图及梯形图

5. 机床电动机正反转控制电路

三相异步电动机正反转控制电路的 PLC 接线图及梯形图如图 4-62 所示。通过两个接

触器改变定子绕组的相序，实现三相异步电动机的正反转，其中很重要的一点是要保证两个接触器不能同时接通，否则将造成三相电源短路。因此两个接触器之间应有互锁电路。采用 PLC 控制时，梯形图程序中也需要互锁回路。

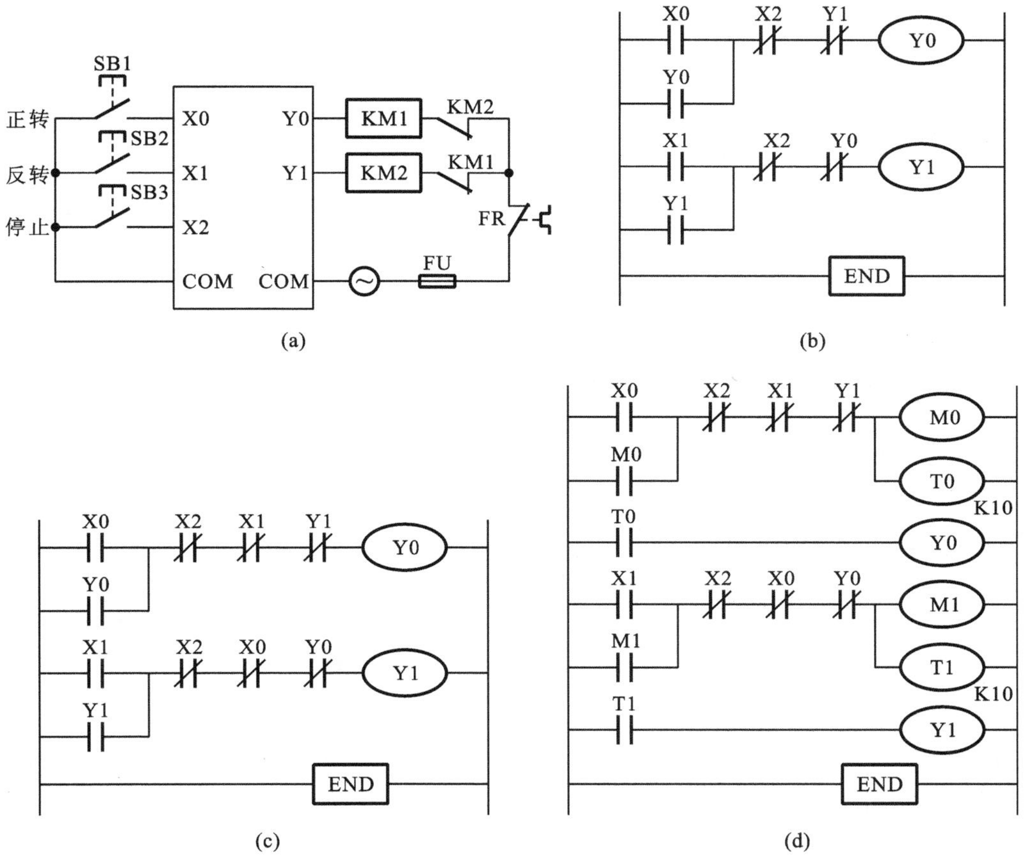

(a)　　(b)

(c)　　(d)

图 4-62　三相异步电动机正反转控制电路的 PLC 接线图及梯形图

三相异步电动机正-停-反控制时，将输出继电器 Y0 的常闭触点串入输出继电器 Y1 的驱动回路中，将输出继电器 Y1 的常闭触点串入输出继电器 Y0 的驱动回路中，形成输出继电器常闭触点互锁，如图 4-62(b)所示；三相异步电动机正-反-停控制时，既采用了两个输出继电器 Y0、Y1 的常闭触点互锁，也采用了正反转按钮互锁，如图 4-62(c)所示，这样就能保证输出继电器 Y0、Y1 不能同时接通。但在实际运行中，由于 PLC 输出锁存器中的变量是同时输出的，三相异步电动机正反转切换时，有可能出现一个接触器断开触点、电弧尚未熄灭时，另一个接触器的触点已闭合的情况，从而使三相电源瞬时短路。为避免此种情况，在图 4-62(d)中增加了两个定时器 T0 和 T1，换向切换过程中即将被切断的接触器瞬时动作，即将被接通的接触器则要延时一段时间才动作，以保证系统工作的可靠性。

梯形图的互锁电路只能保证输出模块中与 Y0、Y1 对应的常开触点不会同时接通，定时器延时电路能保证电动机换向时有足够的换相时间。若接触器主触点因断电时产生电弧而被熔焊，其线圈断电后主触点仍然是接通的，为了防止另一接触器的线圈通电，造成短路，采用两个接触器的常闭触点相互串在对方电路中的硬件互锁电路，则接触器的主触点熔焊时，其常闭触点仍处于断开状态，使另一接触器的线圈不能得电，避免了电源短路，保证系统的安全可靠性。

6. 集中控制与分散控制

在多台电动机连成的自动线上，可分为在总操作台上的集中控制和在单机操作台上的分散控制。集中控制与分散控制的PLC接线图及梯形图如图4-63所示，SA为集中控制与分散控制的选择开关，SA置“分散”挡，X0接通，此时为单机操作台分散控制，SA置“集中”挡，X0不接通，此时为总操作台集中控制。

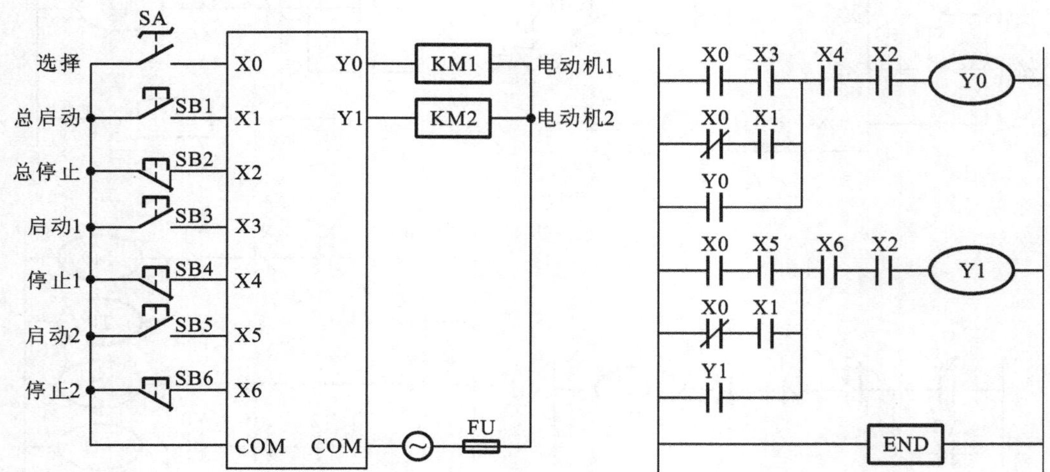

图4-63　集中控制与分散控制的PLC接线图及梯形图

7. 机床电动机Y-△启动控制电路

机床电动机Y-△启动控制电路的电路图、PLC接线图和梯形图如图4-64所示，用定时器T代替时间继电器控制定子绕组由Y形连接向△形连接的切换。

8. 机床电动机的反接制动控制电路

机床电动机的反接制动控制电路的电路图、PLC接线图和梯形图如图4-65所示。三相异步电动机正转或反转运行时，速度继电器KS的正向或反向常开触点闭合，使X3、X4为ON，为反接制动做好准备。按下停止按钮SB3后，输入继电器X2为ON，反接制动开始，以三相异步电动机正转时反接制动停车为例的控制原理如下：

电动机正转时KS闭合→X3＝ON。

按下停止按钮SB3↑→X2＝ON→辅助继电器M0接通并自锁→辅助继电器M1断电→Y0断电

辅助继电器M2接通→定时器T1开始计时→0.5 s后Y1接通→反接制动开始→$n<100$ r/min→KS断开↑→X3＝OFF→辅助继电器M2断电→Y1断电。

9. 时间电路程序

时间电路程序主要用于延时、定时和脉冲控制。时间控制电路，既可以用定时器实现也可以用标准时钟脉冲实现。在FX1S系列有64个定时器和四种标准时钟脉冲(1 min、1 s、100 ms、10 ms)可用于时间控制，编程时使用方便。

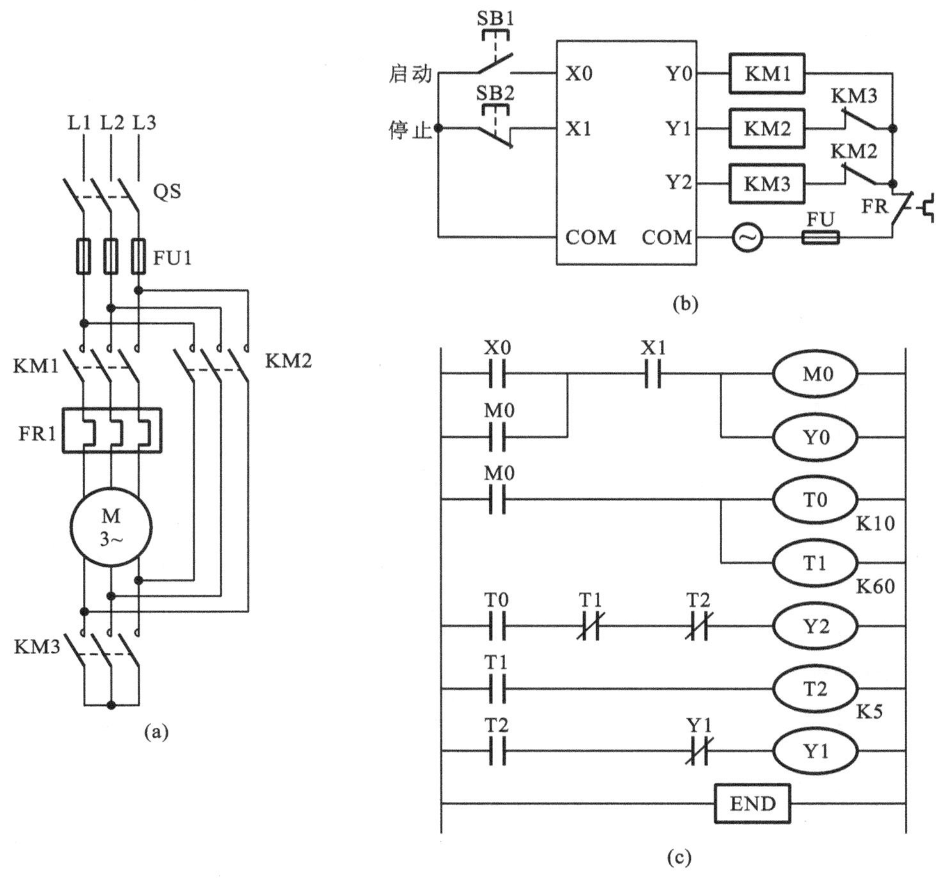

图 4-64　机床电动机 Y-△启动控制电路的电路图、PLC 接线图和梯形图

1)接通延时

接通延时梯形图如图 4-66 所示。

2)限时控制

限时控制梯形图如图 4-67 和图 4-68 所示。

3)断开延时和长延时

断开延时梯形图如图 4-69 所示,定时器串级使用实现长延时梯形图如图 4-70 所示。

4)计数器配合计时

计数器配合计时梯形图如图 4-71 所示。

5)分频电路

分频电路梯形图如图 4-72 所示。

6)振荡电路

振荡电路梯形图如图 4-73 所示。

7)时钟电路

时钟电路梯形图如图 4-74 所示。

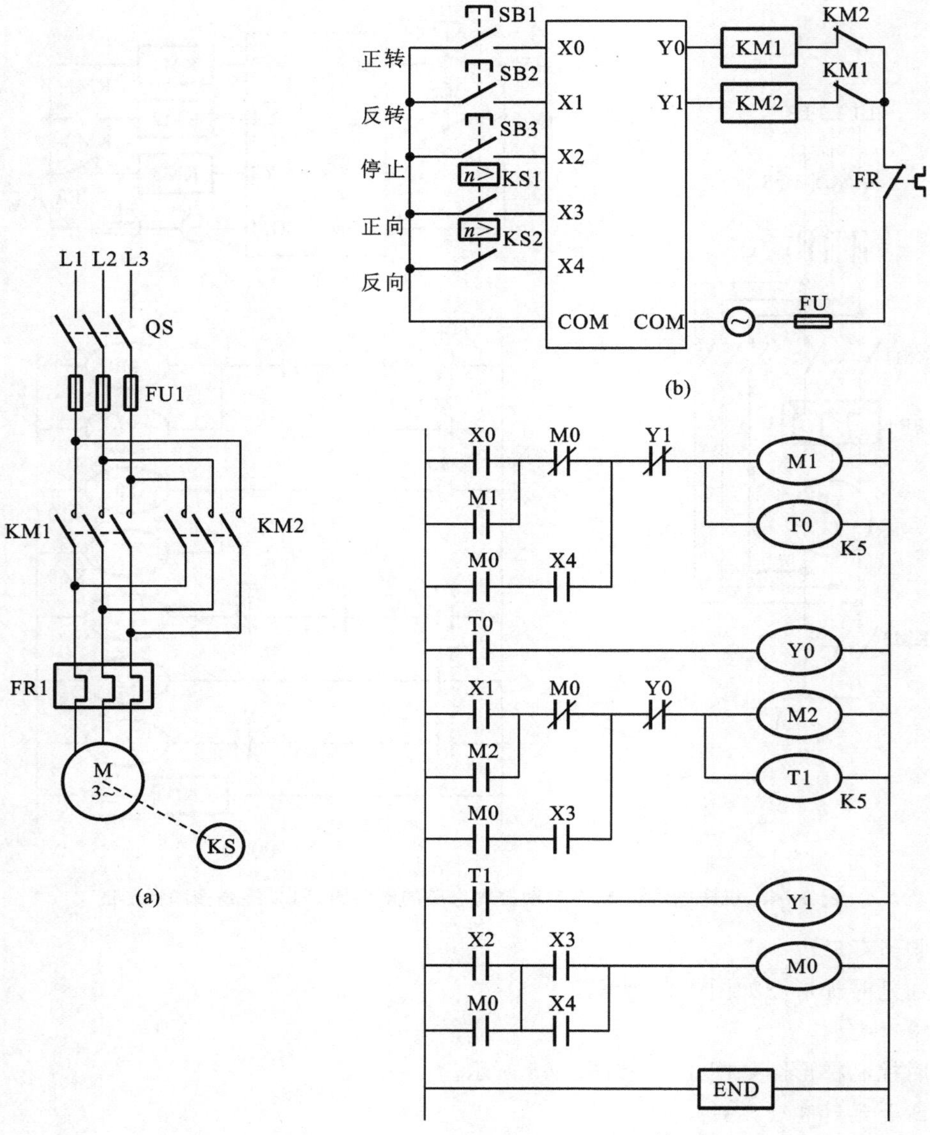

(b)

(a)

(c)

图 4-65　机床电动机的反接制动控制电路的电路图、PLC 接线图和梯形图

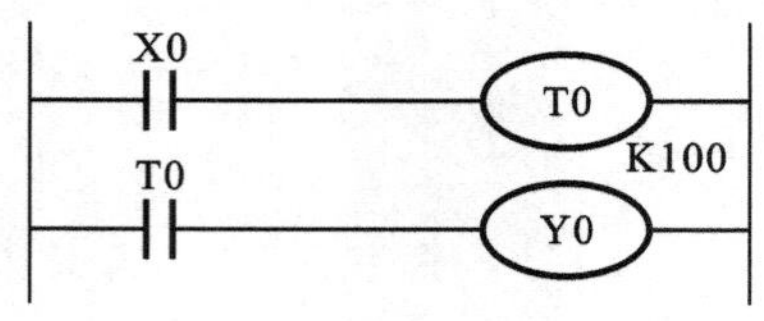

图 4-66　接通延时梯形图

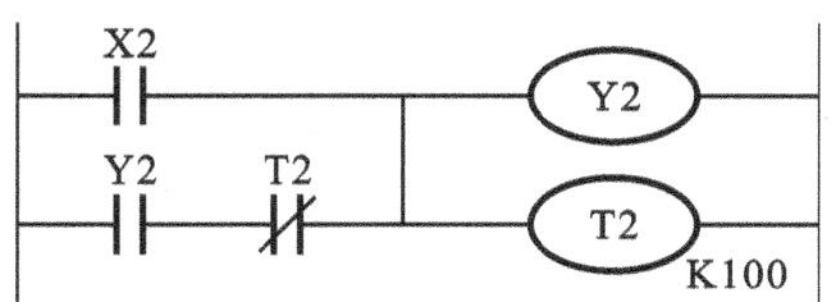

图 4-67　限时控制梯形图(一)

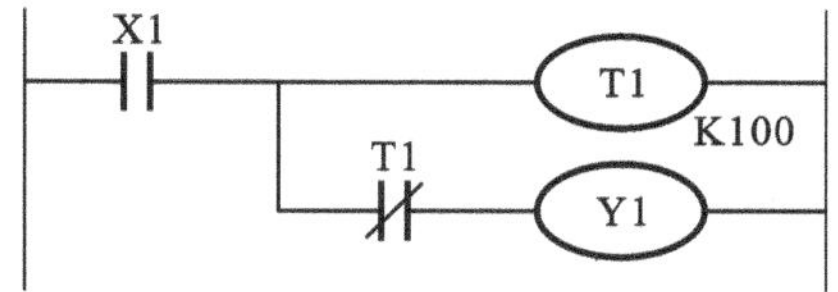

图 4-68　限时控制梯形图(二)

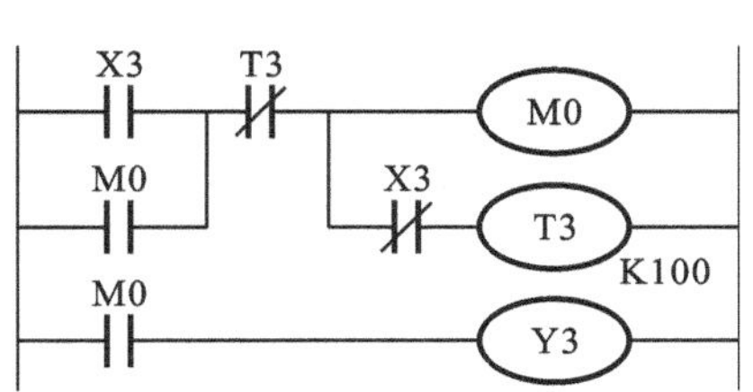

图 4-69　断开延时梯形图

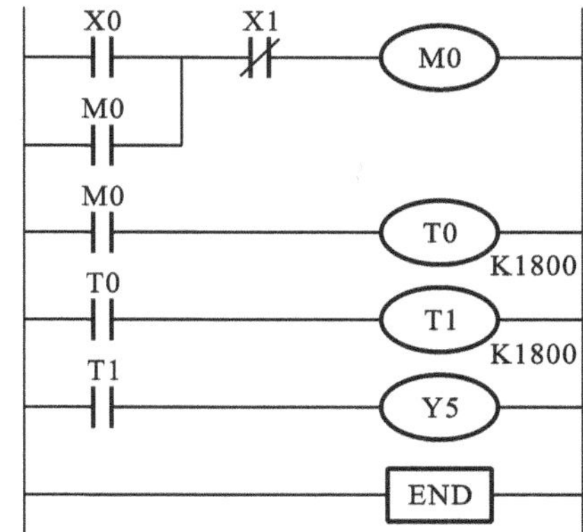

图 4-70　定时器串级使用实现长延时梯形图

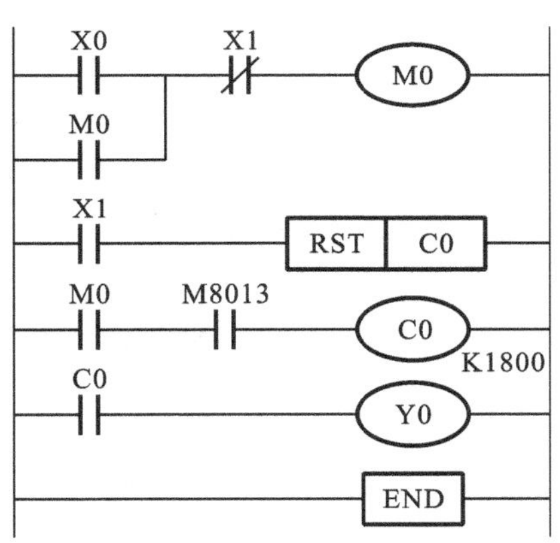

图 4-71　计数器配合计时梯形图

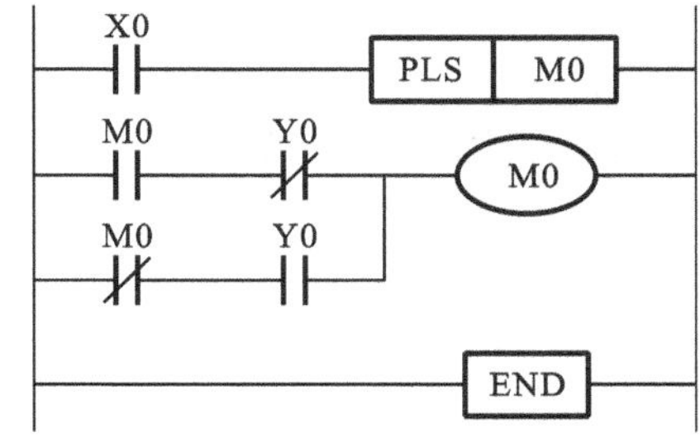

图 4-72　分频电路梯形图

4.4.7　三菱 FX2N 系列 PLC 的编程工具

可编程控制器的编程工具主要有手持编程器和专用图形编程器，编程软件包括 DOS 操作系统下的软件及 Windows 环境下的编程软件。

1. 手持编程器

三菱公司的手持编程器有多种，FX-20P-E 编程器是比较常用的一种。FX-20P-E 编程器有 4 行显示，可以用于 FX 系列可编程控制器，有联机和脱机两种工作方式。手持编程器的整个操作过程包括操作准备、方式选择、编程、监控和测试等。

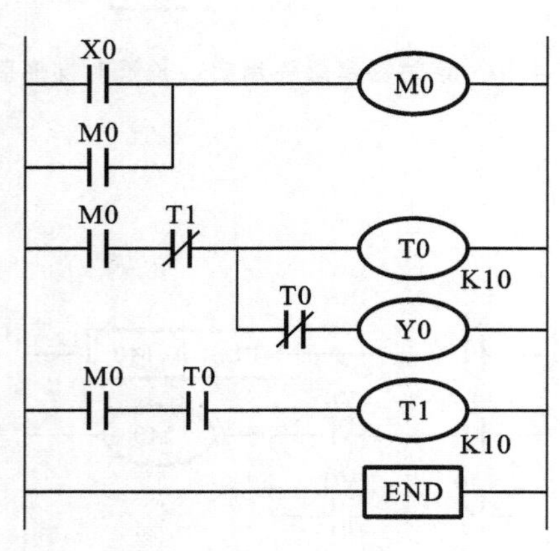

图 4-73　振荡电路梯形图

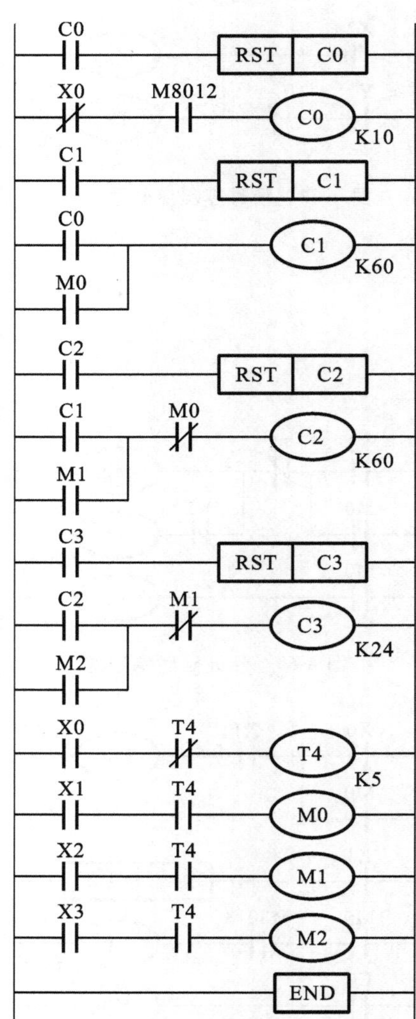

图 4-74　时钟电路梯形图

2. 编程软件

Windows 环境下的编程软件具有用户界面友好、功能全面、使用方便等特点。三菱 PLC 软件应用非常广泛，下面简要介绍两种三菱可编程序设计控制器软件。

1）三菱 PLC 编程软件 FXGP-WIN-C

三菱 FX 系列 PLC 程序设计软件（不含 FX3U），支持梯形图、指令表、SFC 语言程序设计，可进行程序的线上更改、监控及调试，具有异地读写 PLC 程序功能。

2）三菱 PLC 编程软件 GX Developer

三菱全系列 PLC 程序设计软件，支持梯形图、指令表、SFC、ST、FB 及 Label 语言程序设计，网络参数设定，可进行程序的线上更改、监控及调试，结构化程序的编写（分部程序设计），可制作成标准化程序，在其他同类系统中使用。

本章小结

本章主要介绍可编程控制器 PLC 的基础知识，重点介绍了 PLC 的组成及工作原理、三菱 FX2N 系列 PLC 的编程元件、基本逻辑指令、步进指令以及基本逻辑指令在机床电气控制电路基本环节的应用举例。

可编程控制器是一种在工业领域广泛应用的专业控制计算机，它采用可编程的存储器在其内部存储执行逻辑运算、顺序控制定时、计数和算术运算等操作的指令，并通过数字式、模拟式的输出，控制各种类型的机械或生产过程。

PLC 是一种工业控制计算机，由硬件和软件组成。硬件有 CPU、存储器、输入/输出接口、编程器、特殊功能模块等；软件由系统软件和用户(应用)软件构成。在系统程序的管理下，PLC 以循环扫描的方式通过运行应用程序，对控制要求进行处理判断，并通过执行用户程序来实现控制任务。PLC 的编程语言有梯形图、状态转移图、功能图块、指令语言和结构文本。FX2N 系列 PLC 是由三菱公司近年来推出的高性能小型可编程控制器，具有较高的性价比，应用广泛。选用 PLC 时必须从其技术指标、硬件配置等方面综合考虑，不同厂家、不同系列的 PLC，其内部继电器(编程元件)的功能和编号也不相同。因此，在使用 PLC 时，必须熟练掌握所选用 PLC 的编程元件的功能、编号、使用方法及注意事项。

随着 PLC 技术的发展，PLC 已逐渐代替继电器-接触器控制电路，在机床电气控制中占主导地位。机床电气控制的继电器-接触器控制电路一般由一些基本环节组成，了解掌握继电器-接触器控制电路的基本环节，便于我们理解、设计继电器-接触器控制电路。

思考复习题 4

1. 填空题

(1)FX 系列 PLC 的硬件包括__________、__________、__________、__________、__________及编程器等外部设备等。

(2)PLC 的结构框图如下图所示，请填空。

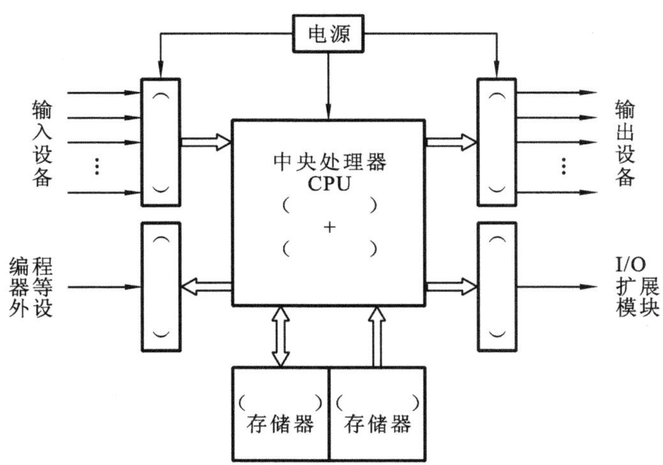

(3)PLC的扫描工作过程如下图所示，请填空。

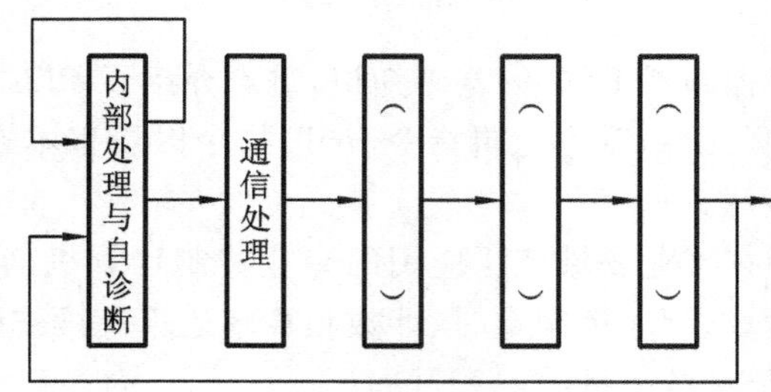

(4)PLC在软件设计中需要各种__________和__________，称为编程元件。这些元件与硬件继电器等有着类似的功能，通常称为__________。

(5)存储器主要有两种：一种是可读/写操作的__________；另一种是__________。

(6)PLC的循环扫描工作方式，一般包括__________、__________、__________、__________及__________五个阶段。

2. 选择题

(1)基本单元是构成PLC系统的(   )，内有CPU、存储器、I/O模块、通信接口和扩展接口等。

A. 核心部件　　B. 扩展部件　　C. 存储部件

(2)PLC编程语言标准中有5种编程语言，其中功能表图、功能块图和梯形图是(   )，结构文本和指令表是(   )。

A. 文字语言　　B. 图形编程语言　　C. 汇编语言

(3)AND、ANI指令分别用于单个常开、常闭触点的(   )，而OR、ORI指令分别用于单个常开、常闭触点的(   )。

A. 并联　　B. 串联　　C. 非关系

(4)MC为(   )，用于公共串联触点的连接；MCR为(   )。

A. 取反指令　　B. 主控复位指令　　C. 主控指令

(5)MPS指令是将此时刻的运算结果送入堆栈(   )；MPP指令是将各数据按顺序向上移动，将最上端的数据读出，同时该数据就从(   )中消失。MRD指令是读出最上端所存数据的专用指令，堆栈内的数据不发生(   )。MPS指令与MPP指令必须成对使用。

A. 移动　　B. 存储　　C. 堆栈

3. 判断题

(1)PLC投入运行时，都是以重复循环的方式工作的。(   )

(2)PLC中所有元件的个数都是有限的。(   )

(3)输入/输出接口通常也称I/O单元或I/O模块，是PLC与现场I/O装置或其他外部设备之间的存储部件。(   )

(4)PLC整个过程扫描执行一遍所需要的时间称为扫描周期。(   )

4. 简答题

(1)PLC由哪几部分组成，各有什么作用？

(2)简述PLC的工作过程。

(3)PLC 与继电器控制电路相比,有哪些异同?与一般微机控制系统相比,它有什么特点?

(4)PLC 的开关量输出有几种形式?各有什么特点?

(5)PLC 控制系统的设计有哪些主要内容,选用 PLC 时应考虑哪些问题?

5. 编程题

(1)梯形图如下图所示,完成编程。

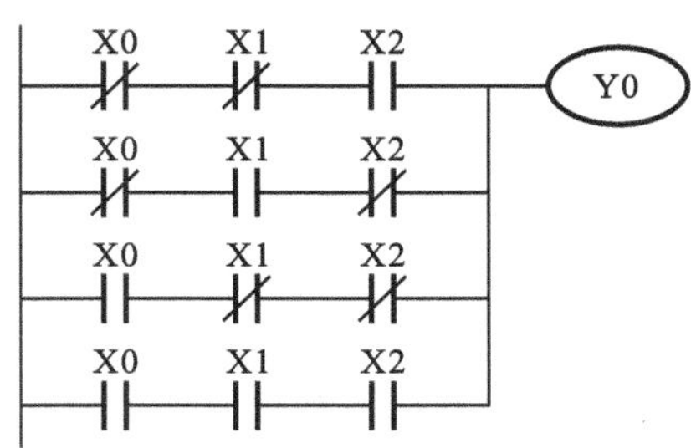

(2)梯形图如下图所示,编制二分频程序。

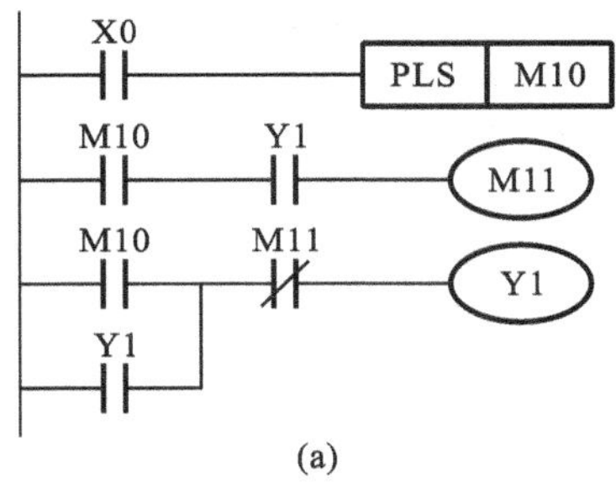

(a)

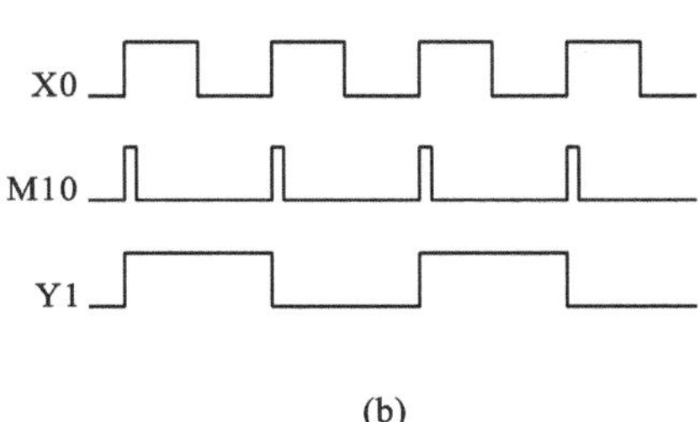

(b)

第5章 典型机床电气控制电路及电路设计基础

【内容提要】

内容提要	知识要点	(1)C650 型车床的电气控制电路的组成及工作原理； (2)M7130 型卧轴矩台平面磨床电气控制电路的组成及工作原理； (3)T68 型卧式镗床电气控制电路的组成及工作原理； (4)Z3040 型摇臂钻床电气控制电路的组成及工作原理； (5)钻镗组合机床电气控制电路的组成及工作原理； (6)机床电气控制电路的设计。
	技术要点	(1)C650 型车床的电气控制电路的分析与应用； (2)T68 型卧式镗床电气控制电路的分析与应用； (3)钻镗组合机床电气控制电路的分析与应用； (4)掌握机床电气控制电路的设计内容及方法。

【教学导航】

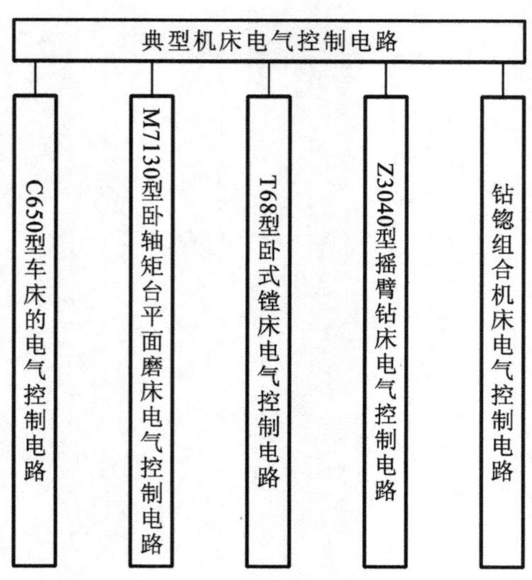

5.1　C650 型卧式车床的电气控制电路

卧式车床主要由主轴箱、刀架、尾座、床身、右床腿、溜板箱、左床腿和进给箱等组成。卧式车床外形图如图 5-1 所示。

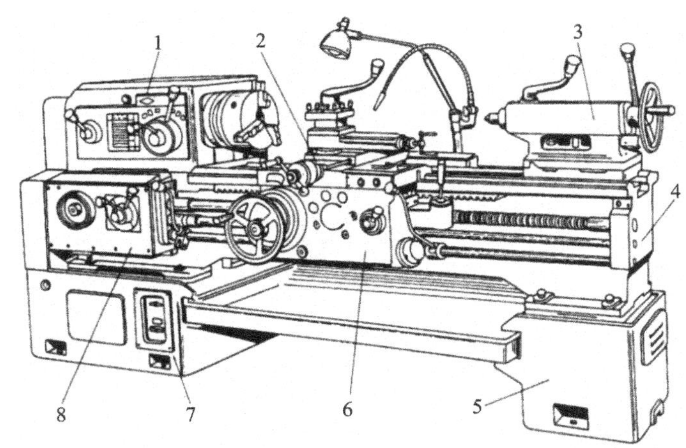

图 5-1　卧式车床外形图

1—主轴箱；2—刀架；3—尾座；4—床身；5—右床腿；6—溜板箱；7—左床腿；8—进给箱

C650 型卧式车床属于中型机床，加工工件的最大回转半径为 1 020 mm，最大工件长度为 3 000 mm，主轴电动机功率为 30 kW。

C650 型卧式车床有主运动、进给运动及辅助运动三种形式。主运动为主轴通过卡盘或夹头带动工件的旋转运动；进给运动为溜板带动刀架的纵向或横向运动；辅助运动为溜板箱的快速移动、尾座的移动和工件的加紧与放松。

车削螺纹时，为保证加工完毕能反转退刀，要求主轴电动机能实现正反转。为了提高车削生产效率，需设有停车制动功能，故采用反接制动；还设有点动控制功能，为加工过程中的调整提供方便。为了延长刀具的使用寿命，提高加工质量，在车削过程中，要求供给冷却液，故设有一台单方向旋转的冷却泵电动机。C650 型卧式车床的电气控制电路如图 5-2 所示。

5.1.1　C650 型卧式车床的电气控制电路的结构

C650 型卧式车床的电气控制电路分为主电路和控制电路。图 5-2 中 1～4 区为主电路，5～8 区为控制电路。主电路共有三台电动机：M1 为主轴电动机，M2 为冷却泵电动机，M3 为快速移动电动机。控制电路主要由主轴电动机 M1、冷却泵电动机 M2、快速移动电动机 M3 的控制部分以及照明电路部分组成。为了提高生产效率和充分利用主轴电动机 M1 的潜力，采用电流互感器 TA、时间继电器 KT 的延时断开触点与电流表 A 组成主轴电动机 M1 工作电流监视器，用于随时监视主轴电动机 M1 在加工过程中的工作电流，在机床工作过程中，根据具体情况调整切削用量。C650 型卧式车床电气控制电路的主要电气元件符号、名称如表 5-1 所示。

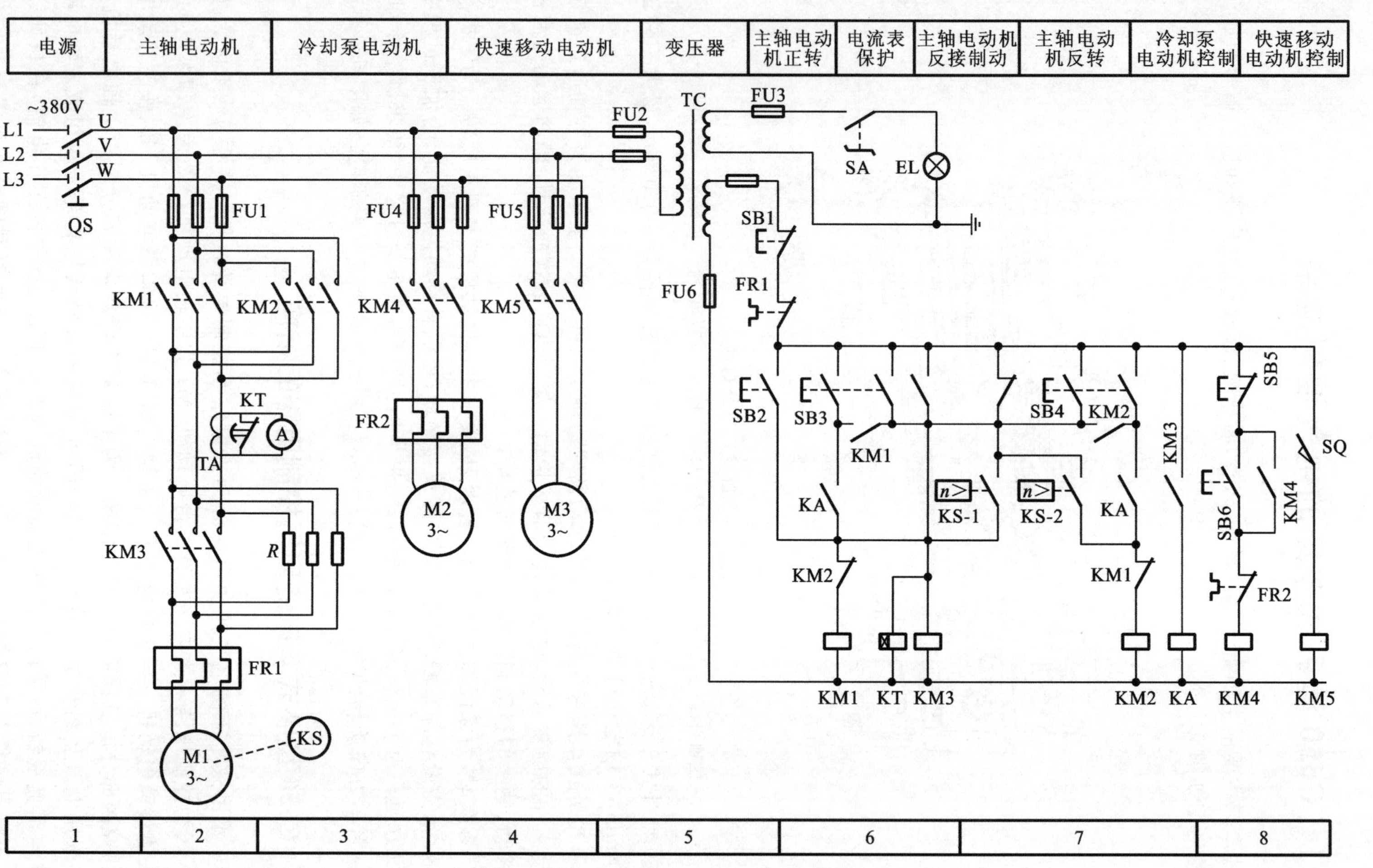

图 5-2 C650 型卧式车床的电气控制电路

表 5-1　C650 型卧式车床电气控制电路的主要电气元件符号、名称

符　　号	名　　称	符　　号	名　　称
M1	主轴电动机	SB1	总停按钮
M2	冷却泵电动机	SB2	主轴电动机正向点动按钮
M3	快速移动电动机	SB3	主轴电动机正转按钮
KM1	主轴电动机正转接触器	SB4	主轴电动机反转按钮
KM2	主轴电动机反转接触器	SB5	冷却泵电动机停止按钮
KM3	短接限流电阻接触器	SB6	冷却泵电动机启动按钮
KM4	冷却泵启动接触器	TC	控制变压器
KM5	快速移动电动机启动接触器	FU1～FU6	熔断器
KA	中间继电器	FR1	主轴电动机过载保护热继电器
KT	通电延时时间继电器	FR2	冷却泵过载保护热继电器
SQ	快速移动点动行程开关	R	限流电阻
SA	转换开关	EL	照明灯
KS	速度继电器	TA	电流互感器
A	电流表	QS	隔离开关

5.1.2　主电路

1. 电源开关与保护环节

隔离开关 QS 将三相 380 V 交流电源引入主电路。熔断器 FU1、FU4、FU5 分别用于对电动机 M1、M2、M3 的短路保护。热继电器 FR1、FR2 分别用于对电动机 M1、M2 的过载保护，由于电动机 M3 的工作时间短，故不需要过载保护。电阻 R 为主轴电动机 M1 的启动和制动串接电流电阻。延时时间继电器 KT 用于保护电流表，使其免受大的启动电流的冲击。

2. 主轴电动机 M1 主电路

主轴电动机 M1 属于正反转串入电阻降压启动控制主电路结构，可实现正反转控制、点动控制及串联电阻正向反接、反向反接制动控制。接触器 KM1、KM2 的主触点用于控制主轴电动机 M1 的正反转；接触器 KM3 的主触点用于控制限流电阻的接入与切除；速度继电器 KS 与主轴电动机 M1 同轴相连，可同步检测主轴电动机 M1 的转速，以便用于主轴电动机 M1 的反接制动控制。

3. 冷却泵电动机 M2 主电路

接触器 KM4 的主触点用于控制冷却泵电动机 M2 的启动和停止。

4. 快速移动电动机 M3 主电路

接触器 KM5 的主触点用于控制快速移动电动机 M3 的启动和停止。

5.1.3 控制电路

控制电路的电源由控制变压器 TC 二次输出电压交流 110 V,机床工作照明电路电源为交流 24 V。

1. 主轴电动机 M1 的正向点动控制

SB2↓ → [KM1]+ → KM1↓接入正向电源
因[KM3]- → KM3↑ → R接入
没有自锁环节
→ 主轴电动机M1正向点动

2. 主轴电动机 M1 的正转控制

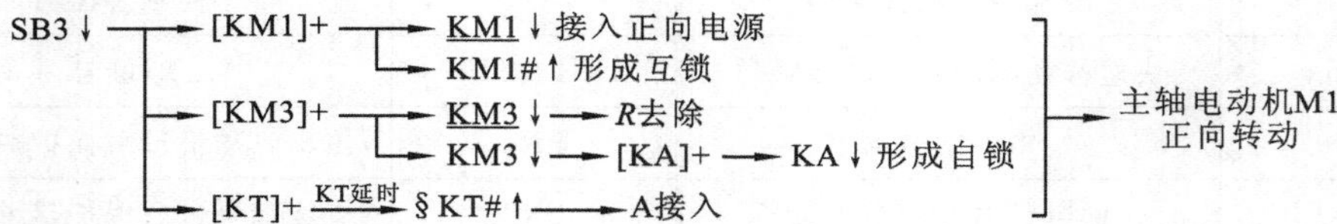

3. 主轴电动机 M1 的反转控制

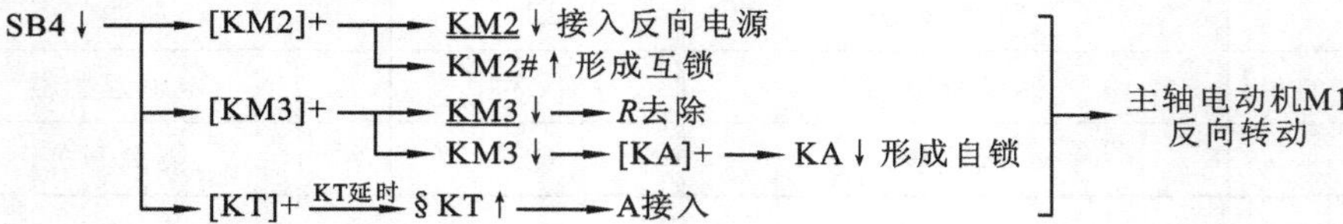

4. 主轴电动机 M1 的正向反接制动控制

SB1#↑ → [KM1]- → KM1↑切除正向电源
→ [KM3]- → KM3↑ → R接入,限制反接制动电流
→ [KT]- → KT↓ → A去除

松开SB1 → SB1↓
因KS-2↓
→ [KM2]+ → KM2↓接入反向电源,进行反接制动

当正向转速下降到很小时 → KS-2↑ → [KM2]- → KM2↑切除反向电源,反接制动结束

反转时,主轴电动机 M1 的反向反接制动控制与上述过程类似,只是在此过程中 KS-1 常开触点会起作用。

5. 冷却泵电动机 M2 的控制

SB6↓ → [KM4]+ → KM4↓接入电源
→ KM4↓ → 形成自锁环节
→ 冷却泵电动机M2运转

SB5#↑ → [KM4]- → KM4↑切除电源 → 冷却泵电动机M2停止

6. 快速移动电动机 M3 的控制

转动刀架手柄 → SQ↓ → [KM5]+ → KM5↓接入电源
没有自锁环节
→ 快速移动电动机M3点动

复位刀架手柄 → SQ↑ → [KM5]- → KM5↑切除电源 → 快速移动电动机M3停止

5.2　M7130 型卧轴矩台平面磨床电气控制电路

卧轴矩台平面磨床主要由床身、工作台、砂轮架、滑座及立柱等组成。卧轴矩台平面磨床外形图如图 5-3 所示。

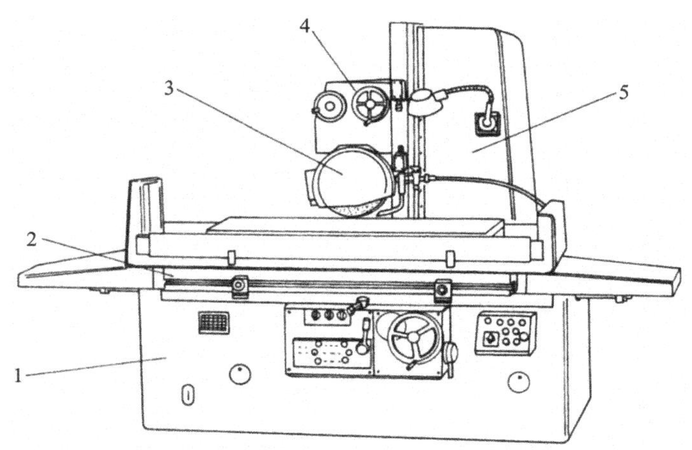

图 5-3　卧轴矩台平面磨床外形图

1—床身；2—工作台；3—砂轮架；4—滑座；5—立柱

M7130 型卧轴矩台平面磨床的工作台为矩形，砂轮轴线水平放置。工作台装有电磁吸盘，用来吸持工件。

M7130 型卧轴矩台平面磨床的主运动是砂轮的旋转运动，进给运动有工作台的纵向往复运动和砂轮的横向进给运动。砂轮的旋转运动不需要调速及换向，工作台的纵向往复运动采用液压传动，液压泵由液压泵电动机拖动，只要求单方向旋转。

电磁吸盘只能使用直流电，因此系统设有电磁吸盘控制电路。在磨削过程中，可启动冷却泵电动机来输送冷却液。只有在电磁吸盘将工件吸持后，砂轮才能开始磨削工件。

在调整工件与砂轮的相对位置时，电磁吸盘不工作。M7130 型卧轴矩台平面磨床的电气控制电路如图 5-4 所示。

5.2.1　M7130 型卧轴矩台平面磨床电气控制电路的结构

M7130 型卧轴矩台平面磨床的电气控制电路分为主电路和控制电路。图 5-4 中 1～5 区为主电路，6～17 区为控制电路。主电路共有三台电动机：M1 为砂轮电动机，M2 为冷却泵电动机，M3 为液压泵电动机。控制电路主要由砂轮电动机 M1、冷却泵电动机 M2、液压泵电动机 M3 及电磁吸盘电路的控制部分、照明电路部分组成。M7130 型卧轴矩台平面磨床电气控制电路的主要电气元件符号、名称如表 5-2 所示。

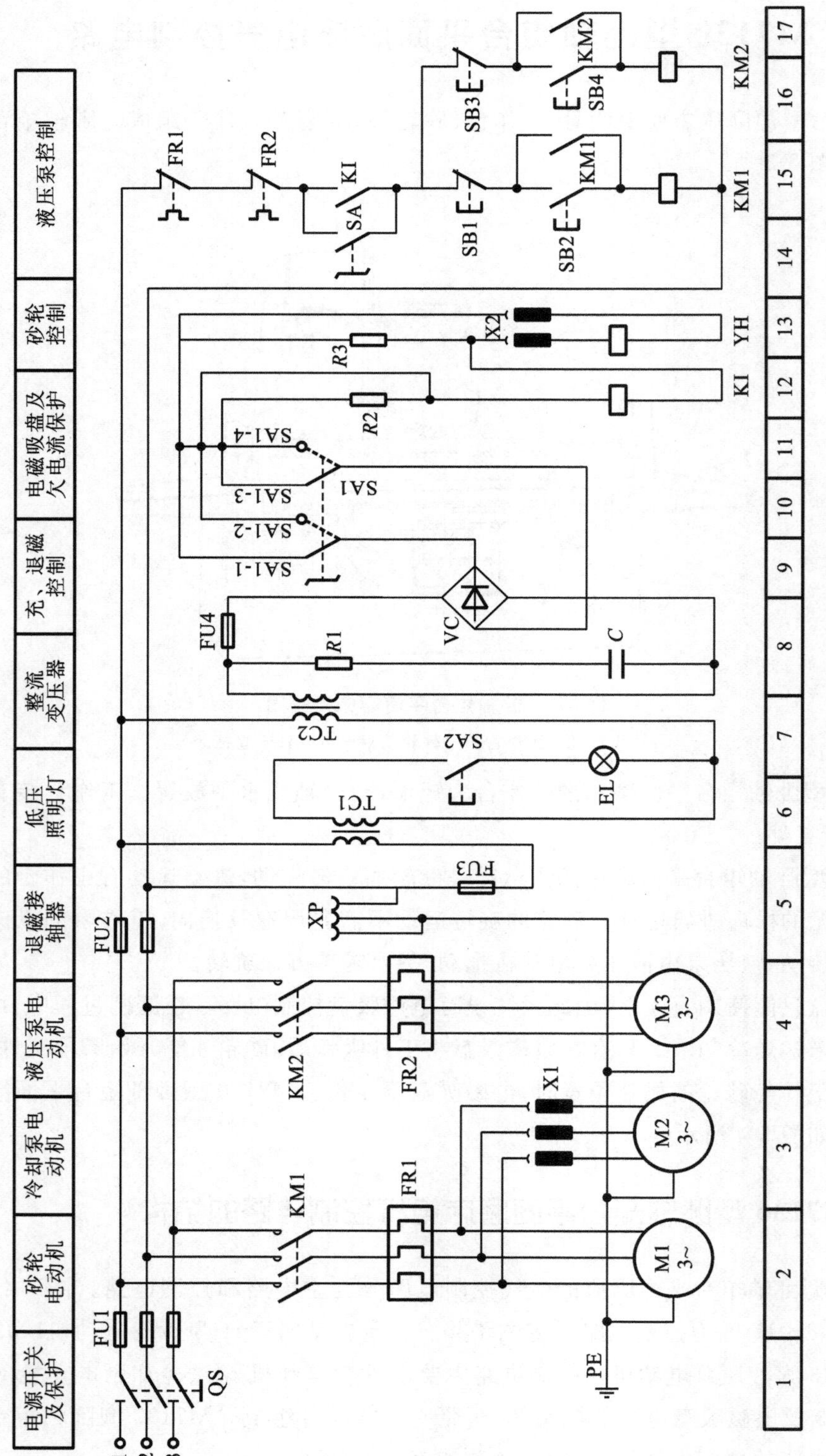

图 5-4 M7130 型卧轴矩台平面磨床的电气控制电路

表 5-2　M7130 型卧轴矩台平面磨床电气控制电路的主要电气元件符号、名称

符　号	名　称	符　号	名　称
M1	砂轮电动机	YH	电磁吸盘
M2	冷却泵电动机	SA1	电磁吸盘退磁、充磁用转换开关
M3	液压泵电动机	KM1	砂轮电动机控制接触器
KI	欠电流继电器	KM2	液压泵电动机控制接触器
SB2、SB1	砂轮启、停按钮	$R1$、$R2$、$R3$	电阻
SB4、SB3	液压泵启、停按钮	FR1、FR2	热继电器
VC	整流器	C	电容
TC1、TC2	变压器	X1、X2	接插件
QS	隔离开关		

5.2.2　主电路

1. 电源开关与保护环节

隔离开关 QS 将三相 380 V 交流电源引入主电路。熔断器 FU1 用于实现主电路的短路保护。热继电器 FR1、FR2 分别用于对电动机 M1、M2、M3 的过载保护。

2. 砂轮电动机 M1 主电路

接触器 KM1 的主触点控制砂轮电动机 M1 及冷却泵电动机 M2 的启动与停止。砂轮电动机 M1 只要求单方向旋转。

3. 冷却泵电动机 M2 主电路

冷却泵电动机 M2 受控于接触器 KM1 的主触点。当接触器 KM1 主触点闭合时，首先砂轮电动机 M1 启动运转，然后冷却泵电动机 M2 才能启动运转。如果不需要冷却泵电动机运转，可直接拔掉主电路中的接插件 X1 即可。

4. 液压泵电动机 M3 主电路

接触器 KM2 的主触点控制液压泵电动机 M3 的启动与停止。液压泵电动机 M3 只要求单方向旋转。

5.2.3　控制电路

控制电路直接接在 380 V 交流电源上，熔断器 FU2 用于实现对控制电路的短路保护。

控制变压器 TC1 二次输出电压交流 36 V,用于工作照明。控制变压器 TC2 二次输出电压交流 127 V,在经过整流器整流后,得到 110 V 直流电源,用作电磁吸盘线圈的电源。

1. 砂轮电动机 M1 的控制

磨削工件时,为保证加工安全,砂轮电动机 M1 启动的前提条件是:电磁吸盘一定要先将工件吸持。磨削加工顺序为:电磁吸盘吸持工件→砂轮磨削工件。

当电磁吸盘已经吸持工件 → [KI]+ → KI↓
SB2↓ → [KM1]+ → KM1↓ 接入电源; KM1↓ 形成自锁
→ 电动机M1与M2转动

SB1#↑ → [KM1]- → KM1↑ 切除电源 → 电动机M1与M2停止

2. 冷却泵电动机 M2 的控制

砂轮电动机 M1 启动运转,然后冷却泵电动机 M2 才能启动运转。如果不需要冷却泵电动机运转,可直接拔掉主电路中的接插件 X1 即可。

拔掉 X1→X1↑→切除电源→电动机 M2 停止

3. 液压泵电动机 M3 的控制

SB4↓ → [KM2]+ → KM2↓ 接入电源; KM2↓ 形成互锁 → 电动机M3转动

SB3#↑ → [KM2]- → KM2↑ 切除电源 → 电动机M3停止

4. 电磁吸盘的控制

电磁吸盘控制电路包括整流电路、控制电路和保护电路。电磁吸盘的正向接通(上磁)、断电及反向接通(退磁)是通过转换开关 SA1 来进行控制的。将 SA1 拨到上磁位置时,电路通过 SA1-2、SA1-4 接通,电磁吸盘吸持工件;将 SA1 拨到退磁位置时,电路通过 SA1-1、SA1-3 接通,电磁吸盘与工件退磁。

当SA拨到上磁位置 → SA1-2与SA1-4接通电路 → 整流器提供110V直流电源 → [YH]+ → 电磁吸盘吸持工件; [KI]+ → KI↓ 为砂轮电动机启动做准备

当SA拨到去磁位置 → SA1-1与SA1-3接通电路 → 整流器提供110V直流电源反向 → [YH]- → 电磁吸盘YH与工件去磁; [KI]- → KI↑ 断开砂轮电动机转动电路

另外,电磁吸盘控制电路中还设置了以下的保护装置:

(1)熔断器 FU4 短路保护,用作电磁吸盘电路短路保护;

(2)欠电流继电器 KI,用作电磁吸盘的欠电流保护;

(3)并联电组 $R3$ 放电,用作消耗断开电源瞬间 YH 线圈所储存的能量;

(4)过电压保护 $R1$ 和 C,用作桥式整流器过电压保护。

5.3 T68 型卧式镗床电气控制电路

卧式镗床主要由主轴箱、立柱、镗杆、平旋盘、工作台、上滑座、下滑座、床身、后支架、后立柱等组成。卧式镗床外形图如图 5-5 所示。

T68 型卧式镗床主要用于镗孔、钻孔、铰孔及铣削加工平面等。在镗床上加工时,工件

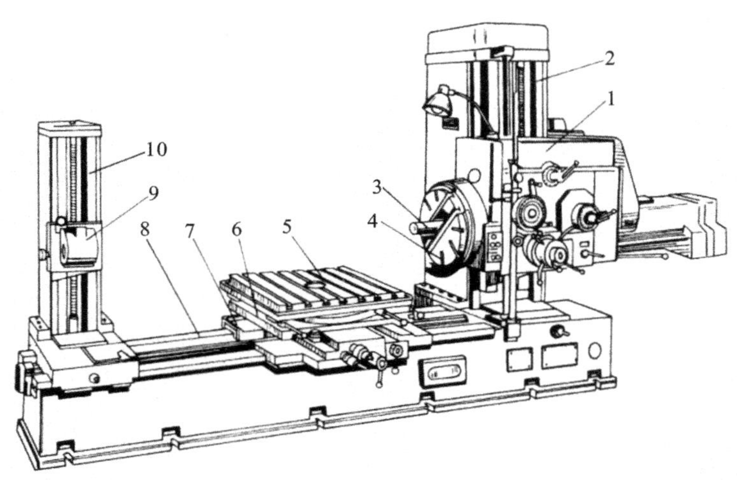

图 5-5　卧式镗床外形图

1—主轴箱；2—立柱；3—镗杆；4—平旋盘；5—工作台；6—上滑座；7—下滑座；8—床身；9—后支架；10—后立柱

固定在工作台上，由镗杆或花盘上的固定刀具进行切削。

T68 型卧式镗床主要有主运动、进给运动和辅助运动三种运动形式。主运动包括镗杆和平旋盘的旋转运动；进给运动包括镗轴的轴向进给运动、平旋盘上刀具溜板的径向进给运动、主轴箱的垂直进给运动、工作台的纵向与横向进给运动；辅助运动包括主轴箱、工作台等进给运动中的快速调位移动、后立柱的纵向调位移动、后支撑架与主轴箱的垂直调位移动及工作台的转位。

镗床的主运动和进给运动使用同一台电动机拖动，为了适应各种形式及各种工件的加工，要求主轴有较宽的调速范围，为此采用△-YY 异步电动机。镗床的主运动和进给运动都采用机械滑移齿轮进行变速，变速时为低速运动。主运动电动机不仅要求能够正反转，而且能够进行低速点动调整。

T68 型卧式镗床的主运动和进给运动能实现变速。变速既可以在电动机未启动前预选速度，也可在运行中进行变速。由于 T68 型卧式镗床要求主轴能快速准确地制动，故采用反接制动方法。卧式镗床采用一台单独的电动机，用于快速移动各进给运动部件，快速移动电动机采用正反转点动控制方式。T68 型卧式镗床的电气控制电路如图 5-6 所示。

5.3.1　T68 型卧式镗床的电气控制电路的结构

T68 型卧式镗床的电气控制电路分为主电路和控制电路。图 5-6 中 1～5 区为主电路，6～16 区为控制电路。主电路共有两台电动机：M1 为主轴电动机，M2 为快速移动电动机。

主轴电动机 M1 为双速电动机，低速时定子绕组接成△形，高速时定子绕组接成 YY 形。主电动机用于主轴的旋转与常速进给，快速移动电动机用于各进给运动。控制电路主要由主轴电动机 M1、快速移动电动机 M2 的控制部分及照明电路组成。为了限制制动电流和减小机械冲击，主轴电动机 M1 在制动、点动、主轴变速冲击和进给变速冲击时，串入了限流电阻 R。T68 型卧式镗床电气控制电路的主要电气元件符号、名称如表 5-3 所示。

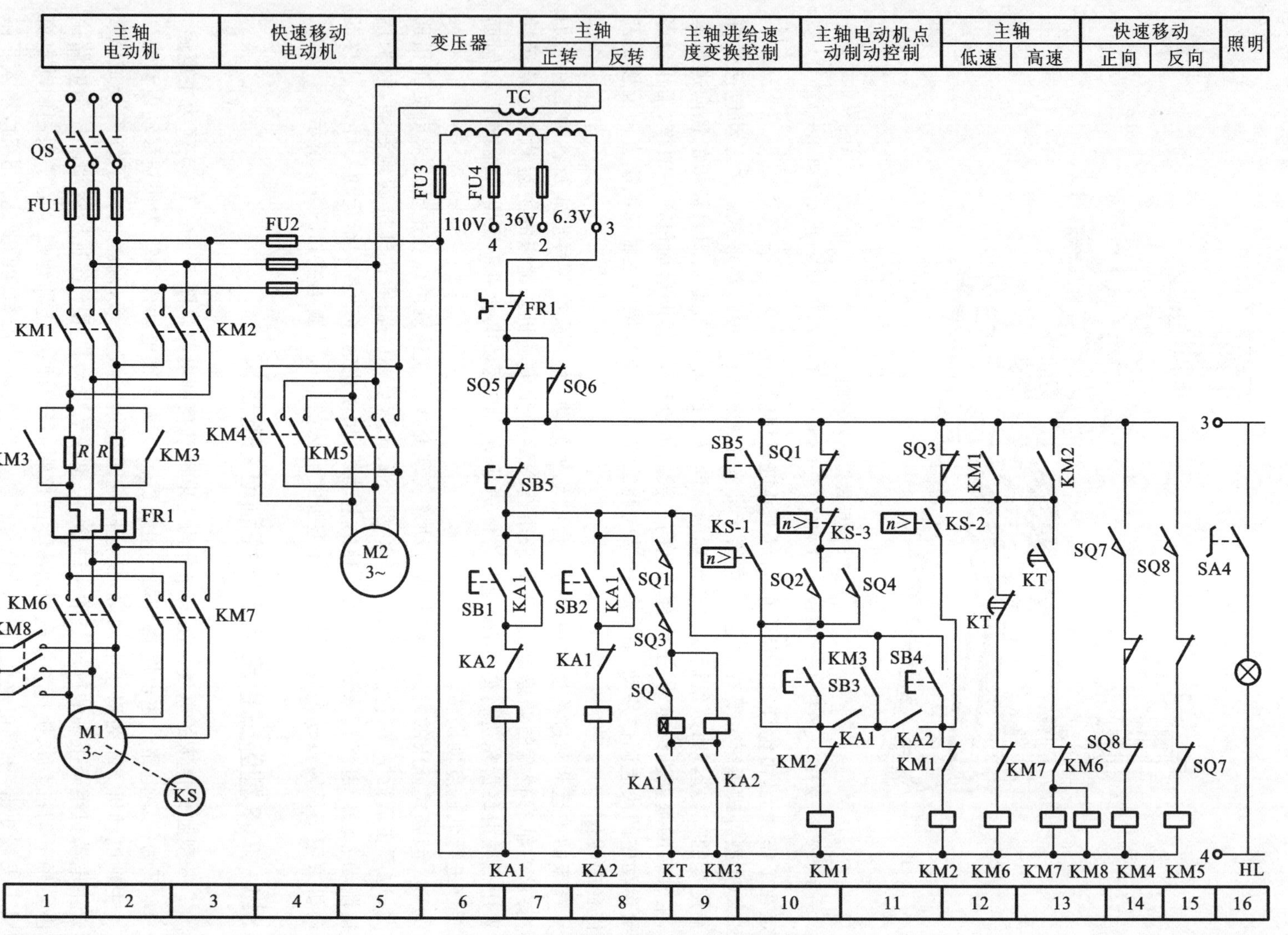

图 5-6　T68 型卧式镗床的电气控制电路

表 5-3　T68 型卧式镗床电气控制电路的主要电气元件符号、名称

符　　号	名　　称	符　　号	名　　称
M1	主轴电动机	SB3、SB4	主轴电动机正反转点动控制按钮
M2	快速移动电动机	SB5	主轴电动机停止按钮
KM1、KM2	主轴电动机正反转接触器	TC	控制变压器
KM3	限流电阻短路接触器	SQ1、SQ2	主轴变速行程开关
KM4、KM5	快速移动电动机正反转接触器	SQ3、SQ4	进给变速行程开关
KM6～KM8	主轴电动机低速和高速转换接触器	SQ5、SQ6	主轴箱、工作台与主轴进给互锁行程开关
KA1、KA2	中间继电器	SQ7、SQ8	快速移动电动机行程开关
KS	速度继电器	R	限流电阻
SQ	高、低速转换行程开关	FU1～FU4	短路保护熔断器
FR1	热继电器	KT	通电延时时间继电器
SB1、SB2	主轴电动机正反转控制按钮	QS	隔离开关

5.3.2　主电路

1. 电源开关与保护环节

隔离开关 QS 将三相 380 V 交流电源引入主电路。熔断器 FU1 用于主电动机 M1 的短路保护，熔断器 FU2 用于快速移动电动机 M2 和变压器的短路保护。热继电器 FR1 用于对主轴电动机 M1 的过载保护。

2. 主轴电动机 M1 主电路

主轴电动机 M1 具有高、低速两种转速。低速时，接触器 KM1(或 KM2)、KM3 及 KM6 的主触点闭合，定子绕组为△形连接；高速时，定子绕组首先是△形连接，然后通过主轴孔盘变速机构内的行程开关 SQ 的控制作用，自动切换成 YY 形连接。接触器 KM1(或 KM2)、KM3 及 KM6 的主触点闭合，定子绕组为 YY 形连接。接触器 KM1(或 KM2)、KM7 及 KM8 的主触点闭合，定子绕组接成 YY 形。主轴电动机 M1 对于高速转动、低速转动及点动三种方式，都可以实现正转及反转。因此，主轴电动机 M1 共有六种工作状态。

3. 快速移动电动机 M2 主电路

接触器 KM4、KM5 的主触点控制快速移动电动机 M2 的正转与反转，分别用以拖动进给运动的前进与后退。

5.3.3　控制电路

在控制电路中，控制变压器 TC 将 380 V 交流电压降压后输出 110 V 交流电压；另外，变压器 TC 的二次绕组还提供交流 36 V 的照明电源和交流 6.3 V 的信号灯电源。

1. 主轴电动机 M1 的低速正转与反转控制

低速正转时 { 行程开关的状态：SQ↑、SQ1↓、SQ3↓
接触器主触点的状态：KM1↓、KM3↓、KM6↓ }

低速反转时 { 行程开关的状态：SQ↑、SQ1↓、SQ3↓
接触器主触点的状态：KM2↓、KM3↓、KM6↓ }

主轴电动机 M1 的低速正转控制如下。

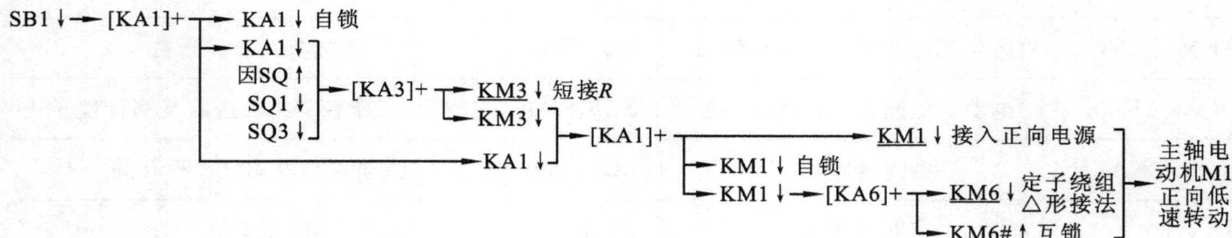

主轴电动机 M1 的低速反转控制与其低速正转控制过程相似，只是将 SB1 换成 SB2，KA1 换成 KA2，接触器 KM1 换成 KM2 即可。

2. 主轴电动机 M1 的高速正转与反转控制

主轴电动机 M1 高速转动的工作过程是：电动机 M1 低速启动→时间继电器延时→电动机 M1 高速转动。

高速正转时 { 行程开关的状态：SQ↓、SQ1#↓、SQ3#↓
接触器主触点的状态：KM1↓、KM7↓、KM8↓ }

高速反转时 { 行程开关的状态：SQ↓、SQ1#↓、SQ3#↓
接触器主触点的状态：KM2↓、KM7↓、KM8↓ }

主轴电动机 M1 的高速正转控制如下。

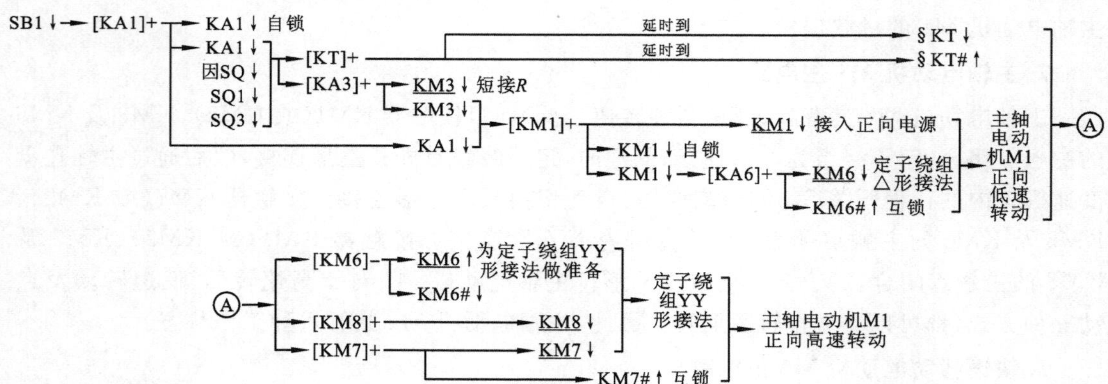

主轴电动机 M1 的高速反转控制与其高速正转控制过程相似，只是将 SB1 换成 SB2，KA1 换成 KA2，接触器 KM1 换成 KM2 即可。

3. 主轴电动机 M1 的点动控制

主轴电动机 M1 可实现正向点动和反向点动，下面以正向点动控制为例加以说明。

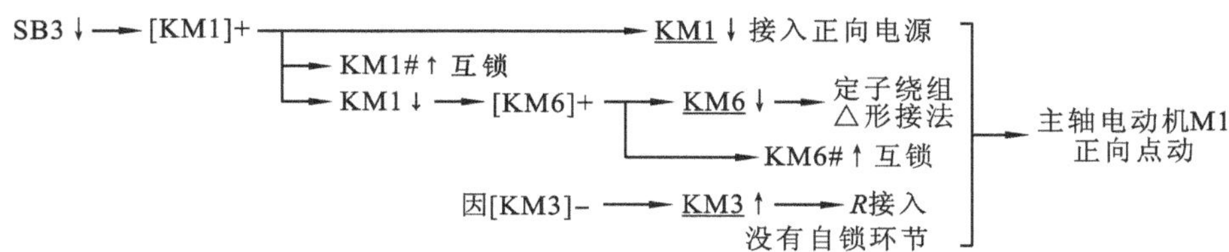

主轴电动机 M1 的反向点动控制与其正向点动控制过程相似，只是将 SB3 换成 SB4，接触器 KM1 换成 KM2 即可。

4. 主轴电动机 M1 的反接制动控制

主电动机 M1 有高、低速两种转速及正反转两个转向，故其反接制动有正向低速反接制动、反向低速反接制动、正向高速反接制动及反向高速反接制动四种。

当主电动机 M1 正转时，速度继电器 KS-2↓、KS-3#↑
当主电动机 M1 反转时，速度继电器 KS-1↓

下面分别介绍正向低速反接制动的控制和正向高速反接制动的控制。

1）正向低速反接制动的控制

SB5↑→[KA1]-→KA1↑→[KM3]-→KM3↑接入R
KM3↑→[KM1]-→KM1↑去除正向电源
KM1#↓、KS-2↓、因SB5↓→[KM2]+→KM2↓接入反向电源
因KM2↓、KT#↓→[KM6]+→KM6↓定子绕组△形接法
KM6#↑互锁
→进行反接制动

当M1的转速下降到调定值时→KS-2↑→[KM2]-→KM2↑切除反向电源
KM2↑→[KM6]-→KM6↑
→反接制动结束

反向低速反接制动的控制与其正向低速反接制动的控制过程相似，只是将 KA1 换成 KA2，接触器 KM1 换成 KM2 即可。

2）正向高速反接制动的控制

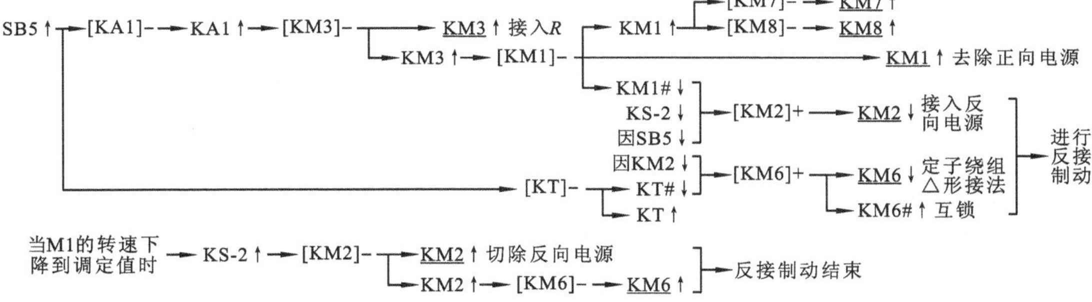

反向高速反接制动的控制与其正向高速反接制动的控制过程相似，只是将 KA1 换成 KA2，接触器 KM1 换成 KM2 即可。

5. 主轴或进给变速时主轴电动机 M1 的缓转控制

主运动变速控制是通过主轴变速操纵盘上的主轴变速手柄来完成的，变速操作过程为：拉出变速手柄→转动变速盘→选定速度→推变速手柄回原位。

当操纵手柄被拉出时，行程开关的状态是：SQ1↑、SQ2↓。

主轴变速时主轴电动机 M1 的缓转如下。

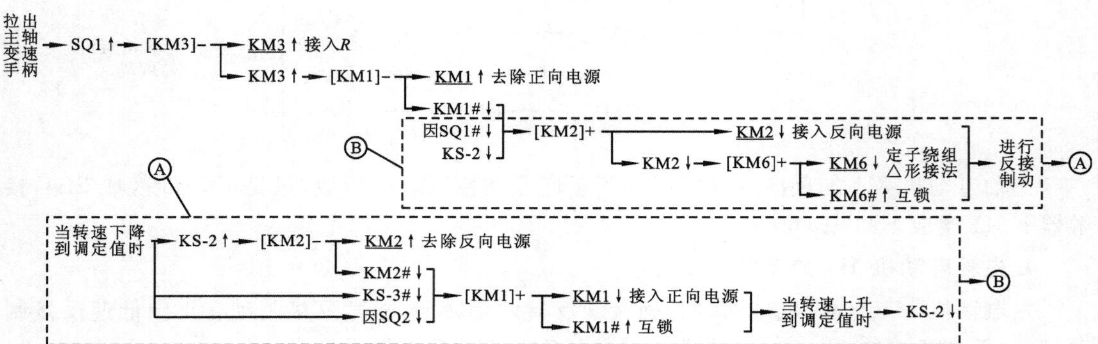

通过上面间歇的启动Ⓑ与制动Ⓐ，主轴电动机 M1 缓慢地旋转，使齿轮最终进入正确的啮合状态。

进给变速控制是通过控制进给变速操纵盘上的进给变速手柄来完成的，变速操作过程为：拉出变速手柄→转动变速盘→选定速度→推变速手柄回原位。

进给变速控制与主运动变速控制过程相似，只不过当操纵手柄被拉出时，行程开关的状态是：SQ3↑、SQ4↓，行程开关 SQ3 和 SQ4 在控制电路中的位置与行程开关 SQ1 和 SQ2 相互对应。

6. 快速移动电动机 M2 的控制

快速移动电动机 M2 的正反转由快速进给操作手柄和行程开关共同控制。

手柄处于“正向”位置，行程开关状态：SQ7↓、SQ8↑、SQ7#↑、SQ8#↓
手柄处于“反向”位置，行程开关状态：SQ7↑、SQ8↓、SQ7#↓、SQ8#↑

当手柄扳到“正向”时 → SQ7↓、SQ8#↓ → [KM4]+ → KM4↓ 接入正向电源，没有自锁环节；SQ7#↑、SQ8↑ → [KM5]- → KM5↑ 互锁 → M2正向点动

当手柄扳到“反向”时 → SQ8↓、SQ7#↓ → [KM5]+ → KM5↓ 接入反向电源，没有自锁环节；SQ8#↑、SQ7↑ → [KM4]- → KM4↑ 互锁 → M2反向点动

当手柄扳到“中间”时 → SQ7↑ → [KM4]- → KM4↑；SQ8↑ → [KM5]- → KM5↑ → M2停止

7. 主轴进刀与工作台互锁的控制

为了防止机床或刀具的损坏，主轴箱和工作台的机动进给不能同时接通，为此在电路上需要采用互锁控制，通过两个动断的行程开关 SQ5 和 SQ6 来实现。

5.4 Z3040 型摇臂钻床电气控制电路

摇臂钻床主要由底座、内立柱、外立柱、摇臂、主轴箱及主轴等组成。摇臂钻床外形图如图 5-7 所示。

Z3040 型摇臂钻床是一种万能型钻床，主轴电动机的调速范围是 50∶1，最高转速为

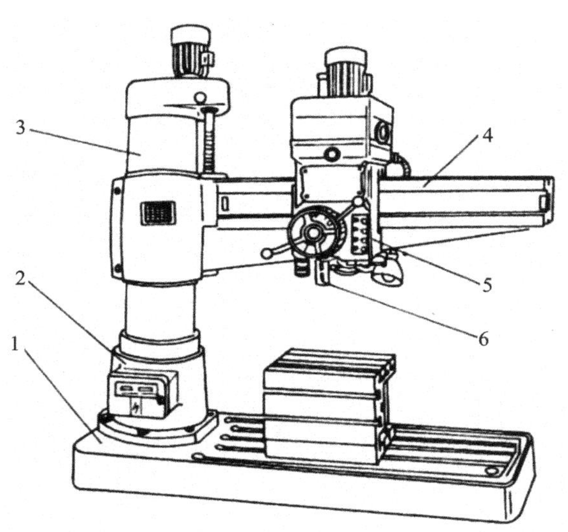

图 5-7　摇臂钻床外形图

1—底座；2—内立柱；3—外立柱；4—摇臂；5—主轴箱；6—主轴

200 r/min，最低转速为 40 r/min。

Z3040 型摇臂钻床上的主要运动有主轴带动钻头的主旋转运动、钻头的上下运动、主轴箱沿摇臂的水平移动、摇臂沿外立柱的上下移动、摇臂连同外立柱一起相对内立柱的回转运动等。

在钻削过程中，根据工件高度的不同，钻床的摇臂借助于丝杠可带动主轴箱沿外立柱上下升降。升降之前，应自动将摇臂松开，再进行升降，当达到要求的升降位置时，摇臂自动夹紧在立柱上，即整个过程为摇臂松开→摇臂上升或下降→摇臂夹紧。

摇臂的松开与夹紧、立柱与主轴箱的松开与夹紧工作都是由液压夹紧机构完成的。其中立柱与主轴箱的松开与夹紧动作是同时进行的。摇臂的松开与夹紧时，二位二通电磁阀电磁铁（简称电磁铁）YA 得电；立柱与主轴箱的松开与夹紧时，电磁铁 YA 得电。液压夹紧机构中使用双向定量泵，液压泵电动机与摇臂升降电动机采用点动控制方式工作。

由此可见，Z3040 型摇臂钻床既包括机械部件，又包括液压装置，为使以上所述运动能按照一定的顺序进行，可借助行程开关，通过电气控制加以实现。Z3040 型立式摇臂钻床的电气控制电路如图 5-8 所示。

5.4.1　Z3040 型摇臂钻床的电气控制电路的结构

Z3040 型摇臂钻床的电气控制电路分为主电路和控制电路。图 5-8 中 1～5 区为主电路，6～12 区为控制电路。主电路共有四台电动机：M1 为主轴电动机、M2 为摇臂升降电动机、M3 为液压泵电动机、M4 为冷却泵电动机。控制电路主要由主轴电动机 M1、摇臂升降电动机 M2、液压泵电动机 M3 及冷却泵电动机 M4 的控制部分、照明及信号电路组成。Z3040 型摇臂钻床电气控制电路的主要电气元件符号、名称如表 5-4 所示。

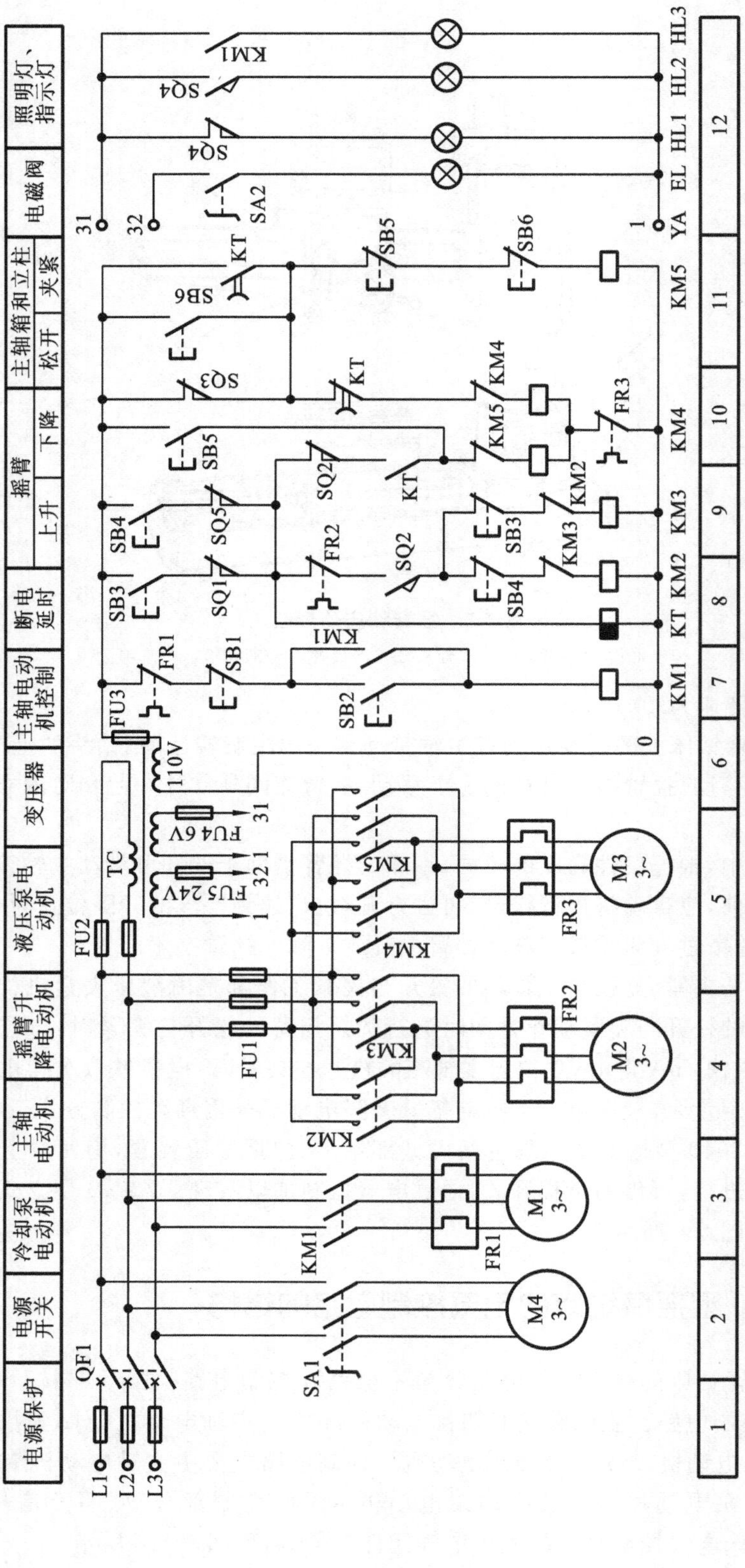

图 5-8　Z3040 型摇臂钻床的电气控制电路

表 5-4　Z3040 型摇臂钻床电气控制电路的主要电气元件符号、名称

符　号	名　称	符　号	名　称
M1	主轴电动机	SA1	冷却泵电动机电源转换开关
M2	摇臂升降电动机	SA2	主轴箱、立柱松开、夹紧用转换开关
M3	液压泵电动机	SQ1、SQ2	摇臂限位行程开关
M4	冷却泵电动机	SQ4	主轴箱、立柱夹紧用行程开关
KM1	M1 控制接触器	SQ5	摇臂下限位行程开关
KM2、KM3	摇臂上升接触器	SB1、SB2	主轴电动机启停控制按钮
KM4、KM5	主轴箱、立柱、摇臂放松与夹紧控制接触器	SB3、SB4	摇臂升降控制按钮
YA	二位二通电磁阀电磁铁(简称电磁铁)	SB5、SB6	主轴箱、立柱松开与夹紧按钮
KT	断电延时时间继电器	HL1～HL3	工作状态指示信号灯
FR1～FR3	M1、M2、M3 电动机过载保护用热继电器	TC	控制变压器
QF1	自动开关		

5.4.2　主电路

1. 电源开关与保护环节

自动开关 QF1 将三相 380 V 交流电源引入主电路。熔断器 FU1 用于对电动机 M2、M3 的短路保护。热继电器 FR1、FR2、FR3 分别用于对电动机 M1、M2、M3 的过载保护，由于冷却泵电动机 M4 的功率很小，所以主电路采用转换开关 SA1 直接控制，且不设过载保护。

M4 的工作原理：SA1$\downarrow$ →M4 转动。

2. 主轴电动机 M1 主电路

接触器 KM1 的主触点控制主轴电动机 M1 的启动与停止。主轴电动机 M1 只要求单方向旋转，主轴的正反转由液压系统和正反转摩擦离合器实现，空挡、制动及变速等也由液压系统实现。

3. 摇臂升降电动机 M2 主电路

接触器 KM3、KM4 的主触点控制摇臂升降电动机 M2 的正转与反转，用于拖动摇臂的上升与下降。摇臂的上升与下降属于短时的调整工作，故电动机 M2 采用电动控制方式工作。

4. 液压泵电动机 M3 主电路

液压泵电动机 M3 用于拖动液压泵，以实现向液压夹紧机构供给压力油。接触器 KM4、KM5 的主触点控制液压泵电动机 M3 的正转与反转，用于实现摇臂的松开与夹紧控制，以及主轴箱和立柱的松开与夹紧控制。

5.4.3 控制电路

控制电路的电源由控制变压器 TC 二次输出电压交流 110 V，二位六通电磁阀也采用交流 110 V 电源；另外，变压器 TC 的二次绕组提供交流 36 V 照明电源和交流 6.3 V 信号灯电源。

1. 主轴电动机 M1 的控制

指示灯 HL3 用来显示主轴电动机 M1 的运转状态。

SB2↓→[KM1]+ → <u>KM1</u>↓接入电源、KM1↓形成自锁 → 主轴电动机M1转动；KM1↓ → HL3指示灯亮

SB1↑→[KM1]− → <u>KM1</u>↑切除电源 → 主轴电动机M1停止

2. 摇臂的上升与下降控制

在摇臂的上升与下降控制过程中，电磁铁 YA 得电，工作过程为：摇臂松开→摇臂上升或下降→上升或下降到预定位置→摇臂夹紧。

SB3↓→[KT]+ → KT↓→[KM4]+ → <u>KM4</u>↓接入正向电源→液压泵电动机M3正转、KM4#↑形成互锁；KT↓→[YA]+ → 液压油进入摇臂松开油腔 → 摇臂松开 → ①

① → SQ3#↓为[KM5]+做准备 → 当摇臂松开到位后：SQ2#↑→[KM4]− → <u>KM4</u>↑切除正向电源 → M3停止；SQ2↓→[KM2]+ → <u>KM2</u>↓接入正向电源、KM2#↑形成互锁 → 液压泵电动机M2正转 → 摇臂上升

SB3↑ → [KM2]− → <u>KM2</u>↑切除正向电源 → 摇臂停止；→ [KT]− —KT延时1~3s→ §KT#↓

当摇臂上升到位后松开SB3：§KT#↓、因KM4#↓、因SQ3#↓ → [KM5]+ → <u>KM5</u>↓接入反向电源 → 液压泵电动机M3反转、KM4#↑形成互锁；[YA]+ → 液压油进入摇臂夹紧油腔 → 摇臂夹紧 → ②

② → SQ2#↓为[KM4]+做准备 → 当摇臂加紧完成时 SQ3#↑ → [KM5]− → <u>KM5</u>↑切除反向电源 → M3停止

时间继电器 KT 延时的长短是根据控制摇臂上升与下降的电动机 M2 从切断电源到完全停止这段时间来调整的。由于惯性，电动机 M2 断电后还会继续转动，此时不能马上启动电动机 M3 来夹紧摇臂，而应等待 1～3 s 后再夹紧。

摇臂在上升与下降过程中，采用点动操作方式工作，故电路工作原理中设有相应的自锁环节。由于摇臂升降电动机 M2 与液压泵电动机 M3 的正转与反转不能同时进行，故电路中都分别设有互锁环节。摇臂在上升与下降的终点处都装有终端限位开关，进行保护。

3. 立柱与主轴箱松开与夹紧的控制

在这个过程中，电磁铁 YA 不得电。立柱与主轴箱松开与夹紧的动作是同时进行的。

指示灯 HL1、HL2 用来显示立柱与主轴箱的松开、夹紧状态。

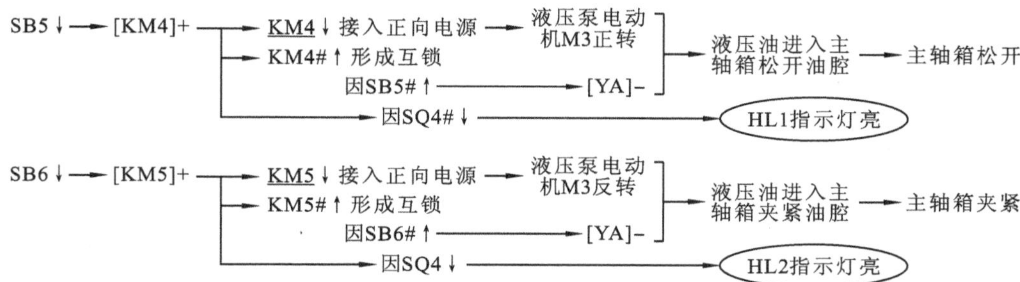

由于立柱与主轴箱的松开与夹紧动作是点动操作的，液压泵电动机 M3 采用点动操作方式工作，故电路工作原理中没有相应的自锁环节。液压泵电动机 M3 的正转与反转不能同时进行，故电路中设有互锁环节。

4. 信号灯控制

信号灯控制过程为：SA2↓→EL 灯亮。

5.5　钻锪组合机床电气控制电路

组合机床是根据工件加工需要，由大量通用部件和少量专用部件组成的专用机床。典型的双面复合式单工位组合机床主要由侧底座、滑台、镗削头、夹具、多轴箱、动力箱、立柱、垫铁、立柱底座、中间底座、液压装置、电气控制装置及刀具等组成。双面复合式单工位组合机床的外形图如图 5-9 所示。

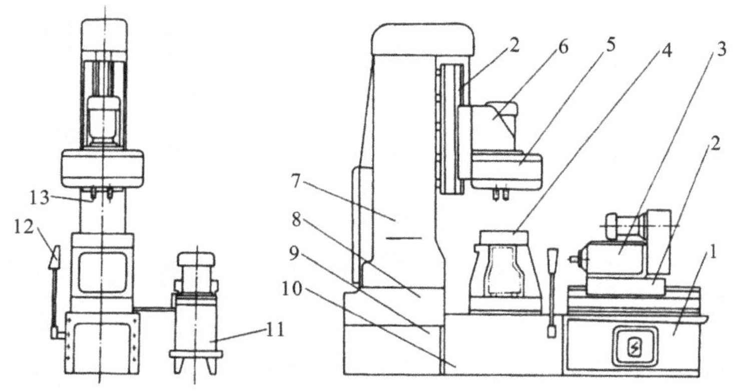

图 5-9　双面复合式单工位组合机床的外形图

1—侧底座；2—滑台；3—镗削头；4—夹具；5—多轴箱；6—动力箱；7—立柱；8—垫铁；9—立柱底座；10—中间底座；11—液压装置；12—电气控制装置；13—刀具

钻锪组合机床常用来加工沉头孔或有凸台的孔。首先使用钻头部分钻削出整个孔，然后再利用后面的锪钻加工沉头部分。因为加工沉头孔时的切削力比加工孔时要小，故加工沉头孔时的进给速度比加工孔时的进给速度要小，所以需要采用两种不同的进给速度。组合机床的液压系统驱动滑台需要实现两种工作进给速度，即二次进给液压系统，其原理图如

图5-10所示。二次进给液压滑台的运动控制过程如图5-11所示。SQ1～SQ4为行程开关，用于动作切换。二次进给液压滑台的元件运动顺序表如表5-5所示。为了提高效率，组合机床采用液压系统夹紧，动作顺序是：夹紧→加工。钻锪组合机床的电气控制电路如图5-12所示。

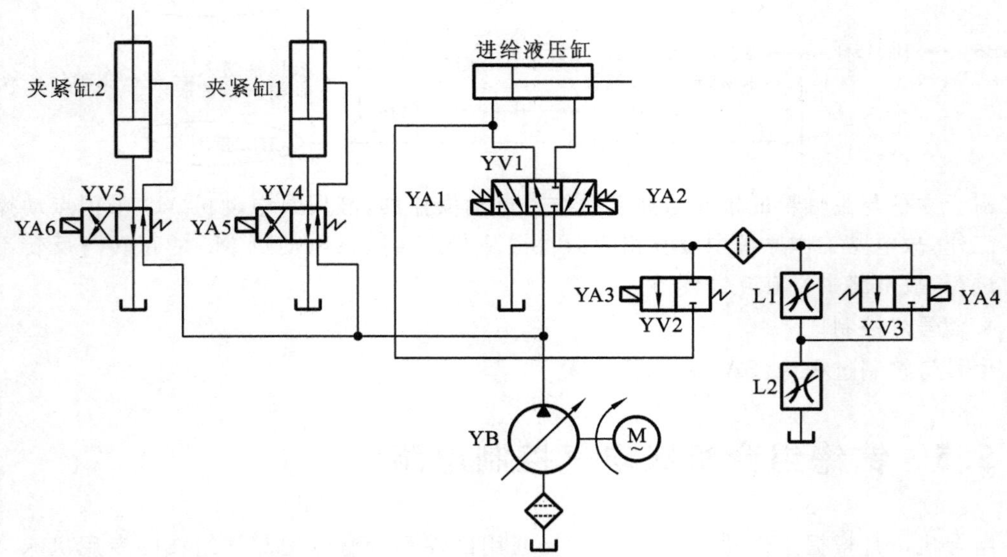

图5-10　二次进给液压系统原理图

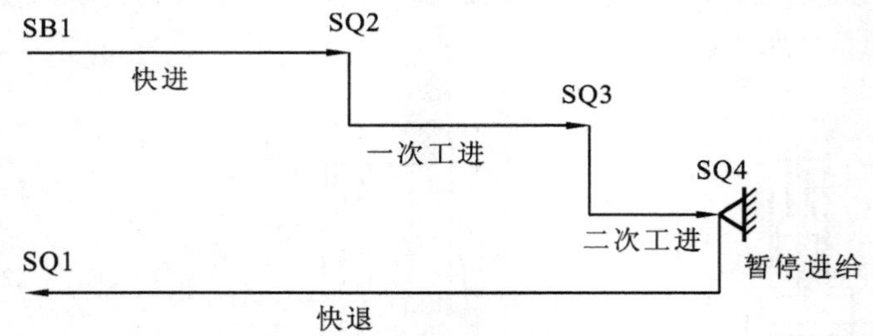

图5-11　二次进给液压滑台的运动控制过程

表5-5　二次进给液压滑台的元件运动顺序表

动　作	中间继电器	YA1	YA2	YA3	YA4	YA5	YA6	转换开关
夹紧		－	－	－	－	＋	＋	
快进	K1	＋	－	＋	－	＋	＋	SB1
工进1	K2	＋	－	－	－	＋	＋	SQ2
工进2	K3	＋	－	－	＋	＋	＋	SQ3
快退	K4	－	＋	－	－	＋	＋	SQ4
停止		－	－	－	－	＋	＋	SQ1
松开		－	－	－	－	－	－	

注："＋"表示得电，"－"表示失电。

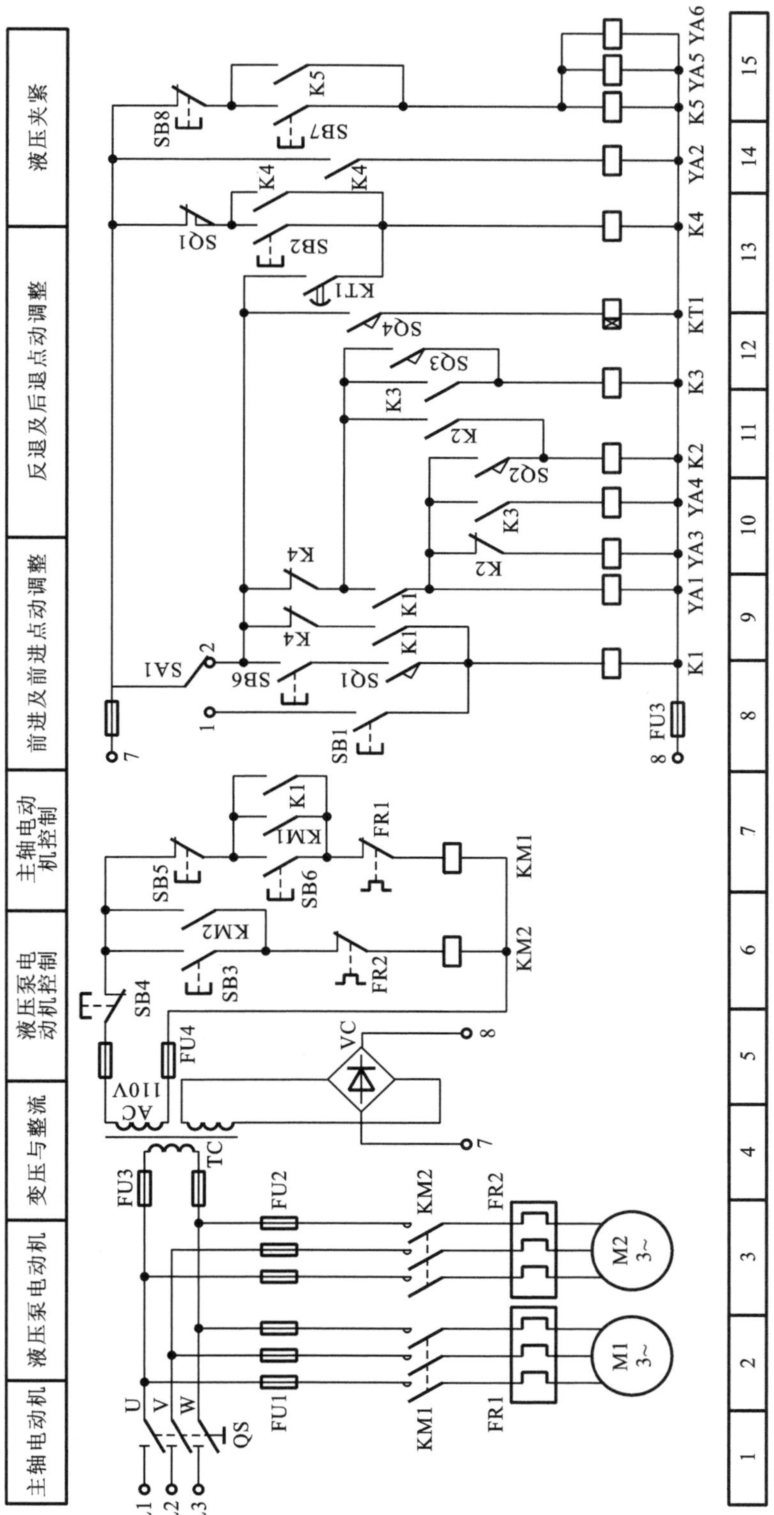

图 5-12　钻镗组合机床的电气控制电路

5.5.1 钻锪组合机床的电气控制电路的结构

钻锪组合机床的电气控制电路分为主电路和控制电路。图5-12中1～3区为主电路，4～15区为控制电路。主电路共有两台电动机：M1为主轴电动机，M2为液压泵电动机。钻锪组合机床的循环进给工作和调整工作是通过转换开关SA来控制的。钻锪组合机床电气控制电路的主要电气元件符号、名称如表5-6所示。

表5-6 钻锪组合机床电气控制电路的主要电气元件符号、名称

符　号	名　称	符　号	名　称
M1	主轴电动机	K1～K5	中间继电器
M2	液压泵电动机	KM1、KM2	接触器
SB1	进给启动按钮	SQ1～SQ4	行程开关
SB2	后退调整按钮	YA1～YA4	液压滑台用电磁铁
SB3、SB4	液压泵启停按钮	YA5、YA6	液压夹紧用电磁铁
SB6、SB5	主轴电动机启停按钮	VC	整流器
SB7、SB8	工件夹紧、松开按钮	TC	变压器
SA1	转换开关	KT1	通电延时时间继电器
FR1、FR2	热继电器	QS	隔离开关

5.5.2 主电路

1. 电源开关与保护环节

隔离开关QS将三相380 V交流电源引入主电路。熔断器FU1、FU2分别用于对电动机M1、M2的短路保护。热继电器FR1、FR2分别用于对电动机M1、M2的过载保护。

2. 主轴电动机M1主电路

接触器KM1的主触点控制主轴电动机M1的启动与停止。主轴电动机M1只要求单方向旋转，不需要制动。

3. 液压泵电动机M2主电路

接触器KM2的主触点控制液压泵电动机M2的启动与停止。液压泵电动机M2也只要求单方向旋转。

5.5.3 控制电路

控制电路的电源由控制变压器TC二次输出电压交流110V，供给接触器KM1、KM2所组成的电路。由控制变压器TC二次输出的电压交流经过整流器整流后，得到24 V直流电源，用作供给电磁铁和中间继电器线圈的电源。

1. 主轴电动机 M1 的控制

```
SB6↓ → [KM1]+ ─┬→ KM1↓ 接入电源 ┐
               └→ KM1↓ 形成自锁 ┘→ 主轴电动机转动
SB5#↑ → [KM1]- → KM1↑ 切除电源 → 主轴电动机停止
```

2. 液压泵电动机 M2 的控制

```
SB3↓ → [KM2]+ ─┬→ KM2↓ 接入电源 ┐
               └→ KM2↓ 形成自锁 ┘→ 液压泵电动机转动
SB4#↑ → [KM2]- → KM2↑ 切除电源 → 液压泵电动机停止
```

3. 夹紧液压缸的控制

```
SB7↓ ─┬→ [K5]+  → K5↓ 形成自锁
      ├→ [YA5]+ → 夹紧缸1夹紧
      └→ [YA6]+ → 夹紧缸2夹紧

SB8#↑ ─┬→ [K5]-
       ├→ [YA5]- → 夹紧缸1松开
       └→ [YA6]- → 夹紧缸2松开
```

4. 液压滑台循环进给的控制

首先将转换开关 SA1 拨到 2 位置，再进行如下操作。

1）液压滑台快进

```
SA1拨到2位置 ┐
   因SQ1↓    ├→ [K1]+ ─┬→ K1↓
    SB6↓     ┘         ├→ K1↓ 形成自锁
                       └→ K1↓ ─┬→ [YA1]+ ┐
                               └→ [YA3]+ ┘→ 液压滑台快进
```

2）液压滑台一次工进

```
  SQ2↓  ┐
 因K1↓  ├→ [K2]+ → K2#↑ → [YA3]-  ┐
因K4#↓  ┘               因[YA1]+ ┘→ 液压滑台一次工进
```

3）液压滑台二次工进及固定挡铁停留

```
SQ3↓ → [K3]+ → K3↓ → [YA4]+ ┐
                   因[YA1]+ ┘→ 液压滑台二次工进 → (A)

(A) → SQ4↓ → [KT1]+ —延时→ ┐
          因固定挡铁停留   ┘→ 加工沉头孔底部平面
```

4）液压滑台快退

```
因[KT1]+ —延时到→ §KT1↓ → [K4]+ ─┬→ K4↓ ──────────→ [YA2]+ ┐
                                 ├→ K4↓ 形成自锁             │
                                 └→ K4#↑ ─┬──────→ [YA1]-  ├→ 液压滑台后退
                                          ├──────→ [YA4]-  │
                                          └──────→ [K1]-   ┘
```

5. 动力滑台调整的控制

将转换开关 SA1 拨到 1 位置，进行机床调整操作。

1)机床点动调整

SB1↓ → [K1]+ → K1↓ → [YA1]+ / [YA3]+ 无自锁环节 → 液压滑台点动快进

SB1#↑ → [K1]- → K1↑ → [YA1]- / [YA3]- → 液压滑台停止

2)动力滑台回到原位的调整

在工作过程中,会出现因停电而使动力滑台没有停在原位上的情况。当要开始新的自动工作循环时,首先要使动力滑台回到原位,然后才能开始新的自动工作循环。

SB2↓ → [K4]+ → K4↓ → [YA2]+ / K4↓ 形成自锁 / 因SQ1#↓ → 液压滑台退回原位

5.6 机床电气控制电路的设计

继电器-接触器控制系统具有电路简单、维修方便、便于掌握及价格低廉等许多优点,多年来在各类机床及其他生产机械电气控制电路中获得了广泛应用。

采用电动机作为原动机的机床,其电力拖动自动控制系统设计主要包括两部分的内容:一是拖动方案的确定;二是电气控制系统的设计。当拖动方案确定后,就可以进行电气控制系统的设计。电气控制系统的设计主要包括工艺设计和电气控制电路设计两部分。工艺设计是为了便于组织电气控制装置的制造,以实现控制电路设计的技术指标,为机床的调试、维护及使用提供图纸资料等。本节重点介绍电气控制电路的设计,暂不考虑工艺设计内容,有兴趣的读者可参阅有关书籍。

继电器-接触器控制电路主要由主电路和控制电路组成,因此,机床电气控制电路的设计主要包括主电路设计和控制电路设计。机床电气控制电路的设计步骤如图 5-13 所示。

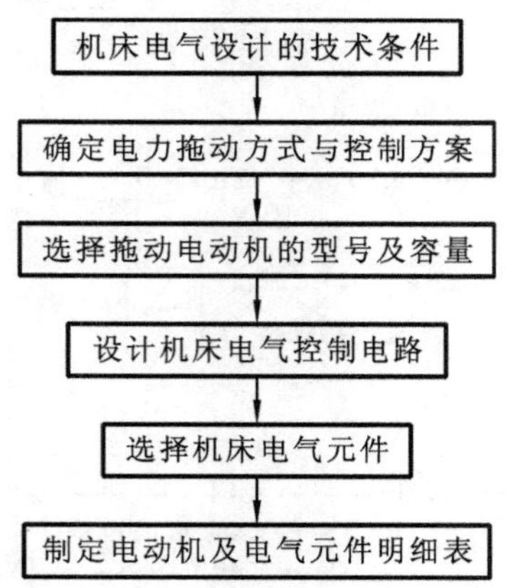

图 5-13 机床电气控制电路的设计步骤

通过前面章节的学习,我们已经掌握了控制电路的典型环节以及典型生产机械电气控制电路的组成与特点。在此基础上,根据控制电路设计的一般要求,通过下面有关继电器-

接触器控制电路的设计方法与设计规则等内容的学习，就可以顺利地进行机床电气控制电路的设计了。

5.6.1　继电器-接触器控制电路的设计方法与设计规则

1. 机床电气控制电路设计的要求

继电器-接触器控制系统是由按钮、继电器、接触器、熔断器、行程开关等低压控制电器组成的控制系统，可以实现对电力拖动系统的启动、调速、制动等动作的控制和保护，以满足生产工艺对拖动控制的要求。在设计机床电气控制电路时，需要满足以下要求：

(1)能满足机床生产机械的工艺要求；

(2)电路结构简单，尽量选用标准、常用的且经过实践考验过的电路；

(3)便于操作和维护；

(4)具有必要的保护环节，防止发生事故。

2. 电气控制电路的设计方法

目前，常用的机床电气控制电路设计方法有经验设计法和逻辑设计法。下面分别介绍这两种方法的设计步骤、设计特点及具体的设计过程。

1)经验设计法

经验设计法是根据机床生产工艺的要求，按照电动机的控制方法与典型环节电路直接进行设计。经验设计法的设计步骤如图 5-14 所示。

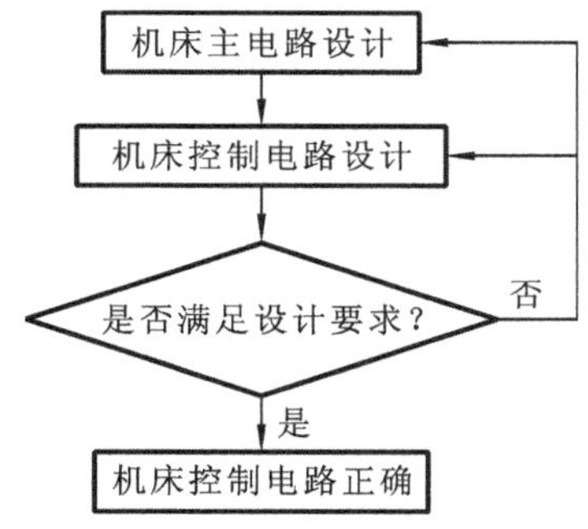

图 5-14　经验设计法的设计步骤

在设计主电路时，主要考虑电动机启动、停止、点动、正反转、制动、多速电动机的调速、保护环节、照明及信号显示等环节。

在设计控制电路时，主要考虑如何满足电动机各种运转的要求，将复杂电路细分为简单的电路环节进行设计，再根据生产工艺要求，对典型环节电路进行有机的结合。有时为了满足机床生产工艺的要求，还需自行设计一些环节电路。

(1)经验设计法特点。

经验设计法简单易学，使用广泛。但对于复杂的电路，要求设计者具有一定的工作经验，需要绘制大量的电路图，这样得到的电路一般不是最简单、经济的方案，还需经过多次修改后才能得到最终符合要求的电路图。

(2)经验设计法举例。

某加工设备有两台电动机:M1 为主轴电动机,M2 为润滑电动机。要求:电动机都具有短路保护和过载保护等功能;要先启动主轴电动机 M1,再启动润滑电动机 M2;润滑电动机 M2 可以单独停止。

【解】 主电路设计:根据要求采用熔断器 FU1 和热继电器 FR1、FR2 对电动机进行过载保护和短路保护。由于两台电动机 M1、M2 只需单方向旋转,可采用接触器 KM1、KM2 的主触点分别控制主轴电动机 M1 和润滑电动机 M2。

控制电路设计:采用熔断器 FU2 对控制电路进行短路保护。主轴电动机 M1 的启动按钮为 SB1,润滑电动机 M2 的启动按钮为 SB2;对于先启动主轴电动机 M1,再启动润滑电动机 M2,可采用将接触器 KM1 的常开触点串联到润滑电动机 M2 的线圈电路中来实现。对于润滑电动机 M2 可以单独停止,采用在润滑电动机 M2 的接触器线圈 KM2 的电路中单独添加一个停止按钮 SB4 来实现;对于主轴电动机 M1 和润滑电动机 M2 一起停止则采用按钮 SB3 实现。因此,最终设计的某加工设备电气控制电路如图 5-15 所示。

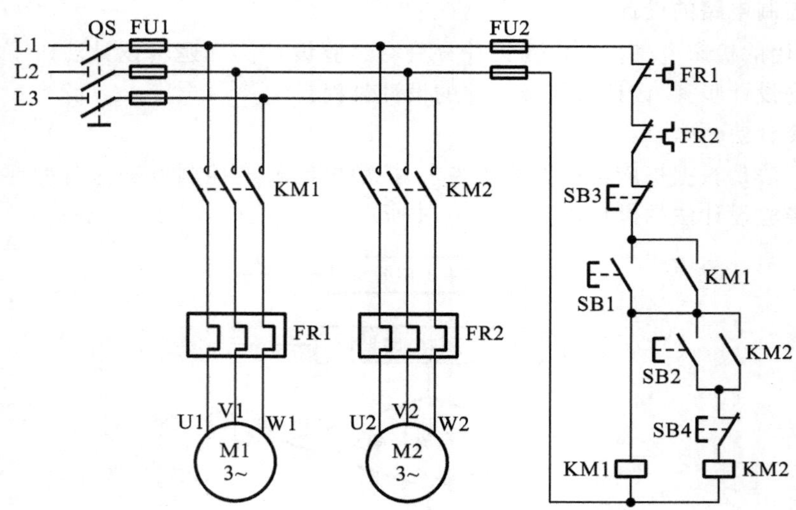

图 5-15 某加工设备电气控制电路

在这个例子中,如果要求控制电路采用 110 V 交流电源供电,而不是 380 V 交流电源供电,则还需考虑使用变压器等,可参考前面章节介绍的内容来进行设计。

2)逻辑设计法

逻辑设计法是将“通”“断”这类互相对立的矛盾抽象化,利用逻辑代数进行电路设计。逻辑设计法的设计步骤如图 5-16 所示。机床控制电路的逻辑代数与电气元件状态的对应关系如表 5-7 所示。

表 5-7 机床控制电路的逻辑代数与电气元件状态的对应关系

逻 辑 代 数	电气元件状态
1	接通
0	断开
大写字母,如 KM1、KA2、YA1	电气线圈或电磁铁

续表

逻辑代数	电气元件状态
小写字母，如 km1、ka2、st1	电气元件的常开触点
小写字母，如$\overline{km1}$、$\overline{ka2}$、$\overline{st1}$	电气元件的常闭触点
逻辑乘（“与”），如 km1 · st2	触点相串联，如常开触点 km1 与 st2 串联
逻辑加（“或”），如$\overline{km1}$+$\overline{st1}$	触点相并联，如常闭触点$\overline{km1}$与$\overline{st1}$并联
KM1=km1 · ka2	km1　ka2　KM1
KM2=km1+$\overline{st1}$	km1　KM2　$\overline{st1}$

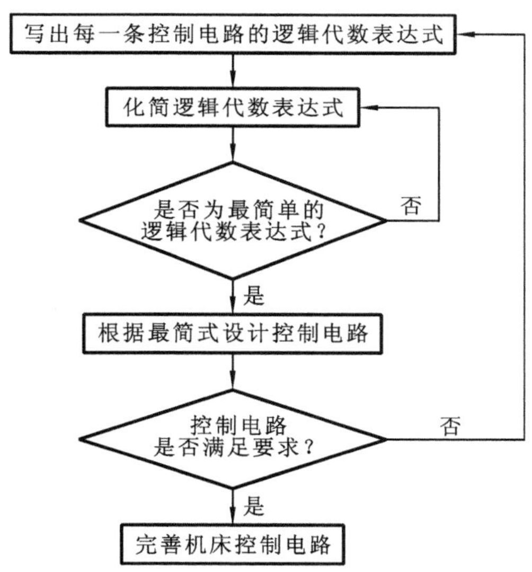

图 5-16　逻辑设计法的设计步骤

(1)逻辑设计法特点。

逻辑设计法所设计的电路结构合理，可节省电气元件的数量，方案为最佳。但这种方法难度较大，需要具备一定逻辑代数方面的知识。

(2)逻辑设计法举例。

假设电动机 M 只有在继电器 KA、KB、KC 中任何一个或任何两个动作时才能运转，而在其他任何情况下都不运转，试设计该控制电路。

【解】　首先，根据表 5-7 找出逻辑代数与电气元件状态的对应关系：电动机 M 启动运转由接触器 KM 的主触点控制；继电器 KA、KB、KC 中的任何一个动作或任何两个动作时电动机才能运转，这里的“动作”是指继电器 KA、KB、KC 中的任何一个常开触点或任何两个常开触点闭合。

其次，写出KM动作的条件：假设触点闭合为“1”，断开为“0”，那么

$$\begin{aligned}KM &= ka1\cdot\overline{ka2}\cdot\overline{ka3}+\overline{ka1}\cdot ka2\cdot\overline{ka3}+\overline{ka1}\cdot\overline{ka2}\cdot ka3+ka1\cdot ka2\cdot\overline{ka3}\\&\quad+\overline{ka1}\cdot ka2\cdot ka3+ka1\cdot\overline{ka2}\cdot ka3\\&=\overline{ka1}\cdot\overline{ka2}\cdot ka3+\overline{ka1}\cdot ka2\cdot ka3+\overline{ka1}\cdot ka2\cdot\overline{ka3}+ka1\cdot\overline{ka2}\cdot\overline{ka3}\\&\quad+ka1\cdot\overline{ka2}\cdot ka3+ka1\cdot ka2\cdot\overline{ka3}\\&=\overline{ka1}(\overline{ka2}\cdot ka3+ka2\cdot ka3+ka2\cdot\overline{ka3})+ka1(\overline{ka2}\cdot\overline{ka3}+\overline{ka2}\cdot ka3\\&\quad+ka2\cdot\overline{ka3})\\&=\overline{ka1}[(\overline{ka2}+ka2)ka3+ka2\cdot\overline{ka3}]+ka1[(\overline{ka2}+ka2)\cdot\overline{ka3}+\overline{ka2}\cdot ka3]\\&=\overline{ka1}[ka3+ka2\cdot\overline{ka3}]+ka1[\overline{ka3}+\overline{ka2}\cdot ka3]\\&=\overline{ka1}[ka3+ka2]+ka1[\overline{ka3}+\overline{ka2}]\end{aligned}$$

逻辑代数最简式为：　　$KM=\overline{ka1}[ka3+ka2]+ka1[\overline{ka3}+\overline{ka2}]$

最后，由最简式画出控制电路，如图5-17所示。

通过上面的例子说明了如何用逻辑设计法进行控制电路设计，感兴趣的读者可参阅有关书籍。

3. 电气控制电路的设计规则

为了使电路设计简单、准确、可靠，在具体的设计过程中，应遵循以下规则。

1）应尽量减少连接导线的数量和长度

设计控制电路时，应考虑各电器元件的实际位置，尽可能地减少连接导线。在图5-18中，图5-18(a)是不合理的，而图5-18(b)是合理的。因为按钮一般是安装在操作台上，而接触器是安装在电气柜内，因此，接线就需要由电气柜二次引出连接线到操作台上，所以一般都将启动按钮和停止按钮直接连接，这样可以减少一次引出线。

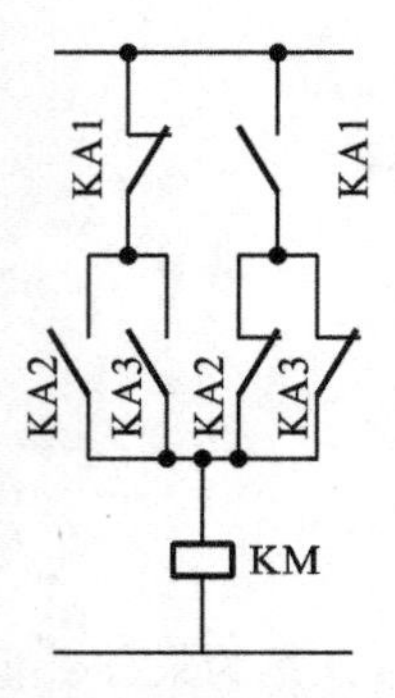

图5-17　控制电路

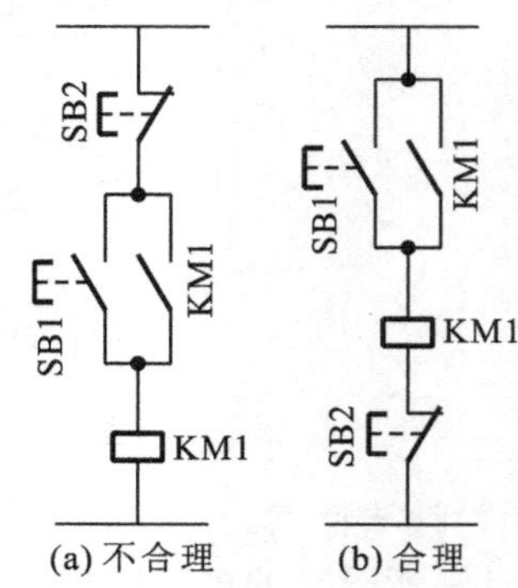

图5-18　合理连接导线

2）应尽量减少电器的触点数量

设计控制电路时，应尽量减少电器的触点数量，以提高控制电路的可靠性。如图5-19所示，图5-19(a)～图5-19(d)是不合理的，通过简化与合并，所得到的图5-19(a′)～图5-19(d′)则是合理的。

3）应尽量避免多个电器的依次动作才能接通另一条支路

为了提高控制电路的可靠性，应尽量避免许多电器依次动作，才能接通另一个电器的控制电路。如图5-20所示，图5-20(a)是不合理的，而图5-20(b)是合理的。

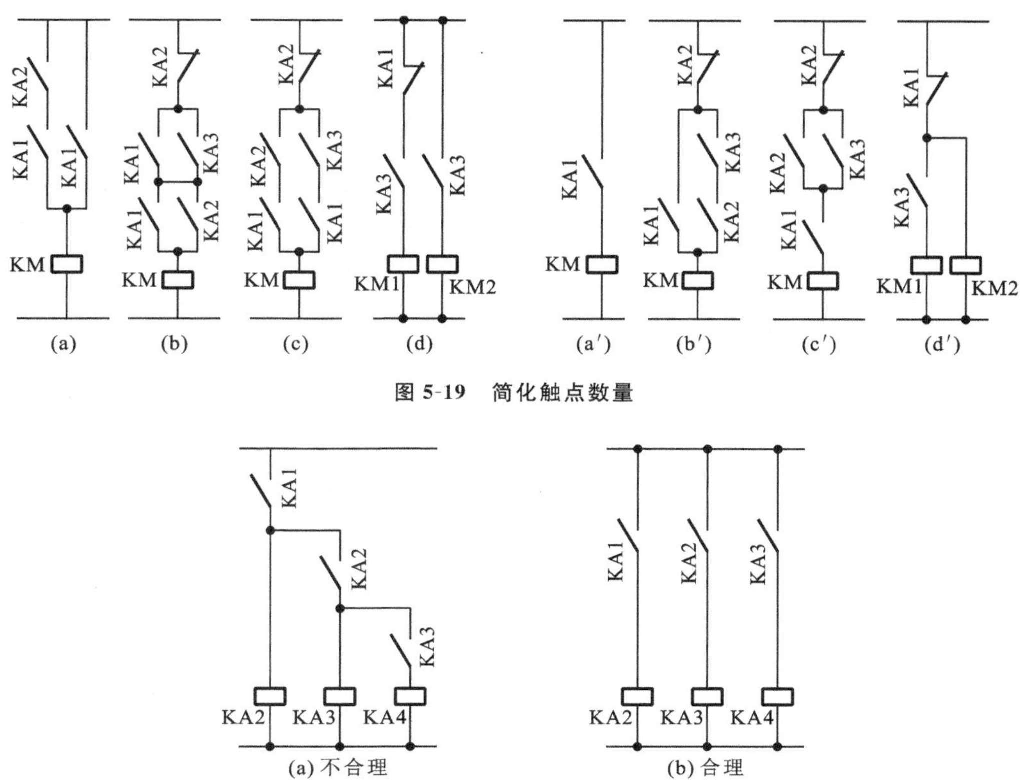

图 5-19　简化触点数量

图 5-20　避免多个电器的依次动作

4)应尽量使不工作的电器不得电

在控制电路工作时,为了延长电器的使用寿命,除了必要的电器必须通电外,尽量使不工作的电器不通电。如图 5-21 所示,图 5-21(a)是不合理的,而图 5-21(b)是合理的。

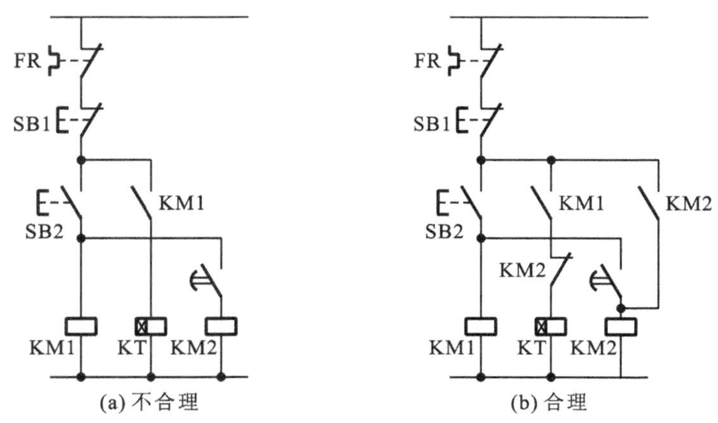

图 5-21　不工作的电器不得电

5)电器线圈最好不要串联连接

在控制电路中,对于直流电磁线圈,只要其电阻相等,一般是可以串联的。对于两个交流线圈就不要串联连接，因为实际使用时，两个电器动作总有先后顺序，即使是完全相同型号的两个交流电压线圈，也会因为先动作的线圈闭合，线圈电感显著增大，使其电压也增大，从而使另一个交流线圈的电压达不到动作电压而不能吸合，严重时还会使其全部烧毁。如图 5-22 所示，图 5-22(a)是不合理的，而图 5-22(b)是合理的。

6)正确连接电器元件与触点位置

只有正确连接电器元件与触点位置，才能提高控制电路的可靠性。如图 5-23(a)所示，导线连接是不可靠的，且造成导线的浪费。因为同一个电器的限位开关(行程开关)SQ 的常开触点和常闭触点靠得很近，当它们分别接在电源的不同相时，导线连接使限位开关 SQ 的常开触点和常闭触点不是等电位，那么，触头断开瞬间产生的电弧很可能在两个触头之间形成飞弧而造成电源短路。因此，应该正确连接限位开关 SQ 的常开触点和常闭触点，使其处于等电位。如图 5-23(b)所示的连接是正确的。

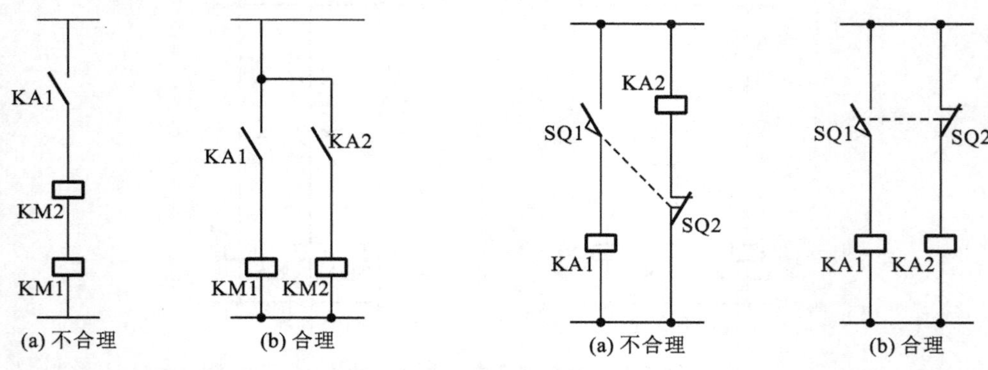

图 5-22 电器线圈不要串联连接

图 5-23 正确连接触点位置

7)必须有完善的保护措施

为保证操作人员、电气设备及生产机械的安全，在电气控制电路中，一定要有完善的保护措施。常用的保护环节有漏电保护、短路保护、过载、过电压、过电流、失电压保护等环节，同时最好配有工作、断开、事故及安全等明显的指示信号。

5.6.2 电力拖动方案的确定及电动机容量的选择

1. 电力拖动方案的确定

所谓电力拖动方案，是指根据生产机械的结构、生产工艺要求，确定电动机的类型、数量及传动方式等。拖动方案确定之后，采用什么方法去实现这些控制要求就是控制方式的选择问题。电力拖动方案与控制方式的确定是机床电气控制电路设计的重要内容。

1)确定拖动方案

在确定电力拖动方案时，主要考虑采用交流拖动还是采用直流拖动，采用集中方式拖动还是采用分散方式拖动，这些要根据各方面的因素综合考虑，进行比较，才能最终确定方案。

拖动方案确定以后，就可以根据以下原则选择电动机，主要包括电动机的类型、数量、结构形式及容量、额定电压与额定转速等。通常在满足设计要求的情况下，优先考虑选用结构简单、价格便宜且使用、维护方便的异步电动机。

2)选择电动机的原则

(1)电动机的机械特性应满足生产机械的要求,要与负载特性相适应,以保证加工中运行稳定并具有一定的调速范围与良好的启动、制动性能。

(2)工作过程中电动机容量能得到充分利用,即电动机的稳定温升尽可能达到或接近额定温升。

(3)电动机的结构形式应满足机械设计的安装要求,并能适应周围环境的工作条件。

2. 电动机容量的选择

正确选定电动机容量是电动机选择中的关键问题。确定电动机容量一般常用两种方法:一种是计算法;另一种是统计类比法。

1)确定电动机容量的计算法

利用计算法确定电动机容量时,可按图5-24所示的步骤进行。

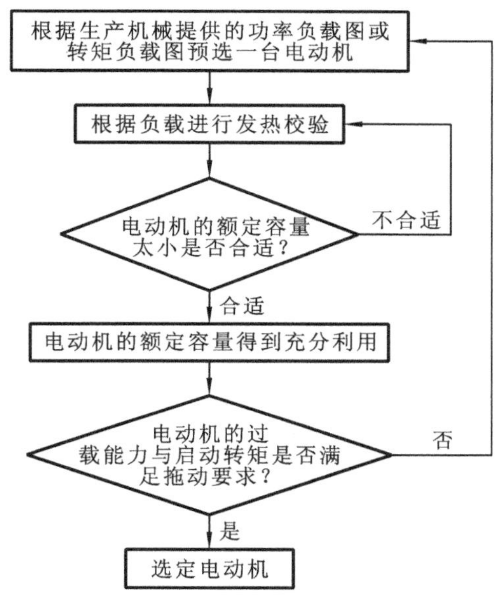

图5-24 计算法确定电动机容量的步骤

所谓电动机容量是否得到充分利用,是指电动机的稳定温升是否接近其额定温升。在进行发热校验计算时,还要考虑电机工作制等问题,有兴趣的读者可查阅相关文献资料。

2)确定电动机容量的统计类比法

利用计算法确定电动机容量时,需要用到负载图或转矩负载图,而这些图是不容易作出来的,因此,我国目前多采用统计类比法来选择电动机的容量。

所谓统计类比法,就是对国内外同类型先进机床主拖动电动机进行统计和分析,再结合我国生产实际情况,找出电动机容量与机床主要参数之间的关系,并用数学表达式给出,作为设计新机床时选择电动机容量的经验公式。选择电动机容量的经验公式如表5-8所示。

表5-8 选择电动机容量的经验公式

类　型	参数 D、B	公　式
车床	D 为工件的最大直径/m	$P=36.5D^{1.54}$

续表

类　型	参数 D、B	公　式
立式车床	D 为工件的最大直径/m	$P=20D^{0.88}$
摇臂钻床	D 为工件的最大直径/mm	$P=0.0646D^{1.19}$
卧式镗床	D 为镗杆直径/mm	$P=0.004D^{1.7}$
龙门铣床	B 为工作台宽度/mm	$P=B^{1.15}/166$

例如国产 C660 车床，加工工件的最大直径 D 为 1.25 m，实际使用的是一台 60 W 的主电动机。

【解】 由表 5-8 中的公式有：

$$P=36.5D^{1.54}=36.5(1.25)^{1.54}=51.4\ \text{W}。$$

由此可见，两者很接近。

利用统计类比法选择电动机容量时，如果能通过实验的方法加以验证，就会更加安全可靠。

5.6.3 机床电气控制元器件的选择

在控制系统原理图设计完成之后，就可根据电路要求，选择各种控制电器。正确合理地选择控制电器是电气系统安全运行及可靠工作的保证。

在第 2 章里已经对机床常用低压电器的组成、工作原理及选择原则做了详细介绍，下面通过几个案例来介绍如何选用机床电气控制元器件。

1. 组合开关的选择

某机床的控制电路中有两台电动机：一台电动机的额定电流为 22 A，另一台电动机的额定电流为 0.4 A。使用组合开关将三相电源引入，但不用组合开关直接启停电动机，请选择组合开关。组合开关的部分技术数据如表 5-9 所示。

表 5-9　组合开关的部分技术数据

型　号	极　数	额定电流/A	额定电压/V	
			交流	直流
HZ10-10	2、3	6、10	380	220
HZ10-25	2、3	25	380	220
HZ10-60	2、3	60	380	220
HZ10-100	2、3	100	380	220

【解】 根据组合开关的选择原则，当组合开关只作为隔离开关而不用于直接启停电动机时，其额定电流应不低于被隔离电路中各负载电流的总和，即

$$I_{QS}\geqslant(22+0.4)\ \text{A}=22.4\ \text{A}$$

只要所选组合开关的额定电流大于 22.4 A 就可以。由表 5-9 可选出 HZ10-25/3 满足要求。

故所选组合开关的额定电流为 25 A，三极，型号为 HZ10-25/3。

2. 熔断器的选择

某机床的控制电路中有两台电动机：一台电动机的额定电流为 2.7 A，另一台电动机的

额定电流为 0.4 A。两台电动机不同时启动，假设启动电流为额定电流的 7 倍，使用一个熔断器同时保护这两台电动机，请选择熔断器。熔断器的部分技术数据如表 5-10 所示。

表 5-10　熔断器的部分技术数据

型号	额定电压/V	额定电流/A	熔体额定电流/A	极限分断电流/kA
RL1-15	500	15	2、4、6、10、15	2
RL1-60	500	60	20、25、30、35、40、50、60	3.5
RL1-100	500	100	60、80、100	20
RL1-200	500	200	100、125、150、200	50

【解】　根据熔断器的选择原则，当多台电动机由一个熔断器保护时，熔断器熔体额定电流 I_{fu} 的选择应按式(2-2)来计算：

$$I_{fu} \geqslant I_m/2.5$$

I_m 应该为大容量电动机的启动电流与容量较小的电动机的额定电流之和，即

$$I_m = (7 \times 2.7 + 0.4)\ A = 19.3\ A$$

则

$$I_{fu} \geqslant (19.3/2.5)\ A = 7.72\ A$$

只要所选熔断器的额定电流大于 7.72 A 就可以满足要求。由表 5-10 可选出额定电流大于 7.72 A 的 RL1 型熔断器。

故所选熔断器的额定电流为 15 A，配用 10 A 熔体，型号为 RL1-15。

3. 热继电器的选择

假设有一台额定电流为 19 A 的电动机，应用于基于时间继电器的自动控制 Y-△降压启动的控制电路中。使用热继电器保护这台电动机，请选择热继电器。热继电器的部分技术数据如表 5-11 所示。

表 5-11　热继电器的部分技术数据

型　号	额定电流/A	热元件等级	
		额定电流/A	电流调节范围/A
JR0-20/3 JR0-20/3D JR16-20/3 JR16-20/3D	20	—	—
		5	3.2～5
		7.2	4.5～7.2
		11	6.8～11
		16	10～16
		22	14～22

【解】　根据热继电器的选择原则，热元件的额定电流一般按式(2-3)计算：

$$I_N = (0.95 \sim 1.05) I_N'$$

取

$$I_N = I_N' = 19\ A$$

由于△形连接的电动机应选用带断相保护装置的三相结构形式的热继电器；由表 5-11 可选出热元件额定电流大于 19A 的 JR16 系列热继电器。

故所选热继电器的额定电流为 20 A，热元件电流调节范围为 14～22 A，整定在 19 A，型号为 JR16-20/3D。

4. 接触器的选择

假设有一台额定电流为 19 A 的交流电动机，由接触器 KM 对其进行控制。整个控制电路比较简单，主电路的工作电压为 380 V，需要 3 对接触器主触点，控制电路的工作电压也为 380 V，需要 2 对接触器常开触点、1 对接触器常闭触点，请选择接触器。交流接触器的部分技术数据如表 5-12 所示。

表 5-12　交流接触器的部分技术数据

型　　号	额定工作电流/A	额定工作电压/V	吸引线圈电压/V	触头组合结构	
				常开/对	常闭/对
CJ20-10	10	380/220	36、127、220、380	2	2
CJ20-16	16	380/220	36、127、220、380	2	2
CJ20-25	25	380/220	36、127、220、380	2	2
CJ20-40	40	380/220	36、127、220、380	2	2
CJ20-63	60	380/220	36、127、220、380	2	2

【解】　根据接触器的选择原则，确定接触器的类型，这里选择交流接触器。根据交流电动机的额定电流 19 A，选择接触器主触点的额定电流为 25 A。根据接触器的选择原则，选择接触器主触点的额定电压为 380 V。由于控制电路比较简单，接触器线圈电压就直接选用 380 V。

由表 5-12 可选出额定工作电流为 25 A 的接触器，它具有 2 对常开触点和 2 对常闭触点，满足题目要求。

故所选交流接触器的型号为 CJ20-25。

5. 中间继电器的选择

假设在某机床电气控制电路有 3 台电动机，各由 3 对接触器主触点对其进行控制，但这 3 台电动机不能同时启动，还有其他的一些动作要求，为此需要设计相应的联锁与保护环节。在控制电路中，共需要 4 对常开触点及 3 对常闭触点。整个控制电路比较简单，工作电压为交流 380 V，请选择中间继电器。交流中间继电器的部分技术数据如表 5-13 所示。

表 5-13　交流中间继电器的部分技术数据

型　　号	额定工作电流/A	触头额定电压/V	触头组合结构		吸引线圈额定电压/V
			常开/对	常闭/对	
JZ7-44	5	380	4	4	12、36、110、127、220、380
JZ7-62			6	2	
JZ7-80			8	0	

【解】　根据中间继电器的选择原则，确定中间继电器的类型，这里选择交流中间继电器。根据控制电路工作电压为交流 380 V，选择触头额定电压为 380 V。根据控制电路中需要 4 对常开触点及 3 对常闭触点，选择触头组合结构为 4 对常开触点及 4 对常闭触点的中间继电器能满足触点要求。

由表 5-13 可选出额定工作电流为 5 A，触头额定电压为 380 V，具有 4 对常开触点和 4 对常闭触点。

故所选交流中间继电器的型号为 JZ7-44。

6. 时间继电器的选择

当电动机容量较小时，可直接通过开关或接触器直接启动；当电动机容量较大时，可利用时间继电器实现电动机 Y-△降压启动方式工作。假设电动机只需单方向转动，由 3 对接触器主触点 KM1 控制；当电动机 Y 形连接时，由 3 对接触器主触点 KM3 控制；当电动机△形连接时，由 3 对接触器主触点 KM2 控制。电动机 Y-△降压启动方式的转换可以通过时间继电器，利用通电延时时间继电器，将 1 对通电延时的常闭触头串联到接触器 KM3 线圈所在的电路中，经过一定时间延时后常闭触头断开，使 KM3 线圈失电，延时时间超过120 s。整个控制电路比较简单，工作电压为交流 380 V，延时精度要求不高，请选择时间继电器。时间继电器的部分技术数据如表 5-14 所示。

表 5-14　时间继电器的部分技术数据

<table>
<tr><th rowspan="3">型号</th><th rowspan="3">触头额定工作电流/A</th><th rowspan="3">触头额定电压/V</th><th rowspan="3">延时范围/s</th><th rowspan="3">吸引线圈额定电压/V</th><th colspan="4">延 时 触 头</th><th colspan="2">瞬时触头</th></tr>
<tr><th colspan="2">通电延时</th><th colspan="2">断电延时</th><th rowspan="2">常开/对</th><th rowspan="2">常闭/对</th></tr>
<tr><th>常开/对</th><th>常闭/对</th><th>常开/对</th><th>常闭/对</th></tr>
<tr><td>JS7-1A</td><td rowspan="4">5</td><td rowspan="4">380</td><td rowspan="4">均为
0.4～60、
0.4～180</td><td rowspan="4">24、36、
110、127、
220、380、
440</td><td>1</td><td>1</td><td>—</td><td>—</td><td>—</td><td>—</td></tr>
<tr><td>JS7-2A</td><td>1</td><td>1</td><td>—</td><td>—</td><td>1</td><td>1</td></tr>
<tr><td>JS7-3A</td><td>—</td><td>—</td><td>1</td><td>1</td><td>—</td><td>—</td></tr>
<tr><td>JS7-4A</td><td>—</td><td>—</td><td>1</td><td>1</td><td>1</td><td>1</td></tr>
</table>

【解】　根据时间继电器的选择原则，确定时间继电器的类型，这里选择交流时间继电器。根据控制电路工作电压为交流 380 V，选择触头额定电压为 380 V。根据控制电路中只需要 1 对通电延时的常闭触头，由表 5-14 可选出 JS7-1A 与 JS7-2A 均满足要求，又由题目知不需要瞬时触头，故选择 JS7-1A。JS7-1A 的延时时间为 0.4～180 s 满足要求。

故所选交流时间继电器的型号为 JS7-1A。

本 章 小 结

本章主要介绍机械加工中常用的通用机床的电气控制、专用机床的电气控制及机床电气控制电路的设计。重点讲授机床电气控制电路的组成与工作原理，以及机床电气控制电路的设计内容与方法。

通用机床中选择 C650 型卧式车床、M7130 型卧轴矩台平面磨床、T68 型卧式镗床及 Z3040 型摇臂钻床，专用机床选择钻锪组合机床作为代表进行机床电气控制分析与研究。这几台机床的电气控制都具有自己的特点。C650 型卧式车床可以实现正转与反转、反接制动控制。M7130 型卧轴矩台平面磨床采用电磁吸盘吸持工件，电磁吸盘需要直流电源，磨削加工过程中需要冷却等，在其电气控制电路设计中要设有电磁吸盘控制电路，磨削过程中可启动冷却泵电动机对工件进行冷却，而且一定要保证磨削加工的顺序为电磁吸盘吸持工件→砂轮磨削工件。T68 型卧式镗床的主轴电动机 M1 为双速电动机，具有低速与高速两个转速主轴电动机可实现正转与反转、反接制动及低速点动调整。Z3040 型摇臂钻床的工作过程为摇臂松开→摇臂上升或下降→摇臂夹紧，是按顺序动作的，摇臂的松开与夹紧、立柱与主轴箱的松开与夹紧工作都是由液压夹紧机构完成的，为此其控制电路中要对电磁铁进行控制;钻镗组合机床是一个典型的机、液、电综合控制系统,其电气控制系统不仅要对电动机进行控制,还要对液压系统中电磁阀或电磁铁进行控制,从而使由组合机床液压系统所驱动的滑台能实现两种不同的工作进给速度。

通过典型机床电气控制电路的分析与研究,不难看出每台机床的电气控制系统无论多么复杂,也不外乎由前面讲授的若干个基本控制环节所组成。比如电动机正转与反转控制环节、反接制动控制环节、双速电动机双速控制环节、顺序动作控制环节及点动控制环节等。因此,只要我们采用正确的学习方法进行学习,以上内容都不难掌握。

思考复习题 5

1. 填空题

(1)C650 型卧式车床有________、________和________运动三种形式。

(2)M7130 型卧轴矩台平面磨床的________运动是砂轮的旋转运动,进给运动有工作台的________运动和砂轮的________运动。

(3)T68 型卧式镗床的主运动和进给运动使用________拖动。为了适应各种形式及各种工件的加工,要求其主轴有较宽的调速范围,为此采用________电动机。

(4)在钻削过程中,根据工件高度的不同,钻床的摇臂借助丝杠可带动主轴箱沿外立柱上下升降。摇臂动作的整个过程为____________________。

(5)钻镗组合机床采用液压系统夹紧,其中的电磁铁使用________电源。

2. 选择题

(1)C650 型卧式车床在加工螺纹时,主轴需正反转,其实现的方法是(　　)。

A. 机械方法　　B. 电气方法　　C. 液压方法

(2)C650 型卧式车床的主轴采用的是(　　)。

A. 能耗制动　　B. 反接制动　　C. 机械制动　　D. 再生发电制动

(3)摇臂钻床升降电动机的控制电路属于(　　)控制电路。

A. 点动　　B. 带自锁的连续运转　　C. 正反转

(4)T68 型卧式镗床的主轴电动机可实现高、低速两种转速。低速时定子绕组为(　　)连接,高速时定子绕组为(　　)连接。

A. △形　　B. △形和 YY 形　　C. YY 形

3. 判断题

(1)钻床主轴的纵向进给是它的主运动。(　　)

(2)Z3040 型摇臂钻床主轴箱和立柱的松开或夹紧不能同时进行。(　　)

(3)设计常用的机床电气控制电路时,一定要使用逻辑设计法。(　　)

(4)继电器-接触器控制系统是指由继电器和接触器两种电气元件组成的控制系统。(　　)

(5)M7130 型卧轴矩台平面磨床的电磁吸盘没有吸力或吸力不足时,磨削是不能进行的。(　　)

4. 简答题

(1)试分析 C650 型卧式车床的控制电路中速度继电器有何作用?

(2)在 Z3040 型摇臂钻床控制电路中，时间继电器 KT 与电磁铁 YA 在什么时候动作？

(3)Z3040 型摇臂钻床在摇臂升降过程中，液压泵电动机和摇臂升降电动机应如何配合工作？以摇臂上升为例叙述控制电路工作过程。

(4)Z3040 型摇臂钻床电路中具有哪些联锁保护？为什么要有这些联锁保护？它们是如何实现的？

(5)试分析 M7130 型卧轴矩台平面磨床的控制电路，并回答下列问题：

(a)对小工件不用夹具夹紧而用电磁吸盘吸持，有哪些好处？

(b)欠电流继电器 KI 起什么作用？

(c)与电磁吸盘线圈并联的电阻 $R3$ 起什么作用？

(d)图中 $R1$ 和 C 各起什么作用？

5. 叙述题

(1)试述 T68 型卧式镗床主轴电动机高、低速控制电路的工作原理。

(2)试述 Z3040 摇臂钻床中每台电动机的用途及主轴电动机的工作原理。

(3)试述 C650 型卧式车床的控制电路中主轴电动机反向反接制动的工作原理。

6. 设计题

(1)设计一个由三台电动机组成的控制系统，三台笼式感应电动机启动时，电动机 M1 先启动，经 5 s 后电动机 M2 自行启动，运行 20 s 后电动机 M1 停止并同时使电动机 M3 自行启动，再运行 30 s 后三台电动机全部停止，请画出主电路和控制电路。

(2)设计一个能在两地控制一台电动机的启动与停止的控制电路，要求有短路保护和过载保护，请画出控制电路。

(3)设计一个由两台电动机组成的控制系统，要求如下：①两台电动机分别设有短路保护、过载保护；②每台电动机可以分别手动停止；③第一台电动机启动 20 s 后，第二台电动机才启动。

试画出该电气控制系统的电气原理图，并简要说明设计过程。

第6章 典型机床PLC控制系统设计

【内容提要】

内容提要	知识要点	(1)C650型卧式车床PLC控制电路的组成及PLC控制程序设计； (2)M7130型卧轴矩台平面磨床PLC控制电路的组成及PLC控制程序设计； (3)T68型卧式镗床PLC控制电路的组成及PLC控制程序设计； (4)Z3040型摇臂钻床PLC控制电路的组成及PLC控制程序设计； (5)钻镗组合机床PLC控制电路的组成及PLC控制程序设计； (6)搬运机械手PLC控制电路的组成及PLC控制程序设计； (7)PLC在机床设备变频调速控制中的应用设计。
	技术要点	(1)M7130型卧轴矩台平面磨床PLC控制电路的分析与应用； (2)Z3040型摇臂钻床PLC控制电路的分析与应用； (3)搬运机械手PLC控制电路的分析与应用。

【教学导航】

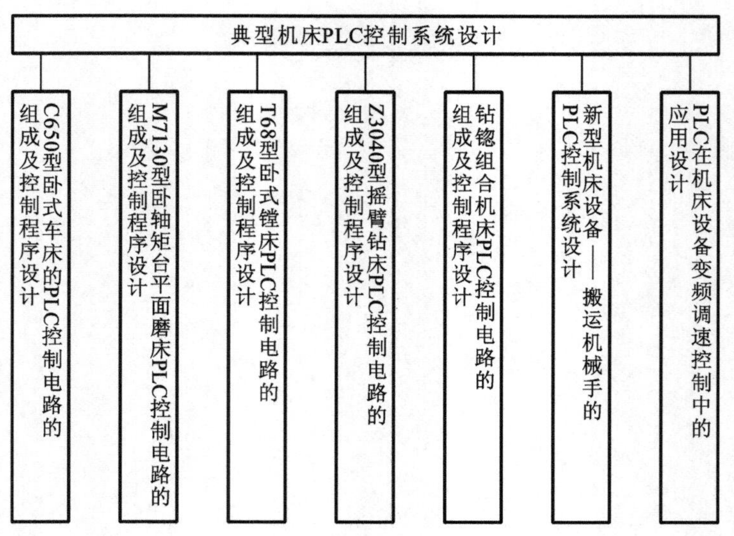

随着数控技术、PLC 技术、变频技术的迅速发展，新的控制方法在机床上的应用越来越广泛，新技术不仅使机床设备控制更加稳定，加工精度得以提高，也能简化机械结构和电气电路，降低故障率，提高设备稳定性，便于设备的维护和维修。

本章在介绍 PLC 控制系统设计原则及步骤的基础上，重点介绍 PLC 技术在机床电气控制中的应用。PLC 技术的一个重要的应用是对传统机床进行技术改造，使其升级换代，提高其精度及稳定性、可靠性。

本章通过利用 PLC 技术对传统普通机床设备进行改造的实例，介绍典型机床 PLC 控制系统的电路设计及程序设计的方法；PLC 技术的另一个突出重要的应用是开发研制以前没有的现代化机床设备。通过搬运机械手、变频调速系统的 PLC 控制系统设计实例，介绍 PLC 控制系统在机床新设备中的应用。

6.1　机床 PLC 控制系统设计原则和步骤

6.1.1　机床 PLC 控制系统设计的基本原则

在设计机床 PLC 控制系统时，应遵循以下基本原则：

(1)应能最大限度地满足机床的生产工艺对控制的要求；

(2)在满足生产工艺的控制要求的前提下，力求 PLC 控制系统设计得简单、经济、实用且可维护性要好；

(3)要充分保证 PLC 控制系统的安全性和可靠性；

(4)要考虑系统的可扩展性，能满足生产设备的改良和系统升级要求；

(5)要注意控制系统输入/输出设备的标准化原则和多供应商原则，以易于采购和更换。

6.1.2　机床 PLC 控制系统设计步骤及基本内容

机床 PLC 控制系统是由 PLC 与机床输入设备、输出设备连接而成的。机床 PLC 控制系统设计的步骤如图 6-1 所示。

各步骤的基本内容如下。

(1)根据生产的工艺过程确定控制对象，分析控制要求，确定对 PLC 控制系统的控制要求。对 PLC 控制系统的控制要求具体包括以下几点：

①确定需要完成的动作，包括动作顺序、动作条件、必需的保护和联锁等；

②确定操作方式，包括手动(点动、回原点)、自动(单步运行、单周期运行、连续运行)以及必要的保护与报警、现场显示、故障诊断等；

③确定软件与硬件分工，按照技术方案、经济性、可靠性等指标，选用硬件实现，或软件实现，或同时用硬件、软件实现。

(2)根据控制要求确定所需要的输入设备、输出设备。输入设备包括拨码开关、编码器、

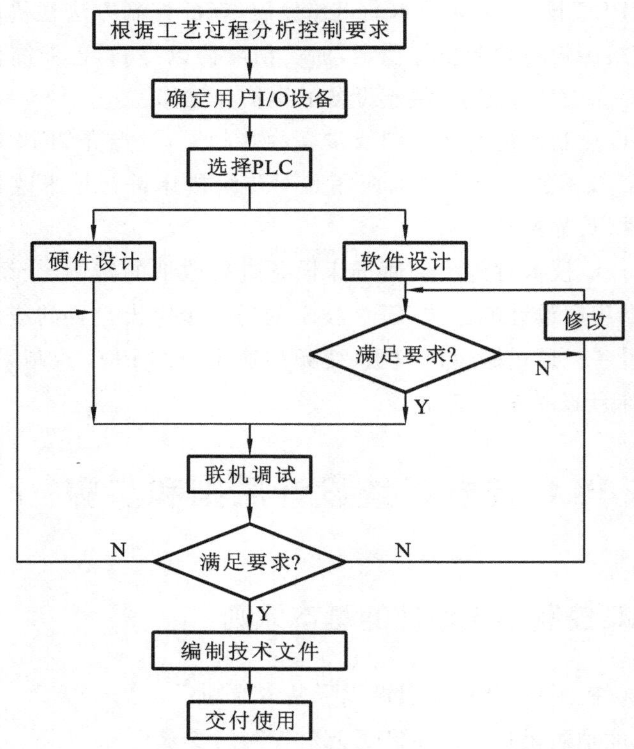

图 6-1　机床 PLC 控制系统设计的步骤

传感器和主令电器。输出设备包括接触器、继电器、电磁阀、信号灯、电动机、变频器等。

(3)选择 PLC 机型及容量。

选择 PLC 机型及容量包括以下内容：

①根据输入设备、输出设备数量，确定 PLC 的 I/O 点数；

②选择 PLC 的安装形式；

③确定 PLC 的存储容量；

④选择输入/输出接口电路形式；

⑤选择 PLC 的供电方式；

⑥确定 PLC 的型号；

⑦必要时还需选定 PLC 扩展模块。

(4)硬件设计。

硬件设计的内容有以下几点。

①定义输入点、输出点的名称，分配 PLC 的 I/O 点，编制 PLC 的 I/O 地址分配表；

②设计 PLC 与 I/O 设备的实际接线图(包括考虑必要的安全保护措施，如短路保护、过载保护、互锁和联锁等)；

③PLC 外围电气控制系统设计，包括操作面板布置图、安装 PLC 的电气控制柜的电气布置图、电气安装图、接线端口图的设计，有时还需要设计控制台。

(5)软件设计。软件设计的内容有以下几点。

①对于复杂的控制系统，可根据生产工艺流程和控制要求，画出系统控制流程图或状态转移图，说明控制对象的动作顺序和转移条件。对于简单的控制系统可以省去这一步。

②设计梯形图。这是程序设计的关键一步，常采用经验设计法和翻译法进行编程设计。

a. 经验设计法。

对于 I/O 点数不多、控制方案较简单的 PLC 控制系统，可采用经验设计法来设计。经验设计法类似于继电器-接触器控制电路的经验设计，设计步骤如下：一是将继电器-接触器控制电路按功能分解成若干个典型控制环节，分别对典型控制环节电路进行梯形图编程；二是设计各个典型控制电路的控制梯形图；三是把各环节的梯形图综合起来，去掉重复项，增加一些中间编程元件和触点；四是整理、修改、完善，这样才能设计出符合机床控制要求的较为满意的梯形图。

b. 翻译法。

对传统普通机床进行设备改造设计时，应尽量使用原有的电气元件并保持控制内容不变，为进行 PLC 控制系统设计做好准备，因此常用翻译法对 PLC 梯形图进行改造设计。

参照原有的继电器-接触器控制电路图，将 PLC 想象成一个继电器-接触器控制系统的控制箱，继电器-接触器电路中的控制开关、主令电器(按钮、行程开关等)的触点接 PLC 的输入端，用来给 PLC 提供控制命令和检测机械状态后给 PLC 控制程序提供转换条件，而接触器、指示灯、电磁阀等执行机构应接在 PLC 的输出端，由 PLC 的输出继电器来控制。PLC 内部的梯形图是控制箱内部的电路，梯形图中的输入、输出继电器是控制箱与外部设备联系的接口继电器；将继电器-接触器控制电路中的中间继电器、时间继电器的功能用 PLC 内部的辅助继电器和定时器来完成，就可以用分析继电器-接触器电路图的方法来分析设计 PLC 的梯形图。

③将梯形图或根据梯形图编制的程序清单写入 PLC 中进行程序调试和系统试运行。

(6)编制控制系统技术文件。

其具体内容包括系统设计说明书、使用维护说明书、控制系统电气原理图、电器元件明细表、PLC 梯形图或程序清单、电气控制柜的电器布置图、电气安装接线图、操作面板布置图等。

(7)系统交付使用及用户培训。

6.2　机床 PLC 控制系统设计举例

6.2.1　C650 卧式车床的 PLC 控制技术改造

1. 确定电力拖动要求

分析阅读图 5-2 所示的 C650 型卧式车床的电气控制电路，确定 C650 型卧式车床中各电动机的控制要求如表 6-1 所示。

表 6-1　C650 型卧式车床中各电动机控制要求

电动机名称及代号	作　用	控制要求
主轴电动机 M1	拖动主轴旋转及刀架进给运动	(1)采用直接启动的方式,可正反两个方向旋转; (2)采用速度继电器控制的电源反接制动实现快速停车; (3)便于对刀调整,用作点动控制; (4)采用电流表检测负载情况
冷却泵电动机 M2	拖动冷却泵输送冷却液	直接启动、停止,单向连续运转控制
快速移动电动机 M3	拖动溜板箱(刀架)快速移动	手动控制启停,单向点动运转控制

2. 改造电路设计与说明

(1)改造时要保证原有的控制功能不变,尽量保留原有的电气元件,不添加新元件。

(2)选择三菱 FX2N 系列 PLC 作为控制器进行改造,输出端采用继电器输出方式,接触器、继电器与 PLC 的输出端连接,提供给输出端的电压为 110 V,与这些负载线圈的额定电压相匹配。

(3)各个按钮、行程开关、速度继电器的触点、热继电器的触点与 PLC 的输入端连接,直接将触点的状态传入 PLC 中。输入端不需要单独提供电源,其信号所需电源由 PLC 内部提供。各电器元件的常开触点、常闭触点尽量保持与改造前一致。电气元件的常闭触点接入 PLC 输入端时,PLC 输入继电器控制回路无须取反。

(4)在硬件上有互锁关系的电气元件,如接触器 KM1 和 KM2,与输出端连接时,也要有硬件互锁,这是 FX2N 系列 PLC 的要求。

(5)采用 PLC 中的定时器实现时间继电器的延时功能,原来的时间继电器 KT 由中间继电器 KA1 代替,用 KA1 的常闭触点控制电流表的接入。

(6)原来的中间继电器 KA 用 PLC 的辅助继电器 M 代替,不占输出端口。

(7)采用 PLC 辅助继电器 M2、M3 记载反接制动前的电动机旋转方向,以便制动时反接控制。

3. 确定 I/O 端点数,选定 PLC 型号

C650 型卧式车床 PLC 控制输入/输出端分配表如表 6-2 所示。

表 6-2　C650 型卧式车床 PLC 控制输入/输出端分配表

输入信号			输出信号		
名　称	符号	PLC 输入端	名　称	符号	PLC 输出端
总停止按钮	SB1	X0	主轴电动机 M1 正转控制接触器	KM1	Y0
主轴电动机 M1 点动按钮	SB2	X1	主轴电动机 M1 反转控制接触器	KM2	Y1
主轴电动机 M1 正转启动按钮	SB3	X2	主轴电动机 M1 短接/限流接触器	KM3	Y2
主轴电动机 M1 反转启动按钮	SB4	X3	冷却泵电动机 M2 运行控制接触器	KM4	Y3

续表

输入信号			输出信号		
名　称	符号	PLC 输入端	名　称	符号	PLC 输出端
主轴电动机 M1 过载保护热继电器触点	FR1	X4	快速移动电动机 M3 运行控制接触器	KM5	Y4
冷却泵电动机 M2 启止按钮	SB5	X5	电流表短接/接入控制中间继电器	KA1	Y5
冷却泵电动机 M2 启动按钮	SB6	X6			
冷却泵电动机 M2 过载保护热继电器触点	FR2	X7			
快速移动电动机 M3 点动行程开关	SQ	X10			
速度继电器反转常开触点	KS-1	X11			
速度继电器正转常开触点	KS-2	X12			

根据输入/输出端总数，结合前面的设计说明，选用 FX2N-32MR 型 PLC 能够满足要求。

4. 绘制改造后的电气原理图及 PLC 的 I/O 端接线图

C650 型卧式车床电气原理图及 PLC 的 I/O 端接线图如图 6-2 所示。

5. 设计 PLC 控制梯形图

1)设计主轴电动机 M1 的控制梯形图

将主轴电动机控制梯形图分成以下几个控制环节来设计。

(1)主轴电动机 M1 点动调整控制。

按下点动按钮 SB2，应能使 X0 为 ON，输出继电器 Y0 线圈的逻辑回路导通，驱动接触器 KM1 得电，KM1 的主触点闭合，主轴电动机 M1 的正转电路接通，电动机转动。为保证主轴电动机 M1 能点动，此时 Y0 回路不设自锁。

(2)主轴电动机 M1 正反转控制。

以电动机正转控制为例来说明设计思路。

按下正转启动按钮 SB3，应使 X2 为 ON，输出继电器 Y2 线圈的逻辑回路导通并自锁，驱动接触器 KM3 得电，短接主电路中的限流电阻 R，同时使定时器 T0 开始计时，经过 5 s 后，T0 常开触点 ON，输出继电器 Y5 线圈的逻辑回路导通，使继电器 KA1 得电，KA1 常闭触点断开，电流表接入以监测主电路的电流。X2 为 ON，也驱动辅助继电器 M1 线圈得电并自锁，使输出继电器 Y0 的逻辑回路导通，并驱动接触器 KM1 得电，主轴电动机 M1 的正转电路接通，电动机正转。

反转运行控制与正转类似。

按下反转启动按钮 SB4，应使 X3 为 ON，输出继电器 Y2 线圈的逻辑回路导通并自锁，驱动接触器 KM3 得电，短接主电路中的限流电阻 R，并使定时器 T0 开始计时，让电流表经过一段时间后接入以监测主电路的电流。X3 为 ON，输出继电器 Y1 的逻辑回路导通，并驱动接触器 KM2 得电，主轴电动机 M1 的反转电路接通，电动机反转。

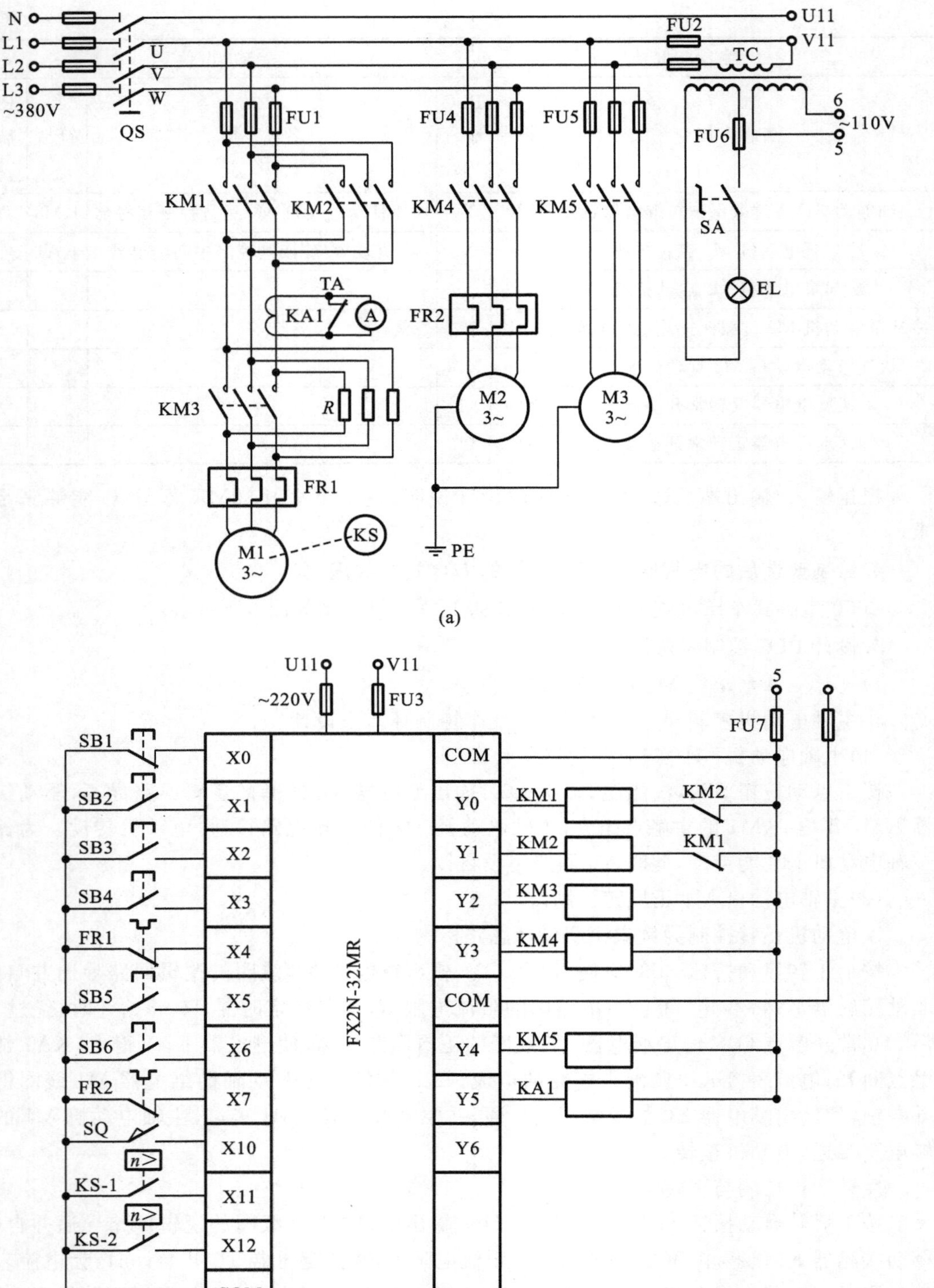

(a)

(b)

图 6-2 C650 型卧式车床电气原理图及 PLC 的 I/O 端接线图

（3）制动停车。

主轴电动机 M1 正转且转速达到 120 r/min 时，速度继电器的正转常开触点 KS-2 闭合，输出继电器 X12 为 ON，为主轴电动机 M1 正转反接制动停车做好准备。按下停止按钮 SB1，输入继电器 X0 为 OFF，使输出继电器 Y0、Y1、Y2 线圈回路断开。松开 SB1 后，X0 为 ON，由于此时 Y2 为 OFF，取反为 ON，所以辅助继电器 M3 逻辑回路导通，M3 的常开触点为 ON，使输出继电器 Y1 的逻辑回路导通，驱动 KM2 线圈得电，主电路反接，产生制动转矩，主轴电动机 M1 的转速降低，当转速低于一定速度后，正转常开触点 KS-2 断开，输出继电器 X12 为 OFF，辅助继电器 M3 的触点为 OFF，输出继电器 Y1 断开，接触器 KM2 断电，正转反接制动结束。

主轴电动机 M1 反转且转速达到 120 r/min 时，速度继电器的反转常开触点 KS-1 闭合，输出继电器 X11 为 ON，反转断电后，KM1 线圈通电实现反转反接制动。主轴电动机 M1 的转速下降后，反转常开触点 KS-1 断开，KM1 断开，反转反接制动结束。

综合上述分析，主轴电动机 M1 的控制梯形图如图 6-3 所示。

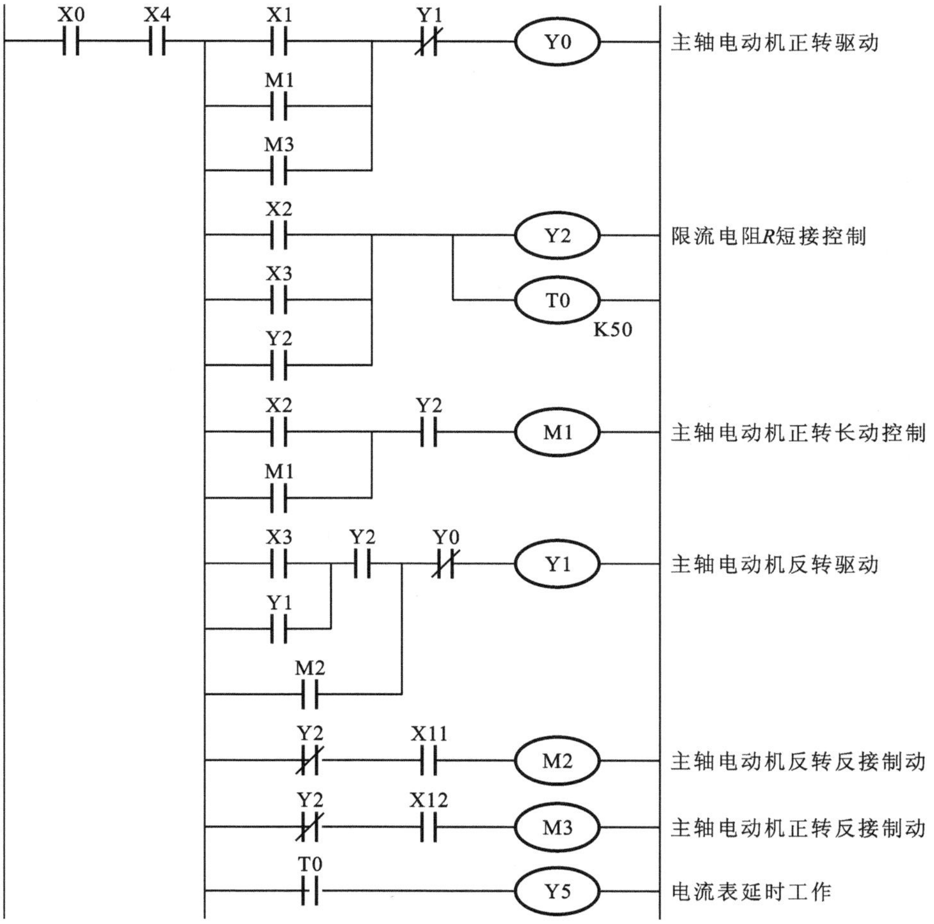

图 6-3　主轴电动机 M1 的控制梯形图

2)设计冷却泵电动机 M2 的控制梯形图

冷却泵电动机 M2 只需启、保、停控制,其梯形图如图 6-4 所示。

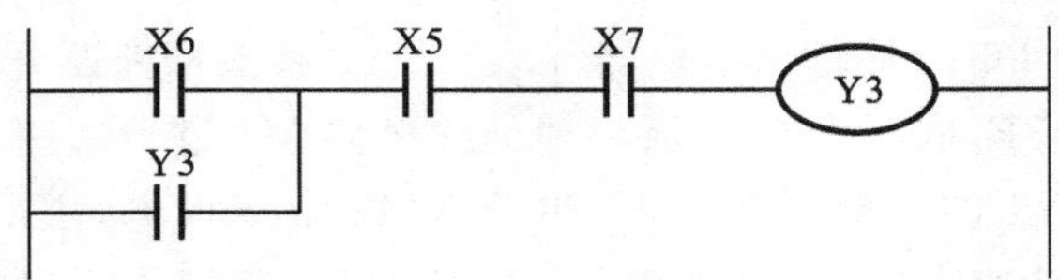

图 6-4　冷却泵电动机 M2 的控制梯形图

3)设计快速移动电动机 M3 的控制梯形图

快速移动电动机 M3 由手柄控制点动,其梯形图如图 6-5 所示。

图 6-5　快速移动电动机 M3 的控制梯形图

在上述控制梯形图的基础上,将各部分综合整理,设计出完整的控制梯形图,如图 6-6 所示。

6. 程序输入

将梯形图生成指令表如下,用指令表编写出相应的用户程序,用编程器进行程序的输入、调试,最后将无误的程序写入 PLC,投入现场使用。

```
0  LD X0
1  AND X4
2  MPS
3  LD X1
4  OR M1
5  OR M3
6  ANB
7  ANI Y1
8  OUT Y0
9  MRD
10 LD X2
11 OR X3
12 OR Y2
13 ANB
14 OUT Y2
15 OUT T0
        K50
18 MRD
19 LD X2
20 OR M1
21 ANB
22 AND Y2
23 OUT M1
24 MRD
25 LD X3
26 OR Y1
27 AND Y2
28 OR M2
29 ANB
30 ANI Y0
31 OUT Y1
32 MRD
33 ANI Y2
34 AND X11
35 OUT M2
36 MRD
37 ANI Y2
38 AND X12
39 OUT M3
40 MPP
41 AND T0
42 OUT Y5
43 LD X6
44 OR Y3
45 AND X5
46 AND X7
47 OUT Y3
48 LD X10
49 OUT Y4
50 END
```

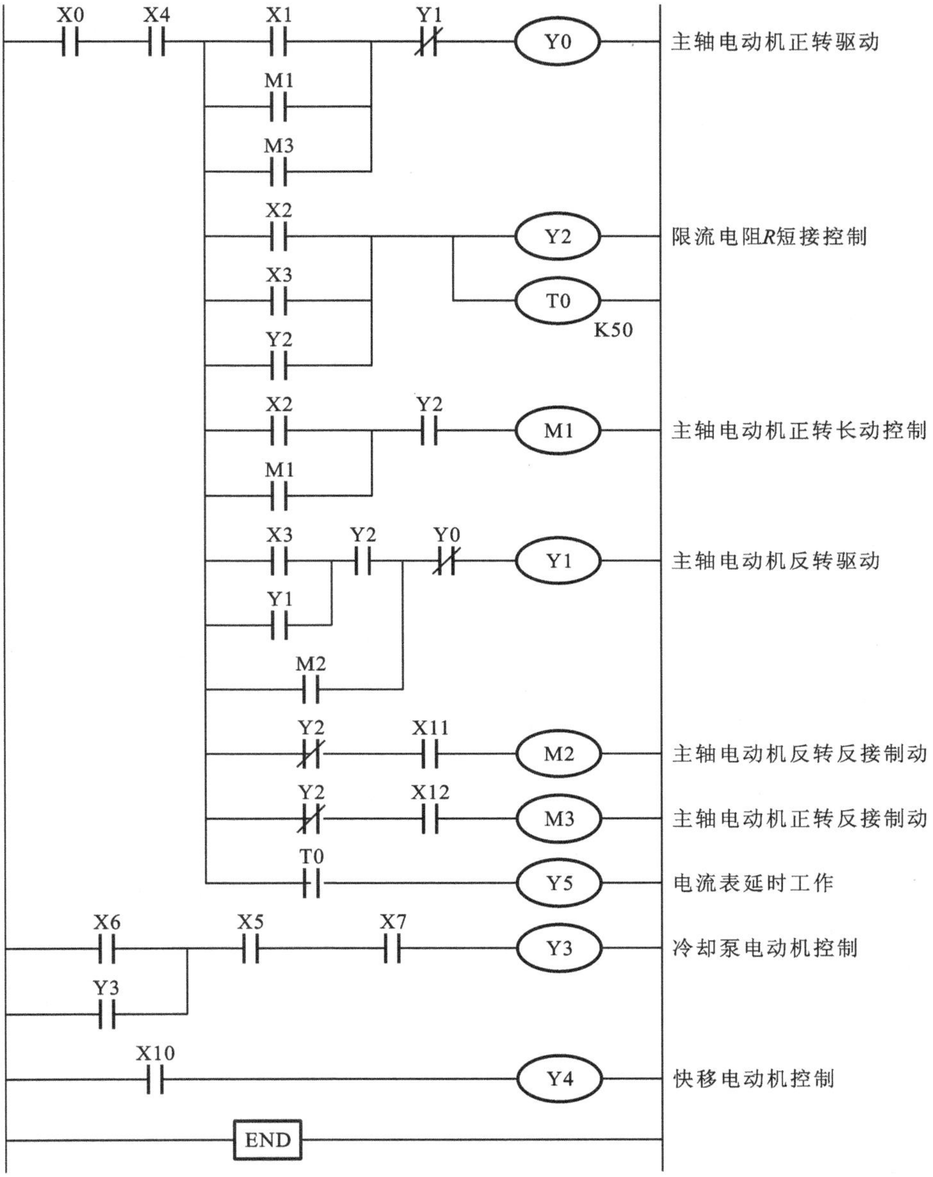

图 6-6　C650 型卧式车床的 PLC 控制梯形图

6.2.2　M7130 型卧轴矩台平面磨床的 PLC 控制技术改造

1. 确定电力拖动要求

分析阅读图 5-4 所示 M7130 型卧轴矩台平面磨床的电气控制电路，确定 M7130 型卧轴矩台磨床的控制要求（见表 6-3）。

表 6-3　M7130 型卧轴矩台平面磨床控制要求

名称及代号	作　　用	控 制 要 求
砂轮电动机 M1	拖动砂轮旋转运动	直接启动、停止，单向连续运转控制，与电磁吸盘有联锁
冷却泵电动机 M2	拖动冷却泵 输送冷却液	直接启动、停止，单向连续运转控制，可与砂轮电动机同时工作、同时停止
液压泵电动机 M3	拖动液压泵为液压系统输出液压油	直接启动、停止，单向连续运转控制，与电磁吸盘有联锁
电磁吸盘	吸持工件	有退磁电路，同时，为防止在磨削加工时因电磁吸盘吸力不足而造成工件飞出，还要求有弱磁保护环节

2. 改造电路设计与说明

(1)改造时要考虑保证原有的控制功能不变，并尽量保留原有的电气元件，不添加新元件。

(2)用 PLC 改造 M7130 型卧轴矩台平面磨床控制电路时，照明电路不用改造，欠电流继电器回路和电磁吸盘控制回路依然保存。

(3)选用三菱 FX2N 系列 PLC，采用继电器输出方式，不同类型的负载使用不同的输出端口。

(4)有三挡位置的转换开关 SA1，只作为主令电器，不直接接通电磁吸盘电路，而采用接触器 KM4、KM5 的触点来接通或者断开电磁吸盘的充磁、退磁电路，避免转换开关触点开闭时容易产生火花的缺点。退磁时间利用 PLC 的定时器来控制，这样对于不同工件的剩磁控制更准确，时间调整也比较容易。

(5)冷却泵电动机用接触器 KM3 来替代接插件 X1，用 SB5、SB6 作为冷却泵电动机的停止及启动按钮。

(6)需要注意的是，FX2N 系列 PLC 输出回路外部电源最高为 AC 250 V，应该把 380 V 接触器线圈电压更换为 220 V 的线圈。

(7)热继电器的触点 FR1、FR2 不与 PLC 的输入端连接，而是直接将触点串接在 PLC 输出端所接线圈与电源的电路之间，即只采用硬件进行过载保护，一旦主轴电动机或液压泵电动机中的任意一台过载，热继电器触点断开电路，使三台电动机都能停止运行，进行过载保护。接入输入端的各电器元件的常开触点、常闭触点应尽量保持与改造前一致。不需要单独提供电源，其信号所需电源由 PLC 内部提供。

3. 确定 I/O 点数

M7130 型卧轴矩台平面磨床 PLC 控制输入/输出端分配表如表 6-4 所示。

表 6-4　M7130 型卧轴矩台平面磨床 PLC 控制输入/输出端分配表

输 入 信 号			输 出 信 号		
名　　称	代号	PLC 输入端	名　　称	代号	PLC 输出端
欠电流继电器触点	KA	X0	砂轮电动机 M1 控制接触器	KM1	Y0

续表

输入信号			输出信号		
名　　称	代号	PLC 输入端	名　　称	代号	PLC 输出端
砂轮电动机 M1 停止按钮	SB1	X1	液压泵电动机 M2 控制接触器	KM2	Y1
砂轮电动机 M1 启动按钮	SB2	X2	冷却泵电动机 M3 控制接触器	KM3	Y2
液压泵电动机 M3 停止按钮	SB3	X3	电磁吸盘充磁控制接触器	KM4	Y3
液压泵电动机 M3 启动按钮	SB4	X4	电磁吸盘退磁控制接触器	KM5	Y4
冷却泵电动机 M2 停止按钮	SB5	X5			
冷却泵电动机 M2 启动按钮	SB6	X6			
电磁吸盘充磁控制触点	SA1-1	X7			
电磁吸盘退磁控制触点	SA1-2	X10			
砂轮调整控制触点	SA1-3	X11			

根据输入/输出端总数，结合前面的设计说明，选用 FX2N-32MR 型 PLC 能够满足要求。

4. 绘制改造后的电气控制电路及 PLC 的 I/O 端接线图

电气控制电路及 PLC 的 I/O 端接线图如图 6-7 所示。

5. 设计 PLC 控制梯形图

1）电磁吸盘充磁退磁控制

转换开关 SA1 转到充磁挡，SA1-1 触点闭合时，应使输入继电器 X7 为 ON，输出继电器 Y3 所在逻辑回路导通，输出继电器 Y3 为 ON，使接触器 KM4 线圈得电，其常开触点闭合，从而接通电磁吸盘和欠电流继电器线圈充磁电路，电磁吸盘上产生的电磁力用来夹紧工件。工件加工完毕，取下工件时，将转换开关 SA1 转到退磁挡，SA1-2 触点闭合，此时应使输入继电器 X10 为 ON，驱动输出继电器 Y4 所在逻辑回路导通，输出继电器 Y4 为 ON，使接触器 KM5 线圈得电，其常开触点闭合，从而接通电磁吸盘和欠电流继电器线圈及 $R2$ 所构成的退磁电路，此时由于通电方向与充磁时的通电方向相反，产生退磁效果。退磁的同时，要使 PLC 内的定时器 T0 开始计时，计时时间到，则使 T0 的常闭触点断开，断开输出继电器 Y4 的逻辑回路，使输出继电器 Y4 为 OFF，接触器 KM5 断电，结束退磁过程。充磁与退磁电路不能同时接通，输出继电器 Y3、Y4 逻辑回路中应设有互锁环节。电磁吸盘的控制梯形图如图 6-8 所示。

改造中增加了计时器，可以根据不同材料的零件的需要来更改退磁时间，避免了改造前由操作工人掌握退磁时间不够准确的不足。

2）设计砂轮电动机、液压泵电动机启动联锁环节

砂轮电动机 M1、液压泵电动机 M2 启动的条件以辅助继电器 M10 来记载，以便于电动机 M1、M2 的启停控制。为了保证工件被夹紧后，砂轮才能启动，需监测欠电流继电器 KA 的触点状态，KA 的触点闭合，X0 为 ON，驱动辅助继电器 M10 的逻辑回路接通，Y3 同时为 ON，且不是退磁状态，即 Y4 取反时，砂轮电动机、液压泵电动机才能启动；当对砂轮电动机

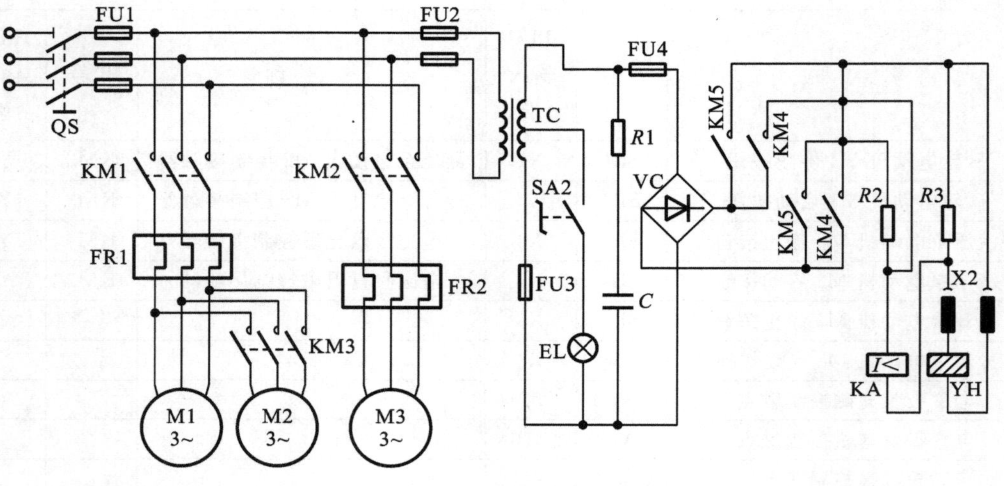

(a)

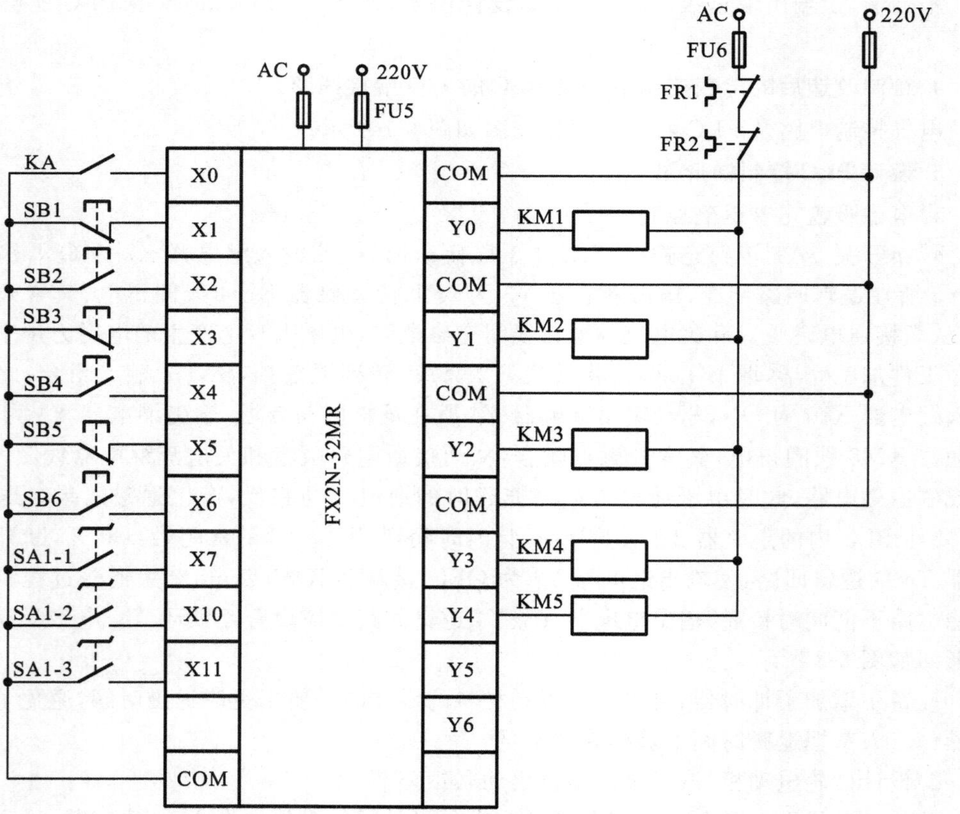

(b)

图 6-7　M7130 型卧轴矩台平面磨床电气控制电路及 PLC 的 I/O 端接线图

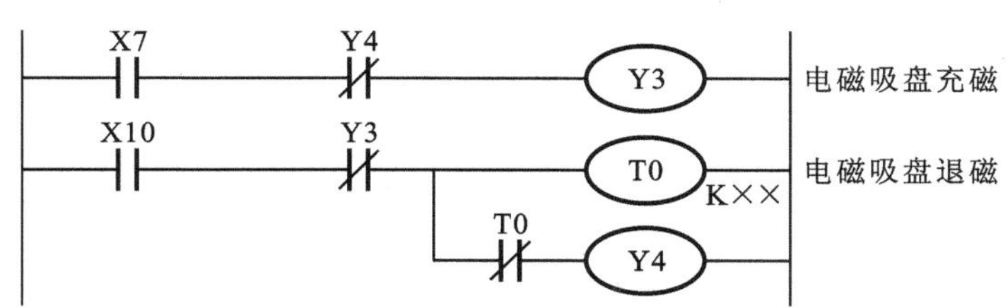

图 6-8　电磁吸盘的控制梯形图

进行调整时，SA1 转到调整挡，SA1-3 触点闭合，X11 为 ON，驱动辅助继电器 M10 的逻辑回路接通时，砂轮电动机、液压泵电动机才能启动。M7130 型卧轴矩台平面磨床启动联锁状态的 PLC 控制梯形图如图 6-9 所示。

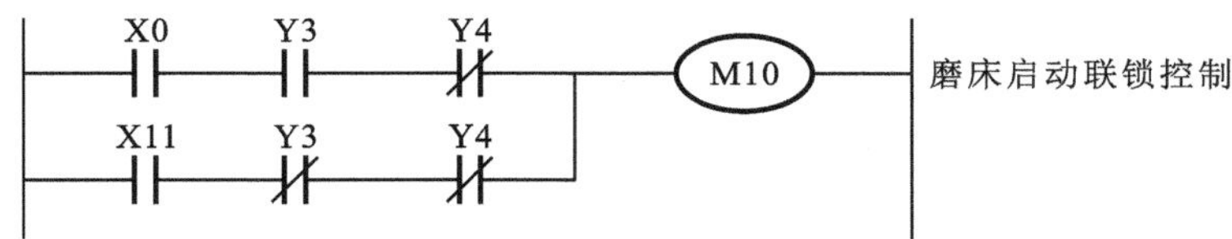

图 6-9　M7130 型卧轴矩台平面磨床启动联锁状态的 PLC 控制梯形图

在上述梯形图的基础上，将各部分综合整理，修改完善，去掉重复项，设计出完整的 M7130 型卧轴矩台平面磨床的 PLC 控制梯形图如图 6-10 所示。

6. 程序输入

将梯形图生成指令表，用指令表编写出相应的用户程序，用编程器进行程序的输入、调试，最后将无误的程序写入 PLC，投入现场使用。

6.2.3　Z3040 型摇臂钻床的 PLC 控制技术改造

1. 确定电力拖动要求

分析阅读图 5-8 所示 Z3040 型摇臂钻床的电气控制电路，确定 Z3040 型摇臂钻床的控制要求（见表 6-5）。

表 6-5　Z3040 型摇臂钻床的控制要求

电动机名称及代号	作　　用	控 制 要 求
主轴电动机 M1	拖动主轴钻削及进给运动	直接启动、停止，单向连续运转控制
摇臂升降电动机 M2	拖动摇臂升降	正反转控制，通过机械和电气液压联合控制
夹紧机构液压系统液压泵电动机 M3	拖动液压泵供给压力油，采用液压传动使内、外立柱及主轴箱与摇臂夹紧与放松	正反转控制，通过液压装置和电气联合控制
冷却泵电动机 M4	拖动冷却泵输送冷却液	直接启动、停止，单向连续运转控制

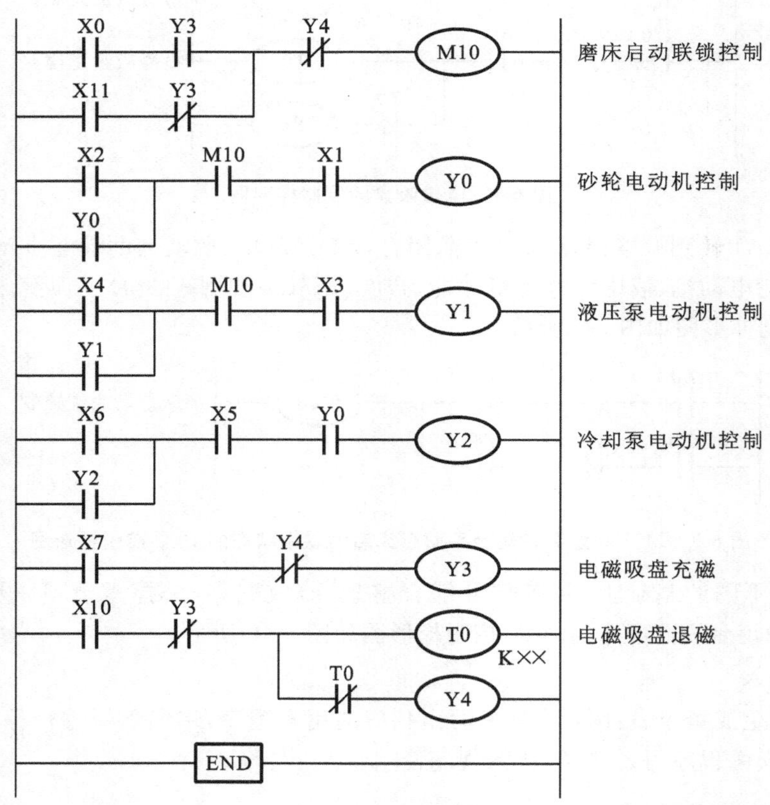

图 6-10　M7130 型卧轴矩台平面磨床的 PLC 控制梯形图

2. 改造电路设计与说明

(1)改造时要考虑保证原有的控制功能不变,并尽量保留原有的电气元件,不添加新元件。

(2)选用三菱 FX2N 系列 PLC,采用继电器输出方式,不同电源类型的负载,使用不同的输出端口。

(3)采用辅助继电器 M0 来表示钻床升、降状态,使程序中的逻辑关系更清楚。

(4)PLC 中没有断电延时时间继电器,只有积算型定时器和非积算型定时器,因此不能直接用 PLC 的定时器来代替断电延时时间继电器,本例中采用脉冲下降沿触发方式来解决断电延时时间继电器的改造问题。

(5)所有按钮均采用常开触点按钮,并接入 PLC 输入端,而热继电器和极限位置保护行程开关仍采用常闭触点作为输入信号接入 PLC 输入端。

(6)照明电路不做改造,指示灯电路采用 PLC 控制。

(7)冷却泵电动机容量较小,电路不做改造,直接由转换开关控制其启动和停止。

3. 确定 I/O 点数

Z3040 型摇臂钻床 PLC 控制输入/输出端分配表如表 6-6 所示。

表 6-6　Z3040 型摇臂钻床 PLC 控制输入/输出端分配表

输入信号			输出信号		
名　　称	代号	PLC 输入端	名　　称	代号	PLC 输出端
主轴电动机 M1 停止按钮	SB1	X0	主轴电动机 M1 控制接触器	KM1	Y0
主轴电动机 M1 启动按钮	SB2	X1	摇臂上升控制接触器	KM2	Y1
摇臂上升启动按钮	SB3	X2	摇臂下降控制接触器	KM3	Y2
摇臂下降启动按钮	SB4	X3	主轴箱、立柱、摇臂松开控制接触器	KM4	Y4
主轴箱、立柱松开按钮	SB5	X4	主轴箱、立柱、摇臂夹紧控制接触器	KM5	Y5
主轴箱、立柱夹紧按钮	SB6	X5	主轴箱、立柱、摇臂夹紧、松开二位二通电磁阀电磁铁	YA	Y6
摇臂上限位行程开关	SQ1	X6	主轴箱、立柱松开状态指示灯	HL1	Y10
摇臂放松行程开关	SQ2	X7	主轴箱、立柱夹紧状态指示灯	HL2	Y11
摇臂夹紧行程开关	SQ3	X10	主电路工作状态指示灯	HL3	Y12
主轴箱、立柱夹紧、放松行程开关	SQ4	X11			
摇臂下限位行程开关	SQ5	X12			
主轴电动机 M1 过载保护热继电器触点	FR1	X13			
液压泵电动机 M3 过载保护热继电器触点	FR2	X14			

根据输入/输出端总数，结合前面的设计说明，选用 FX2N-32MR 型 PLC 能够满足要求。

4. 绘制改造后的电气控制电路及 PLC 的 I/O 端接线图

Z3040 型摇臂钻床的电气控制电路及 PLC 的 I/O 端接线图如图 6-11 所示。

5. 设计 PLC 控制梯形图

1）主轴电动机 M1 控制梯形图设计

除设计主轴电动机启停控制外，还要考虑主轴电动机启动应在主轴箱、立柱已夹紧的状态下的联锁条件。主轴电动机 M1 的控制梯形图如图 6-12 所示。

2）摇臂升降控制梯形图设计

摇臂升降过程是按松开→升降→夹紧顺序进行的，升降控制要与夹紧机构液压系统控制紧密配合。按动作顺序要求设计如图 6-13 所示的控制梯形图。

以摇臂上升为例说明设计思路。

（1）按下上升按钮 SB3，首先应使夹紧机构液压系统驱动放松摇臂，即按下按钮 SB3（输入继电器 X2 为 ON），要驱动输出继电器 Y6 的逻辑回路接通，使电磁铁 YA 得电，同时驱动输出继电器 Y4 的逻辑回路接通，使接触器 KM4 线圈得电，接触器 KM4 的主触点闭合，液压泵电动机 M3 正转，从而使液压机构驱动摇臂放松。采用辅助继电器 M0 来表示钻床的升降状态，更利于明确逻辑关系，便于编程。图 6-13 中还需考虑摇臂放松与夹紧控制的互锁环节。

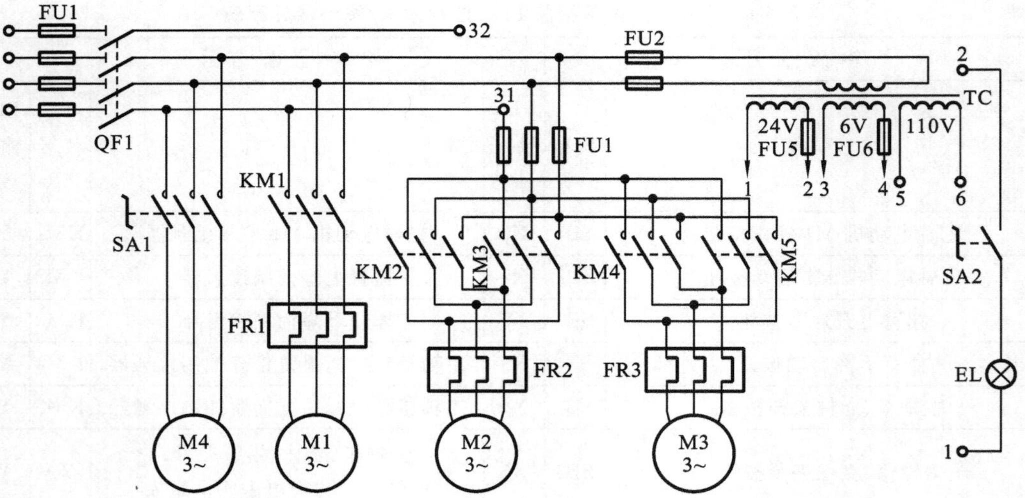

(a)

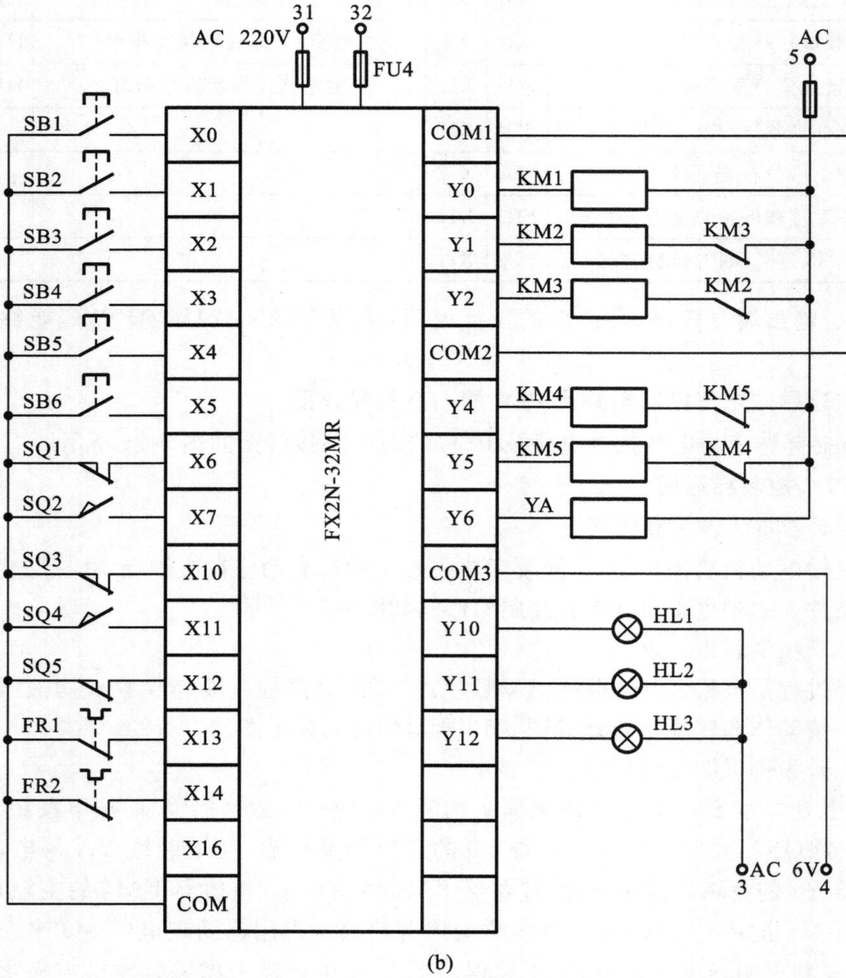

(b)

图 6-11　Z3040 型摇臂钻床的电气控制电路及 PLC 的 I/O 端接线图

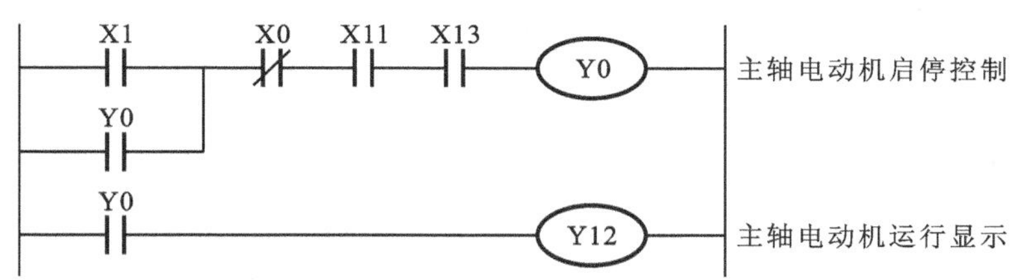

图 6-12　主轴电动机 M1 的控制梯形图

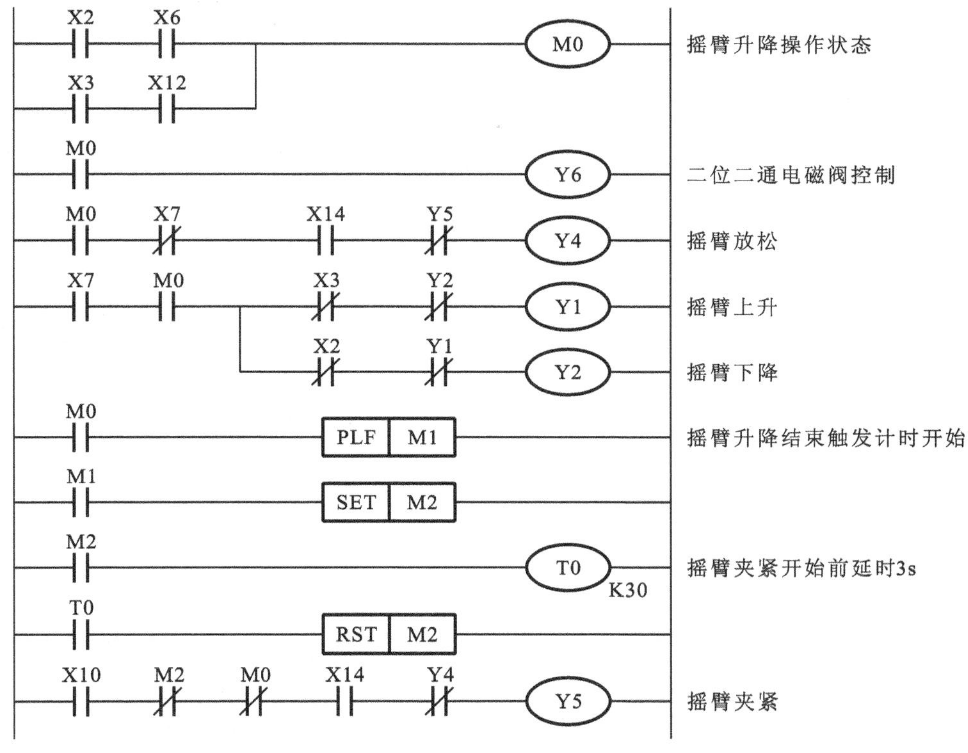

图 6-13　摇臂升降的控制梯形图

所设计摇臂上升操作控制梯形图逻辑关系如下：按下按钮 SB3，则输入继电器 X2 为 ON，驱动辅助继电器 M0 的逻辑回路接通，M0 常开触点为 ON，驱动输出继电器 Y6 的逻辑回路接通，电磁铁 YA 得电；M0 为 ON，摇臂未放松到位，输出继电器 X7 取反为 ON，输出继电器 Y5、Y4 构成互锁关系，Y5 取反为 ON，则 Y4 的逻辑回路接通，接触器 KM4 线圈得电，实现上述放松摇臂的控制。

(2)摇臂放松到位后，压下行程开关 SQ2，应控制摇臂电动机 M2 正转，驱动摇臂上升。梯形图中此逻辑行还要考虑摇臂的升降，即摇臂电动机 M2 正转与反转控制的互锁关系。

所设计的控制梯形图逻辑关系如下：摇臂放松至压下行程开关 SQ2，则输入继电器 X7 为 ON，辅助继电器 M0 为 ON，输入继电器 X2、X3 构成互锁关系，输入继电器 X2 为 ON 时，输出继电器 Y2 回路不导通，输入继电器 X3 取反为 ON，Y2 取反为 ON，驱动输出继电器 Y1 的逻辑回路接通，使 KM2 线圈得电。

(3)到达一定位置后，松开按钮 SB3(输入继电器 X2 为 OFF)，摇臂上升停止，延时 3 s

待摇臂停稳后，使KM5线圈得电，液压泵电动机M3反转，摇臂夹紧。

所设计的控制梯形图逻辑关系如下：松开按钮SB3，输入继电器X2为OFF，辅助继电器M0线圈断电，M0为OFF，输出继电器Y6、Y4、Y1、Y2均断电为OFF，辅助继电器M0的下降沿同时触发定时器T0计时开始，并用辅助继电器M2表示计时状态，经过3 s后，计时状态结束，T0为ON，辅助继电器M2取反为ON，且摇臂处于放松状态，行程开关SQ3闭合，输入继电器X10为ON，上升状态结束，辅助继电器M0取反为ON，则输出继电器Y5的逻辑电路接通，接触器KM5线圈得电。

(4)夹紧后行程开关SQ3断开，输入继电器X10为OFF，输出继电器Y5断电为OFF，接触器KM5线圈失电，液压泵电动机M3停止，夹紧操作结束。

摇臂下降时的控制过程与上升相似，下降启动按钮SB4按下后(输入继电器X3为ON)，首先要使辅助继电器M0的逻辑回路接通，M0为ON状态来驱动输出继电器Y6、Y4的逻辑回路接通，实现放松摇臂的控制，继而通过行程开关SQ2结束放松，并驱动输出继电器Y2的逻辑回路接通，使接触器KM3线圈得电，摇臂电动机M2反转，摇臂下降，松开按钮SB4(输入继电器X3为OFF)后，延时夹紧摇臂的控制设计思路与上升时相同。

3)主轴箱、立柱放松夹紧控制梯形图设计

按下主轴箱、立柱松开按钮SB5或夹紧按钮SB6，应使输出继电器Y6断电，电磁铁YA失电，同时能使液压泵电动机M3正转或反转，给液压系统供给不同方向的液压油，驱动主轴箱、立柱放松或夹紧，并通过行程开关SQ4控制松开、夹紧指示灯的亮灭。主轴箱、立柱夹紧放松的控制梯形图如图6-14所示。

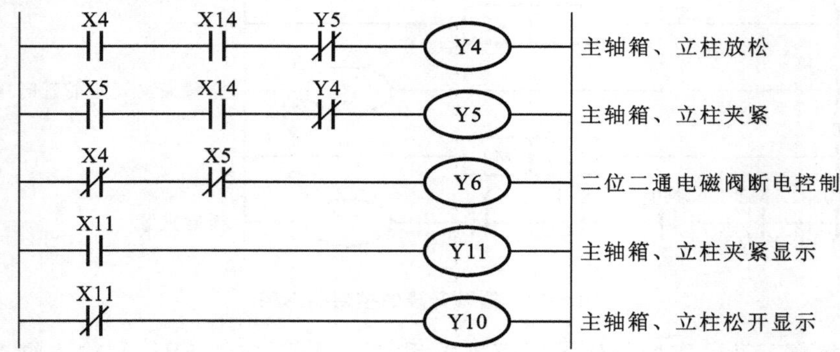

图6-14　主轴箱、立柱夹紧放松的控制梯形图

在上述梯形图的基础上，将各部分综合整理，修改完善，去掉重复项，设计出完整的Z3040型摇臂钻床的控制梯形图，如图6-15所示。

6. 程序输入

将梯形图生成指令表，用指令表编写出相应的用户程序，用编程器进行程序的输入、调试，最后将无误的程序写入PLC，投入现场使用。

6.2.4　T68型卧式镗床PLC控制技术改造

1. 确定电力拖动要求

分析阅读图5-6所示T68型卧式镗床的电气控制电路，确定T68型卧式镗床的控制要

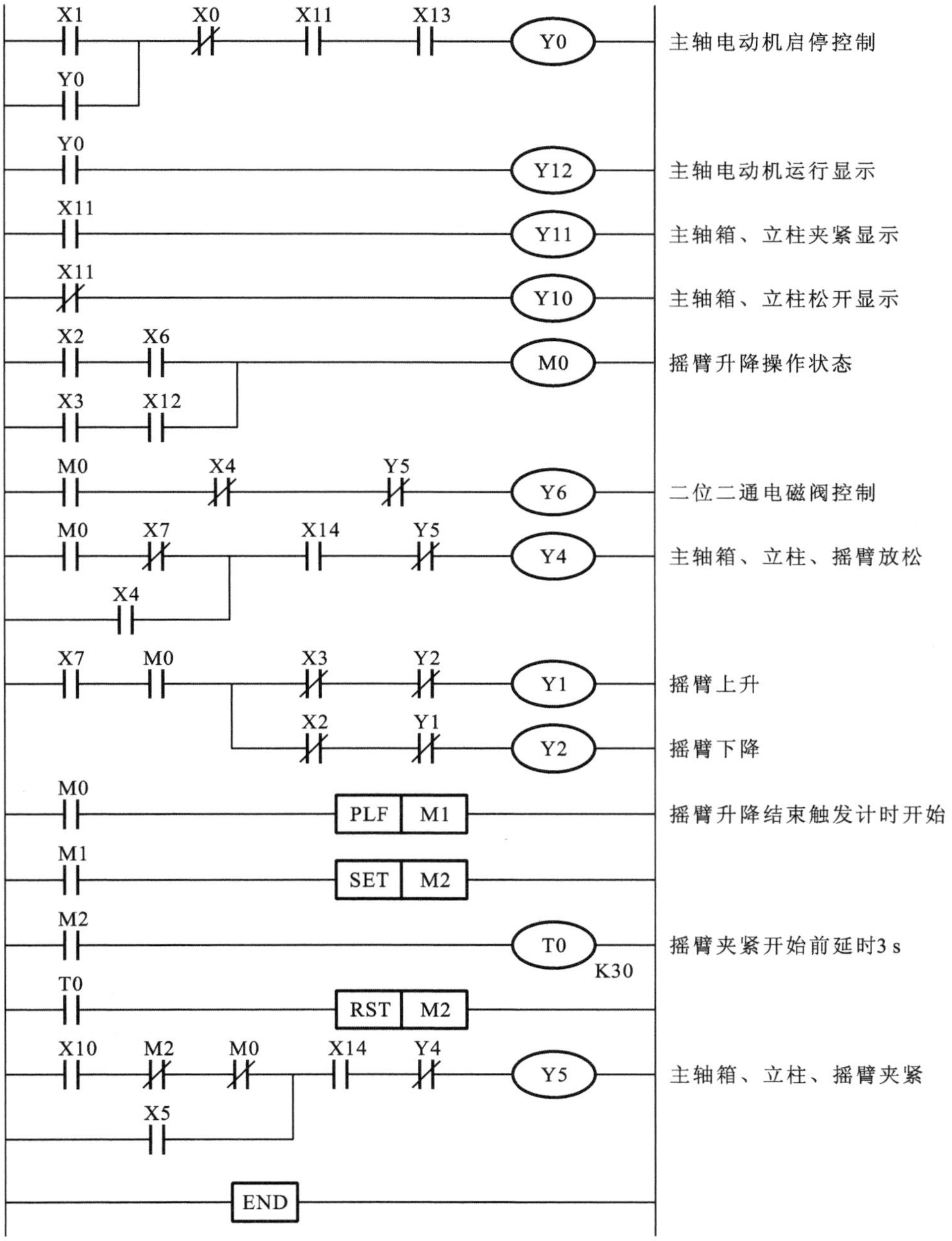

图 6-15　Z3040 型摇臂钻床的控制梯形图

求(见表 6-7)。

表 6-7　T68 型卧式镗床控制要求

电动机名称及代号	作　用	控制要求
主轴电动机 M1	拖动主运动(主轴的旋转和平旋盘的旋转)与进给运动(镗轴的轴向进给,平旋盘上刀具的径向进给及主轴箱的垂直进给)	(1)采用△-YY 双速电动机,实现恒功率高、低调速电气调速。低速时,将定子绕组接成△形;高速时,将定子绕组接成 YY 形,高低速转换由操作变速手柄压下行程开关控制。 (2)可正反两个方向连续、点动旋转。 (3)采用反接制动实现快速停车。 (4)为限制电动机启动、制动电流,点动、制动时定子串入限流电阻。 (5)主轴变速、进给变速时有变速冲动环节,采用速度继电器及行程开关控制共同完成变速冲动,变速冲动时主轴电动机 M1 可获得瞬时点动,以利于齿轮进入正确的啮合状态
快速移动电动机 M2	拖动各进给部件快速移动	正反转点动控制

2. 改造电路设计与说明

(1)改造时要保证原有的控制功能不变,并尽量保留原有的电气元件,不添加新元件。

(2)选用三菱 FX2N 系列 PLC,采用继电器输出方式,不同类型的负载,使用不同的输出端口。接触器线圈负载电源为 110 V。

(3)启动按钮、行程开关均采用常开触点,接入 PLC 输入端,而热继电器 FR、速度继电器停转闭合触点 KS-3 仍采用常闭触点,接入 PLC 输入端。

(4)速度继电器的正转、反转用常开触点 KS-2、KS-1 接入 PLC 输入端,控制反接制动,常闭触点 KS-3 接入 PLC 输入端,控制主运动与进给变速冲动。

(5)改造时,将原有的中间继电器 KA1、KA2 用辅助继电器 M11、M12 代替,时间继电器 KT 用定时器 T0 代替,减少了电气元件,简化了控制电路。

(6)主电路、照明电路、指示电路不做改造。

(7)改造时,利用辅助继电器 M13 表示反转反接制动状态,M14 表示正转反接制动状态,M15 表示变速冲动调整状态,有利于明确逻辑关系,简化梯形图,便于控制程序的调试。

3. 确定 I/O 点数

T68 型卧式镗床 PLC 控制输入/输出端分配表如表 6-8 所示。

表 6-8　T68 型卧式镗床 PLC 控制输入/输出端分配表

输入信号			输出信号		
名　称	代号	PLC 输入端	名　称	代号	PLC 输出端
主轴电动机 M1 正转长动按钮	SB1	X0	主轴电动机 M1 正转控制接触器	KM1	Y0

续表

输入信号			输出信号		
名　　称	代号	PLC 输入端	名　　称	代号	PLC 输出端
主轴电动机 M1 反转长动按钮	SB2	X1	主轴电动机 M1 反转控制接触器	KM2	Y1
主轴电动机 M1 正转点动按钮	SB3	X2	限流电阻短接接触器	KM3	Y2
主轴电动机 M1 反转点动按钮	SB4	X3	快速移动电动机 M2 正转接触器	KM4	Y3
主轴电动机停止按钮	SB5	X4	快速移动电动机 M2 反转接触器	KM5	Y4
主轴变速用行程开关	SQ1	X5	主轴电动机 M1 定子绕组△形连接接触器	KM6	Y5
主轴变速用行程开关	SQ2	X6	主轴电动机 M1 定子绕组YY 形连接接触器	KM7	Y6
进给变速用行程开关	SQ3	X7	主轴电动机 M1 定子绕组YY 形连接接触器	KM8	Y7
进给变速用行程开关	SQ4	X10			
高低速转换行程开关	SQ	X11			
工作台与镗头架进给用行程开关	SQ5	X12			
平旋盘刀架与主轴进给用行程开关	SQ6	X13			
快速移动电动机 M2 正转行程开关	SQ7	X14			
快速移动电动机 M2 反转行程开关	SQ8	X15			
速度继电器反转触点	KS-1	X16			
速度继电器正转触点	KS-2	X17			
速度继电器停转触点	KS-3	X20			
热继电器触点	FR1	X21			

根据输入/输出端总数，结合前面的设计说明，选用 FX2N-48MR 型 PLC 能够满足要求。

4. 绘制改造后的电气控制电路及 PLC 的 I/O 端接线图

T68 型卧式镗床电气控制电路及 PLC 的 I/O 端接线图如图 6-16 所示。

5. 设计 PLC 控制梯形图

1）主轴电机控制梯形图设计

T68 型镗床主轴电动机控制要求较复杂，将其分为以下几个环节来设计。

（1）主轴电动机正反转点动与连续运行控制。

主轴电动机正转点动与连续运行都要使接触器 KM1 线圈得电，反转点动与连续运行都要使接触器 KM2 线圈得电，而连续运行需自锁环节，点动时不需要自锁，为了便于控制，将电动机的正反转连续运行状态用辅助继电器 M11、M12 表示。主轴电动机正反转点动与连续运行控制梯形图如图 6-17 所示。

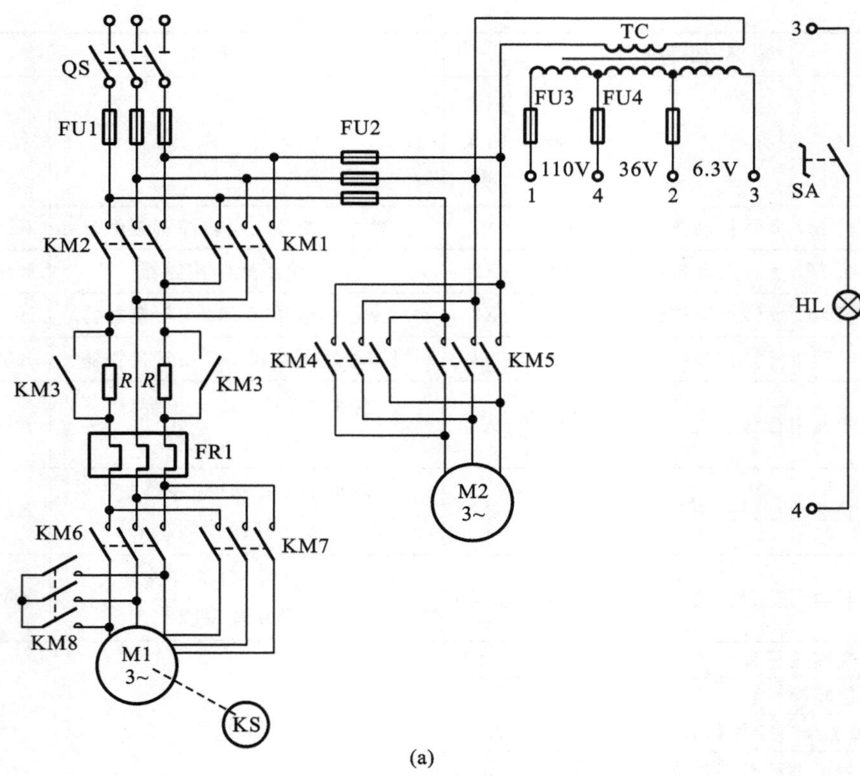

(a)

图 6-16 T68 型镗床电气控制电路及 PLC 的 I/O 端接线图

(2)主轴电动机高、低速变速运行控制。

主轴电动机为一台 4/2 极双速电动机，通过操作高、低速选择手柄，可进行△-YY 变极调速，选择低、高速运行。可预先将选择手柄置于“高”挡或置于“低”挡，选择所需转速。低速运行时，需使接触器 KM1(或 KM2)、KM3、KM6 线圈得电，电动机定子绕组接成△形；高速运行时，先低速启动，经过延时后再切换为高速，此时，需使接触器 KM1(或 KM2)、KM3、KM7、KM8 线圈得电，电动机定子绕组接成 YY 形。主轴电动机高、低速变速控制梯形图如图 6-18 所示。

下面以选择手柄置于“高”挡，主轴电动机低速正转启动后变为高速正转运行为例，说明所设计的梯形图的逻辑关系。

选择手柄置“高”挡，行程开关 SQ 闭合，则输入继电器 X11 为 ON，按下正转长动按钮 SB1，则输入继电器 X0 为 ON，辅助继电器 M11 为 ON 并自锁，M11 常开触点为 ON，则定时器 T0 开始计时，同时输出继电器 Y2 逻辑回路接通，接触器 KM3 线圈得电，输出继电器 Y0 逻辑回路接通，接触器 KM1 线圈得电，Y0 为 ON，也使输出继电器 Y5 逻辑回路接通，接触器 KM6 线圈得电，使电动机定子绕组接成△形，进行低速运转。当 T0 计时时间到，其常闭触点为 OFF，断开输出继电器 Y5 逻辑回路，接触器 KM6 线圈失电，同时 T0 常开触点为 ON，接通输出继电器 Y6、Y7 逻辑回路，使接触器 KM7、KM8 线圈得电。即接触器 KM3、KM1、KM7、KM8 线圈同时为得电状态，四个接触器主触点同时闭合，电动机定子绕组接成 YY 形，电动机进行高速运转。

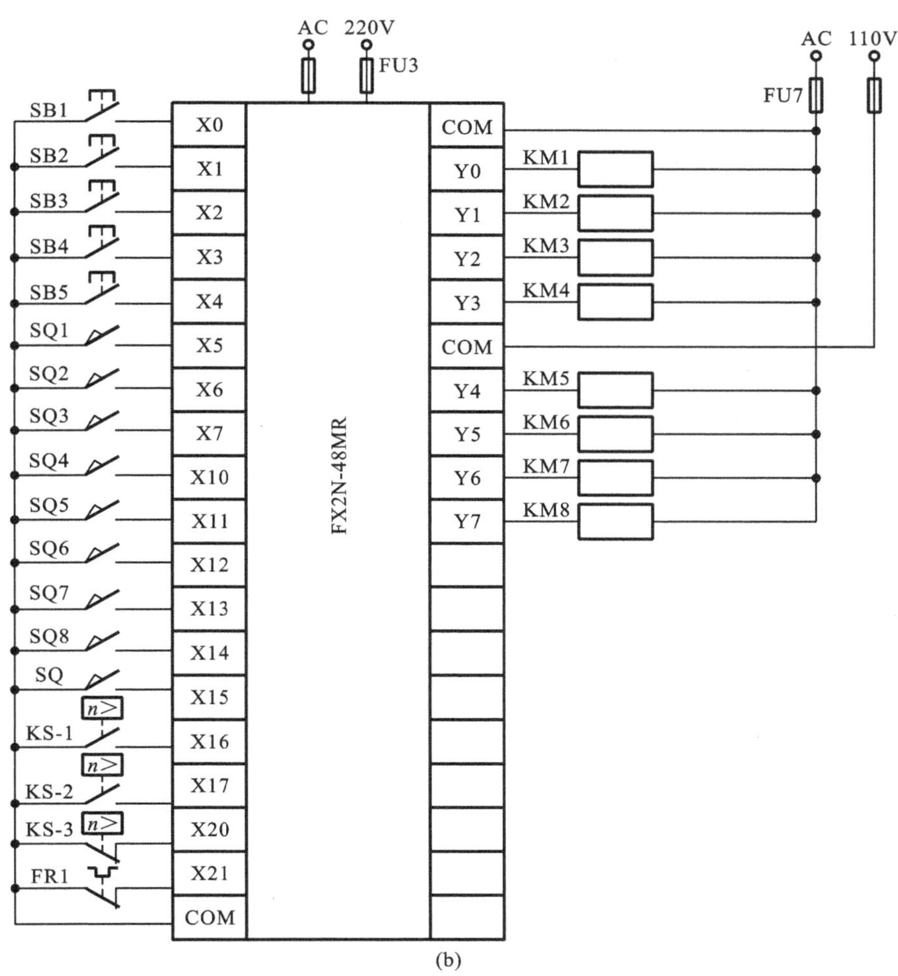

(b)

续图 6-16

同样，在反转时先使 PLC 元件 X1、M12、Y2、Y1、Y5 为 ON，使接触器 KM2、KM3、KM6 线圈得电，主触点闭合，定子绕组接成△形，电动机低速运转；将选择手柄置于“高”挡时，行程开关 SQ 闭合时，T0 计时开始，延时 6 s 后，由 T0 的常闭触点断开输出继电器 Y5，T0 的常开触点接通输出继电器 Y6、Y7，使接触器 KM2、KM3、KM7、KM8 线圈得电，主触点闭合，定子绕组接成 YY 形，电动机高速反转。

(3)主轴电动机正反转反接制动控制。

为了使程序中的逻辑关系更加清楚且便于控制，将电动机的正反转反接制动状态分别用辅助继电器 M14、M13 表示。主轴电动机正反转反接制动控制梯形图如图 6-19 所示。

下面以主轴电动机正转反接制动为例说明逻辑关系。

当电动机正转运行时，速度继电器正转触点接通，输入继电器 X17 为 ON，正转反接制动时，按下停止按钮 SB5，输入继电器 X4 为 ON，辅助继电器 M14 逻辑回路接通并自锁，M14 常开触点为 ON，使输出继电器 Y1 为 ON，接触器 KM2 线圈得电，这时输入继电器 X4 常闭触点也取反，按钮 SB5 为 OFF，使输出继电器 Y0 为 OFF，接触器 KM1 线圈断电，电动

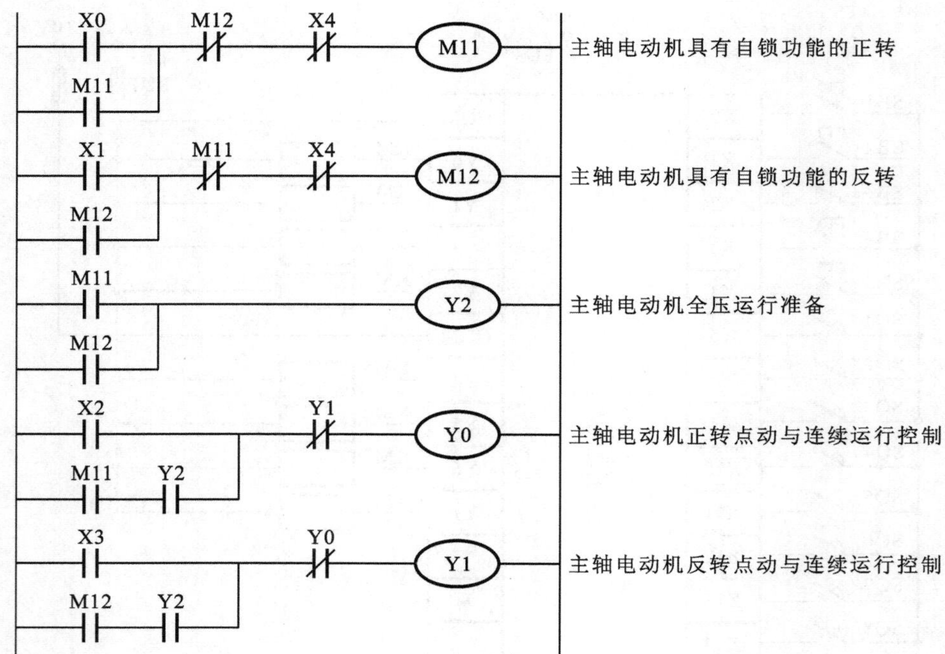

图 6-17 主轴电动机正反转点动与连续运行控制梯形图

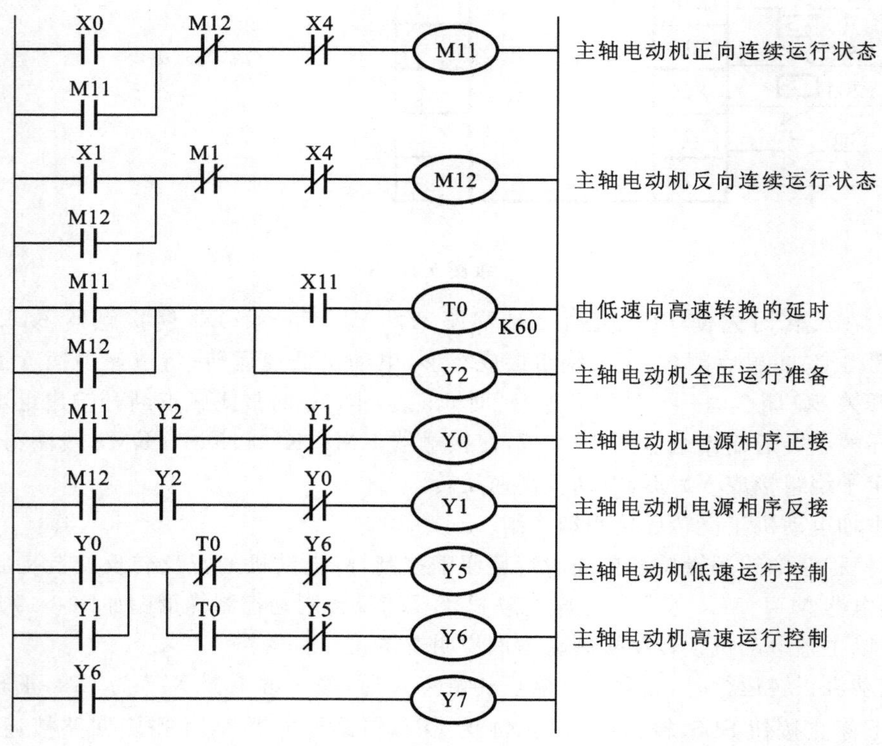

图 6-18 主轴电动机高、低速变速运行控制梯形图

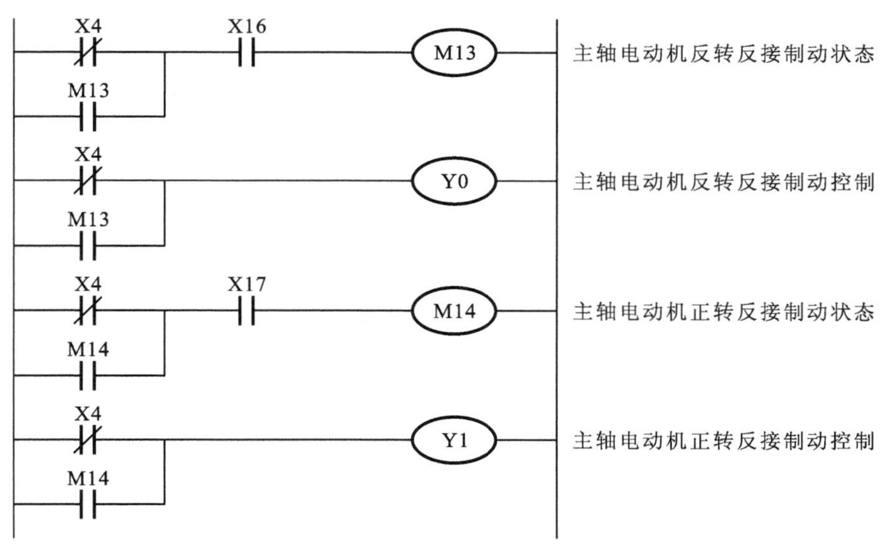

图 6-19　主电动机正反转反接制动控制梯形图

机进行反接制动。制动使电动机正转转速降低到一定值时，速度继电器正转触点断开，输入继电器 X17 为 OFF，则 Y1 断电，接触器 KM2 线圈断电，主轴电动机正转反接制动结束。

反转反接制动与正转反接制动相类似，电动机反转时，速度继电器反转触点接通（输入继电器 X16 为 ON），反接制动时按下停止按钮 SB5，要使接触器 KM2 线圈断电（输出继电器 Y1 为 OFF），接触器 KM1 线圈得电（输出继电器 Y0 为 ON），从而进行主轴电动机反转反接制动。当电动机反转转速降低到一定值时，由速度继电器反转触点断开（输入继电器 X16 为 OFF），使接触器 KM2 线圈断电（输出继电器 Y1 为 OFF），主轴电动机反转反接制动结束。

（4）主运动和进给运动变速控制。

主运动与进给运动速度变换是机械调速，由操纵手柄通过变速操纵盘改变传动链的传动比来实现。既可以在主轴电机启动前预选速度，也可在运行中进行变速。变速调节后，为了使齿轮能顺利啮合，主轴电动机应能略微转动，经反复点动不断调整两个啮合齿轮的相对位置，直到齿轮正确啮合。这种变速时电动机稍微地转动称为变速冲动。主运动和进给运动变速冲动是通过变速操作盘压下相应的行程开关 SQ1、SQ2、SQ3、SQ4 来控制电动机启动后又进行反接制动快停来实现点动运行的。主运动变速操作时，拉出变速孔盘，行程开关 SQ1、SQ2 被压下，主轴电动机反复点动到齿轮正确啮合时，能推回变速孔盘，行程开关 SQ1、SQ2 复位松开，变速操作完成；而进给运动变速时，拉出变速孔盘，行程开关 SQ3、SQ4 被压下，变速操作不能推回变速孔盘时，行程开关 SQ3、SQ 复位 4 松开。为了便于理解逻辑关系，行程开关均采用常开触点。

主运动和进给运动变速用行程开关状态如表 6-9 所示。

表 6-9　主运动和进给运动变速用行程开关状态

功　能	行程开关	PLC 输入端	变速操作完正常工作时	变速操作时
主运动变速调整	SQ1	X5	SQ1 断开，X5 为 OFF，X5 取反为 ON	SQ1 闭合，X5 为 ON，X5 取反为 OFF
与进给运动调整互锁	SQ2	X6	SQ2 断开，X6 取反为 ON	SQ2 闭合，X6 取反为 OFF
进给运动变速调整	SQ3	X7	SQ3 断开，X7 为 OFF，X7 取反为 ON	SQ3 闭合，X7 为 ON，X7 取反为 OFF
与主运动调整互锁	SQ4	X10	SQ4 断开，X10 取反为 ON	SQ4 断开，X10 取反为 OFF

注意：主运动和进给运动变速时，主轴电动机不能进行由低速向高速的电气变速。

根据上述设计的主运动和进给运动变速控制梯形图如图 6-20 所示。

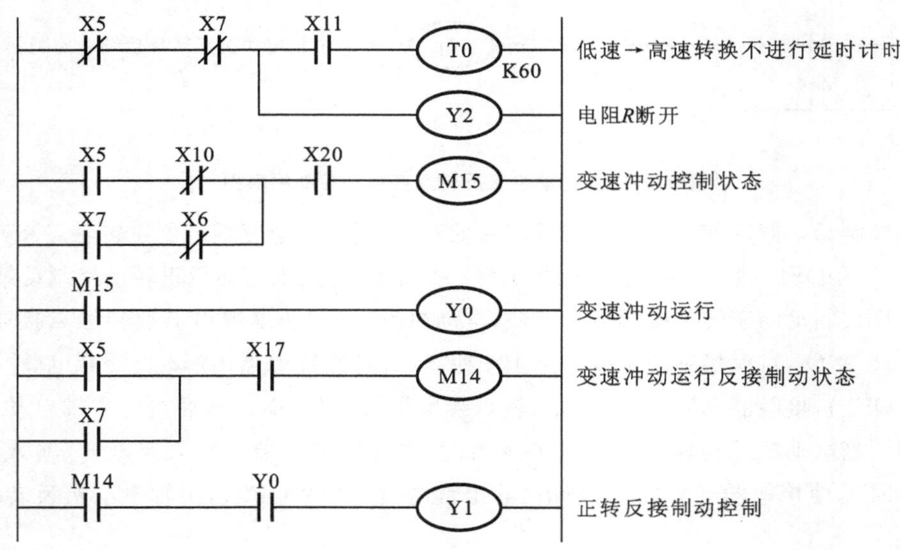

图 6-20　主运动和进给运动变速控制梯形图

下面以主运动变速为例来说明梯形图中的逻辑关系。

主运动变速时，拉出变速孔盘，行程开关 SQ1、SQ2 被压下，输入继电器 X5 常开触点为 ON，并且电动机尚未转动时，KS-3 闭合，输入继电器 X20 为 ON，则辅助继电器 M15 逻辑回路导通，其触点为 ON，驱动输出继电器 Y0 逻辑回路导通，接触器 KM1 线圈得电，同时 X5 常闭触点为 OFF，使输出继电器 Y2 逻辑回路不通，接触器 KM3 线圈失电，主触点断开，主电路串入电阻 R，使主轴电动机以较小的电流启动正转；当主轴电动机转速提高到一定数值后，KS-3 断开，KS-2 接通，输入继电器 X20 为 OFF，输入继电器 X17 为 ON，则辅助继电器 M15 逻辑回路断开，M14 逻辑回路导通，使得输出继电器 Y0 回路断开，Y1 逻辑回路导通，接触器 KM1 线圈失电，KM2 线圈得电，主轴电动机反接制动。当两个齿轮啮合不到位，变速孔盘不能推回，行程开关 SQ1、SQ2 不能复位时，主轴电动机重复上述启动制动过程，从而不断调整两个待啮合齿轮的相对位置，直到能够将变速孔盘推入，松开行程开关 SQ1、SQ2 为止。

进给运动变速时，拉出孔盘行程开关 SQ3、SQ4 被压下，输入继电器 X7 为 ON，使辅助

继电器 M15 逻辑回路导通（M15 为 ON），输出继电器 Y0 逻辑回路导通，而 Y2 的回路不能导通，则接触器 KM3 线圈断电，电阻 R 接入主回路，电动机以较小的电流启动正转，转速升高后，同样进入正转反接制动，这样不断调整两个齿轮的相对位置，直到变速盘能推入，松开行程开关 SQ3、SQ4 为止。

主运动变速与进给运动变速不能同时进行，程序应能保证行程开关 SQ2、SQ4 同时压下时，电动机不能动作的互锁关系。

(5) 主轴进给与工作台不能同时进给的互锁关系对于上述(1)～(4)的控制过程都适用，可采用主控元件 M10 和主控指令来简化梯形图。

2) 完成 PLC 控制梯形图

在上述梯形图的基础上，将各部分综合整理，修改完善，去掉重复项，设计出完整 T68 型卧式镗床的 PLC 控制梯形图，如图 6-21 所示。

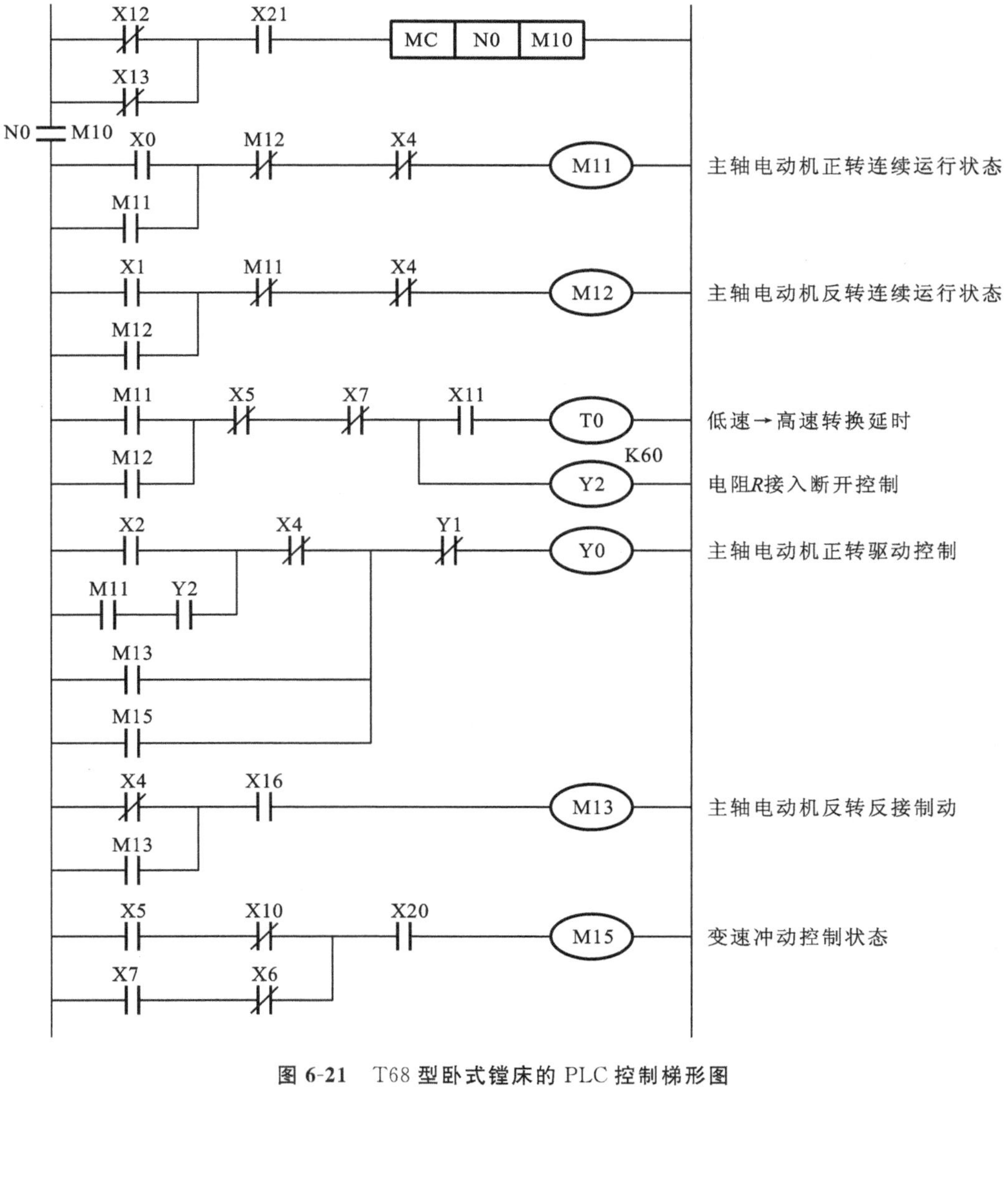

图 6-21　T68 型卧式镗床的 PLC 控制梯形图

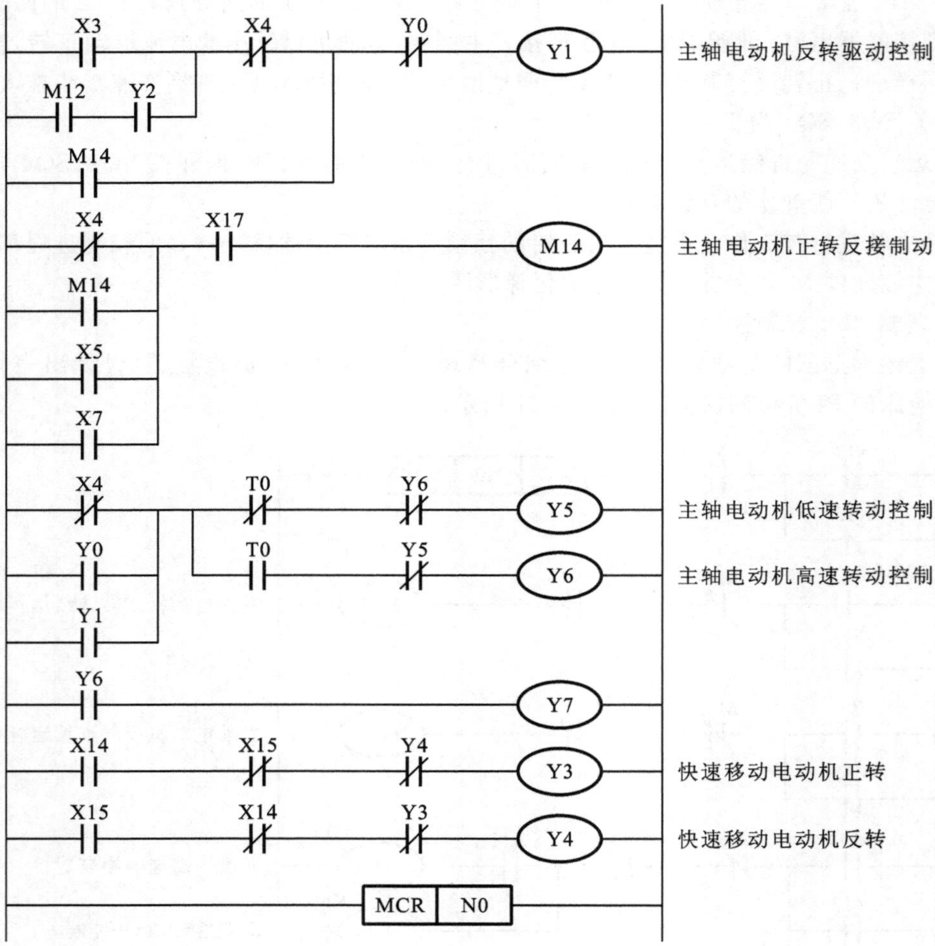

续图 6-21

6. 程序输入

将梯形图生成指令表，用指令表编写出相应的用户程序，用编程器进行程序的输入、调试，最后将无误的程序写入 PLC，投入现场使用。

6.2.5 钻锪组合机床 PLC 控制技术改造

1. 确定电力拖动要求

钻锪组合机床的特点是采用复合麻花钻加工，先用钻头部分钻出整孔，然后用后面的锪钻加工沉头部分。钻孔时，因孔的尺寸小、切削力小，进给速度要快；加工沉头部分时，结构尺寸大、切削力大，进给速度要慢。两种工进速度及非加工时的快进、快退速度可利用液压系统驱动滑台来实现调速。

分析阅读图 5-10～图 5-12，确定钻锪组合机床的控制要求（见表 6-10）。

表 6-10　钻锪组合机床的控制要求

电动机名称及代号	作　　用	控制要求
主轴电动机 M1	拖动主运动(主轴的旋转运动)	不需正反转及制动控制,只需启动停止控制及单向旋转运行
液压泵电动机 M2	拖动液压系统驱动滑台实现二次工作进给变速;拖动液压系统驱动液压缸带动专用夹紧机构夹紧放松工件	滑台换向由液压电磁阀控制,电动机只需启动停止控制及单向旋转运行

2. 改造电路设计与说明

(1)改造时要保证原有的控制功能不变,并尽量保留原有的电气元件,不添加新元件。

(2)选用三菱 FX2N 系列 PLC,采用继电器输出方式,不同类型的负载,使用不同的输出端口。接触器线圈负载电源为 110 V,电磁阀需要直流 24 V 负载电源。

(3)启动按钮、行程开关均采用常开触点,接入 PLC 输入端,而热继电器 FR1、FR2 仍采用常闭触点,接入 PLC 输入端。

(4)改造时,将原有的中间继电器、时间继电器去掉,以 PLC 中的辅助继电器、定时器替代,减少了电气元件,简化了控制电路。

(5)主电路、变整流电路不做改造。

3. 确定 I/O 点数

钻锪组合机床 PLC 控制输入/输出端分配表如表 6-11 所示。

表 6-11　钻锪组合机床 PLC 控制输入/输出端分配表

输入信号			输出信号		
名　称	代号	PLC 输入端	名　称	代号	PLC 输出端
进给启动按钮	SB1	X0	动力头电动机 M1 控制接触器	KM1	Y0
后退调整按钮	SB2	X1	液压泵电动机 M2 控制接触器	KM2	Y1
液压泵电动机 M2 启动按钮	SB3	X2	电磁阀 YV1 前进控制电磁铁	YA1	Y4
液压泵电动机 M2 停止按钮	SB4	X3	电磁阀 YV1 后退控制电磁铁	YA2	Y5
动力头电动机 M1 停止按钮	SB5	X4	工进控制电磁阀 YV2 的电磁铁	YA3	Y6
动力头电动机 M1 启动按钮	SB6	X5	工进控制电磁阀 YV3 的电磁铁	YA4	Y7
工件夹紧按钮	SB7	X6	液压夹紧电磁阀 YV4 的电磁铁	YA5	Y10
工件松开按钮	SB8	X7	液压夹紧电磁阀 YV5 的电磁铁	YA6	Y11

续表

输入信号			输出信号		
名　　称	代号	PLC输入端	名　　称	代号	PLC输出端
原位行程开关	SQ1	X10			
快进终点行程开关	SQ2	X11			
钻孔终点行程开关	SQ3	X12			
锪孔终点行程开关	SQ4	X13			
自动与点动转换开关	SA1	X14			
动力头电动机 M1 热继电器	FR1	X15			
液压泵电动机 M2 热继电器	FR2	X16			

根据输入/输出端总数，结合前面的设计说明，并考虑指示灯等其他因素，选用 FX2N-48MR 型 PLC 能够满足要求。

4. 绘制改造后的电气控制电路及 PLC 的 I/O 端接线图

钻锪组合机床的电气控制电路及 PLC 的 I/O 端接线图如图 6-22 所示。

5. 设计 PLC 控制梯形图

设计的钻锪组合机床的 PLC 控制梯形图如图 6-23 所示，程序设计说明如下。

1)动力头电动机控制梯形图设计

除了设计启停控制外，还要考虑与液压泵电动机的联锁关系，液压泵电动机由运行变为停止，即液压系统由工作状态变为停止状态时，动力头电动机也需停止运行；如果未按动力头启动按钮，但液压滑台已在液压系统带动下前进时，为避免破坏刀具，也要让动力头启动带动刀具转动。

2)二次进给液压系统电液控制梯形图设计

经过对图 5-10 所示的二次进给液压系统的工作状态的分析，总结如表 6-12 所示的二次进给液压系统电液控制各元件动作顺序表，以便于整理设计梯形图的逻辑关系。

表 6-12　二次进给液压系统电液控制各元件动作状态表

循环动作顺序	动　作	动作转换指令开关	液压系统电液控制各元件动作状态						
			KM2	YA1	YA2	YA3	YA4	YA5	YA6
①	液压泵电动机启动	SB3	+	−	−	−	−	−	−
②	工件夹紧	SB7	+	−	−	−	−	+	+
③	滑台快进	SB1	+	+	−	+	−	+	+
④	滑台工进 1	SQ2	+	+	−	−	−	+	+
⑤	滑台工进 2	SQ3	+	+	−	−	+	+	+
⑥	滑台暂停	SQ4	+	+	−	−	+	+	+
⑦	滑台快退	T0 计时到	+	−	+	−	−	+	+

续表

循环动作顺序	动　　作	动作转换指令开关	液压系统电液控制各元件动作状态						
			KM2	YA1	YA2	YA3	YA4	YA5	YA6
⑧	滑台停止在原位	SQ1	+	−	−	−	−	+	+
⑨	工件松开	SB8	+	−	−	−	−	−	−

下面以液压滑台自动工作、手动调整过程为例，说明梯形图中的逻辑关系。

(1)滑台自动工作时，转换开关 SA1 置“2”，SA1 处于闭合状态。

液压滑台启动前，需先启动液压泵电动机，使液压油送入液压系统。按下液压泵电动机 M2 启动按钮 SB3，输入继电器 X2 为 ON，输出继电器 Y1 的逻辑回路导通并自锁，接触器线圈 KM2 得电，主触点闭合接通主电路，液压泵电动机启动。

加工前，需先夹紧工件。工件安装在定位面上后，按下工件夹紧按钮 SB7，输入继电器 X6 为 ON，输出继电器 Y10、Y11 逻辑回路导通，使电磁铁 YA5、YA6 得电，夹紧液压缸驱动夹紧工件。松开工件时，按下工件松开按钮 SB8，输出继电器 Y10、Y11 逻辑回路断开，电磁铁 YA5、YA6 失电。

①滑台快进控制。由于转换开关 SA1 闭合，输入继电器 X14 为 ON，且滑台在原点位置行程开关 SQ1 被压下时，输入继电器 X10 也为 ON，按下进给启动按钮 SB1，输入继电器 X0 为 ON，则输出继电器 Y4、Y6 逻辑回路导通并自锁，电磁铁 YA1、YA3 得电，液压系统驱动滑台快进。

②一次工进控制。一次工进状态用辅助继电器 M0 表示。滑台快进到离工件待加工表面一定距离时，压下行程开关 SQ2，输出继电器 X11 为 ON，且滑台快进中输出继电器 Y4 为 ON(YA1 为通电状态)，则辅助继电器 M0 逻辑回路导通并自锁，M0 常闭触点为 OFF，断开输出继电器 Y6 的逻辑回路，使电磁铁 YA3 失电，滑台开始以钻削速度一次工进。

③二次工进控制。滑台以钻削速度(一次工进)完成通孔加工后，压下行程开关 SQ3，输入继电器 X12 为 ON，且滑台一次工进中输出继电器 Y4 为 ON(YA1 为通电状态)，则输出继电器 Y7 逻辑回路导通并自锁，电磁铁 YA4 得电，滑台以更低的锪钻速度进行二次工进。

④滑台进给暂停(死挡铁停留)。滑台进给至锪孔终点时会压下行程开关 SQ4，输入继电器 X13 为 ON，驱动定时器 T0 开始计时。液压滑台受到固定挡铁的限制，在终点位置短暂停留，此停留的目的是让动力头带动刀具加工沉头孔底面，沉头孔底面加工时间为滑台进给暂停时间。

⑤滑台快退。计时时间到，沉头孔底面加工完成，定时器 T0 常开触点为 ON，且 SA1 闭合，输入继电器 X14 为 ON，滑台不在原点位置，输入继电器 X10 常闭触点也为 ON，则输出继电器 Y5 逻辑回路导通，电磁铁 YA2 得电，YA1、YA3、YA4 失电，滑台快退。

⑥滑台停止在原位。滑台快退返回原点位置，压下行程行程开关 SQ1，输入继电器 X14 为 OFF，则输出继电器 Y5 逻辑回路断开，电磁铁 YA2 失电，滑台停止在原点位置。

(2)滑台手动调整时，转换开关 SA1 置“1”，SA1 处于断开状态。

转换开关 SA1 断开，输入继电器 X14 常闭触点为 ON，按下进给启动按钮 SB1，输入继电器 X0 为 ON，则输出继电器 Y4、Y6 逻辑回路导通但无自锁，滑台点动快进。

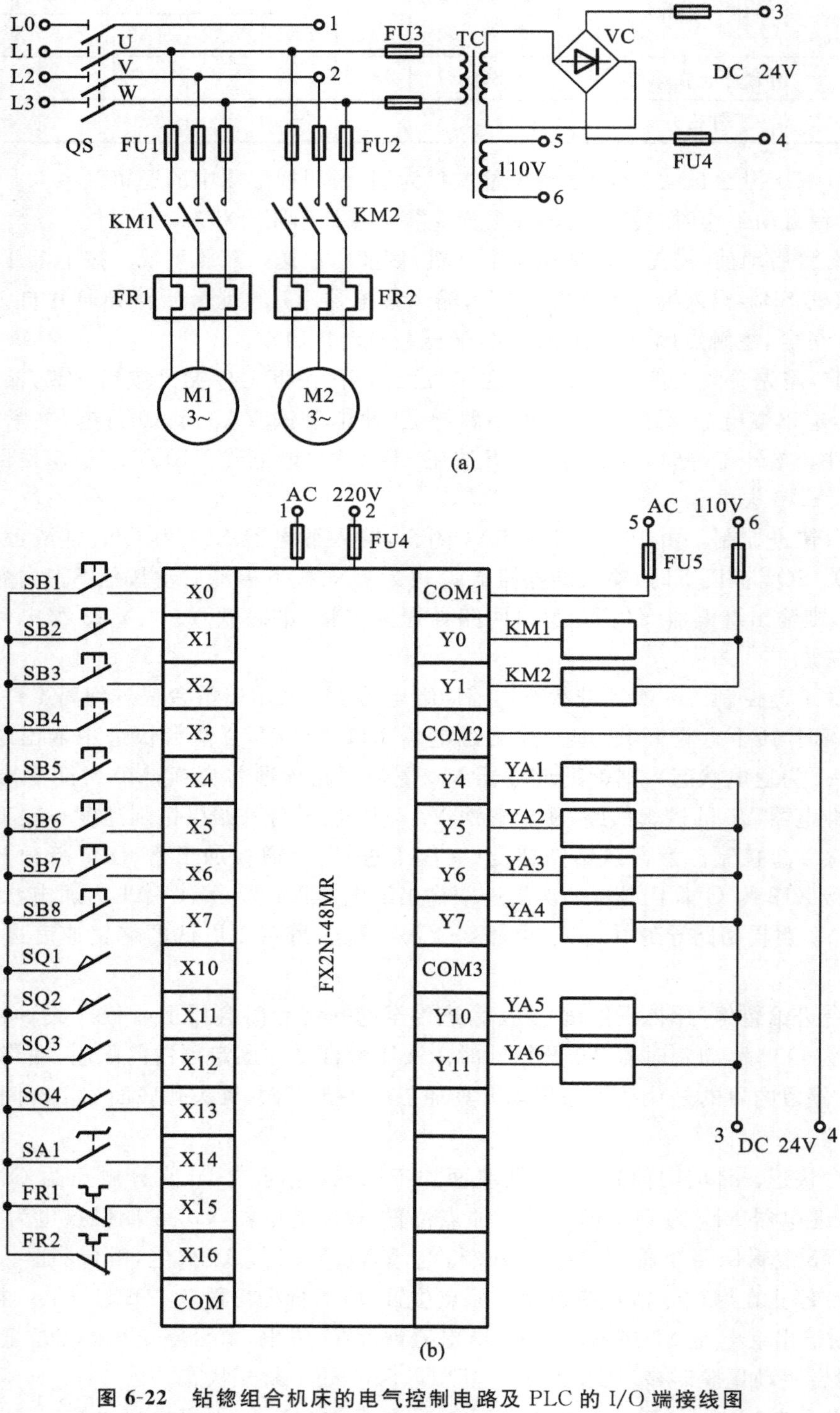

(a)

(b)

图 6-22　钻镗组合机床的电气控制电路及 PLC 的 I/O 端接线图

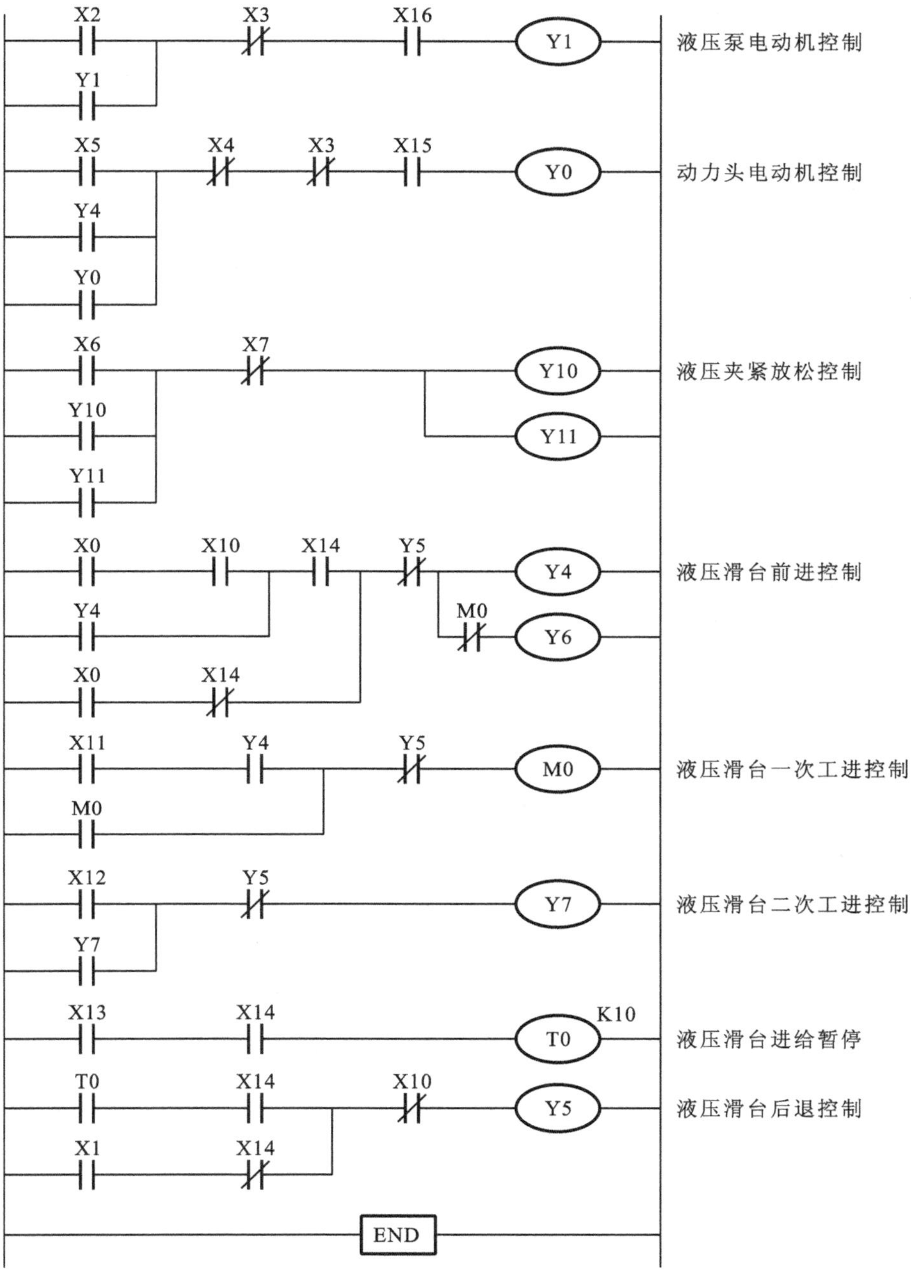

X2 X3 X16 Y1 液压泵电动机控制
Y1
X5 X4 X3 X15 Y0 动力头电动机控制
Y4
Y0
X6 X7 Y10 液压夹紧放松控制
Y10 Y11
Y11
X0 X10 X14 Y5 Y4 液压滑台前进控制
Y4 M0 Y6
X0 X14
X11 Y4 Y5 M0 液压滑台一次工进控制
M0
X12 Y5 Y7 液压滑台二次工进控制
Y7
X13 X14 T0 K10 液压滑台进给暂停
T0 X14 X10 Y5 液压滑台后退控制
X1 X14
END

图 6-23　钻镗组合机床的 PLC 控制的梯形图

按下后退调整按钮 SB2，输入继电器 X1 为 ON，则输出继电器 Y5 逻辑回路导通但无自锁，滑台点动快退。

6. 程序输入

将梯形图生成指令表，用指令表编写出相应的用户程序，用编程器进行程序的输入、调试，最后将无误的程序写入 PLC，投入现场使用。

6.2.6 搬运机械手PLC控制系统设计

1.分析机械手的生产工艺过程,确定控制要求

如图6-24(a)所示,搬运机械手的工作是将工件从*A*点搬运到*B*点。机械手动作由气压驱动,其上升/下降、伸出/缩回由双线圈三位五通电磁阀控制,即当电磁铁YA1通电时,机械手下降,YA1断电后,下降停止。而当电磁铁YA3通电时,机械手上升,YA3断电后,机械手停止上开。

机械手的夹紧/松开由单线圈电磁阀控制,即电磁铁YA2通电,机械手夹紧;YA2断电时,机械手松开。

机械手的动作顺序原理图如图6-24(b)所示。机械手以缩回、上升、放松到位的初始位置停在原点,按下启动按钮后,机械手将依次按下降→夹紧→上升→伸出→下降→松开→上升→缩回的顺序由*A*点向*B*点搬运工件。机械手的上升、下降、伸出、缩回动作转换由相应的限位开关来实现,夹紧、松开的动作转换由时间来控制。为保证安全,在*B*点工作台设置了一个光电传感器,以检测有无工件。若*B*点工作台上尚有工件未被移走,则机械手伸出到位后不能下降;工件被移走,光电传感器检测"无工件"后,机械手才能下降放下工件。

机械手有手动和自动工作方式。根据生产工艺要求,分析确定机械手不同工作方式的控制要求如下。

1)手动

(1)单个操作。用单个按钮对机械手每一个动作进行单独控制。

(2)原点复位。按下原点复位按钮可使机械手从任意位置自动回归到初始位置并停止在原点。

2)自动

(1)单步运行。从原点开始,每按一下启动按钮,按照自动连续运行的步序,前进一个工序。单步运行中按下停止按钮,立刻停止运行。

(2)单周期运行。按下启动按钮,机械手按钮从原点开始按工序自动完成一个周期的动作,返回原点后停止。单周期运行中按下停止按钮,立刻停止运行。

(3)连续运行。按下启动按钮,机械手按钮从原点开始按工序自动连续反复运行;按下停止按钮,机械手立刻停止运行。

根据控制要求,设计操作台控制面板布置示意图如图6-24(c)所示。

2.确定I/O点数

搬运机械手PLC控制输入/输出端分配表如表6-13所示。

表6-13 搬运机械手PLC控制输入/输出端分配表

输入信号			输出信号		
名称	代号	PLC输入端	名称	代号	PLC输出端
启动按钮	SB1	X0	下降	YA1	Y0

续表

输入信号			输出信号		
名　　称	代号	PLC 输入端	名　　称	代号	PLC 输出端
下降限位	SQ1	X1	夹紧/松开	YA2	Y1
上升限位	SQ2	X2	上升	YA3	Y2
伸出限位	SQ3	X3	伸出	YA4	Y3
缩回限位	SQ4	X4	缩回	YA5	Y4
无工件检测	ST	X5	原点指示	HL	Y5
停止按钮	SB2	X6			
手动	SA1-1	X7			
单步	SA1-2	X10			
单周期运行	SA1-3	X11			
连续运行	SA1-4	X12			
下降按钮	SB3	X13			
上升按钮	SB4	X14			
伸出按钮	SB5	X15			
缩回按钮	SB6	X16			
夹紧按钮	SB7	X17			
松开按钮	SB8	X20			
原点复位按钮	SB9	X21			

3. 绘制 PLC 接线图

PLC 的 I/O 端接线图如图 6-24(d)所示。

4. 程序设计

1)手动程序设计

手动操作不需要按工序进行顺序动作,可按普通的梯形图来进行设计。手动操作梯形图如图 6-25 所示。为了保证系统安全运行,程序设计要设置一些必要的联锁环节。机械手伸出/缩回动作只能在上限位置进行,设计梯形图中要加入上极限位置的联锁条件,上升/下降、伸出/缩回动作控制要设置互锁环节。上升、下降、伸出、缩回动作不能超过极限位置,需设置极限位置保护环节。夹紧/松开控制采用的是单线圈的二位二通电磁阀,在梯形图中有“置位”“复位”指令,使其有保持功能。

2)自动运行程序设计

自动操作模式下,机械手按生产要求的步骤顺序执行,其状态转移图如图 6-26 所示。图中左上角部分是初始化程序,用于将程序中使用的状态进行置位和复位。

3)单步运行程序设计

单步操作模式的状态转移图设计与自动操作模式的类似,但每按一次启动按钮,机械手

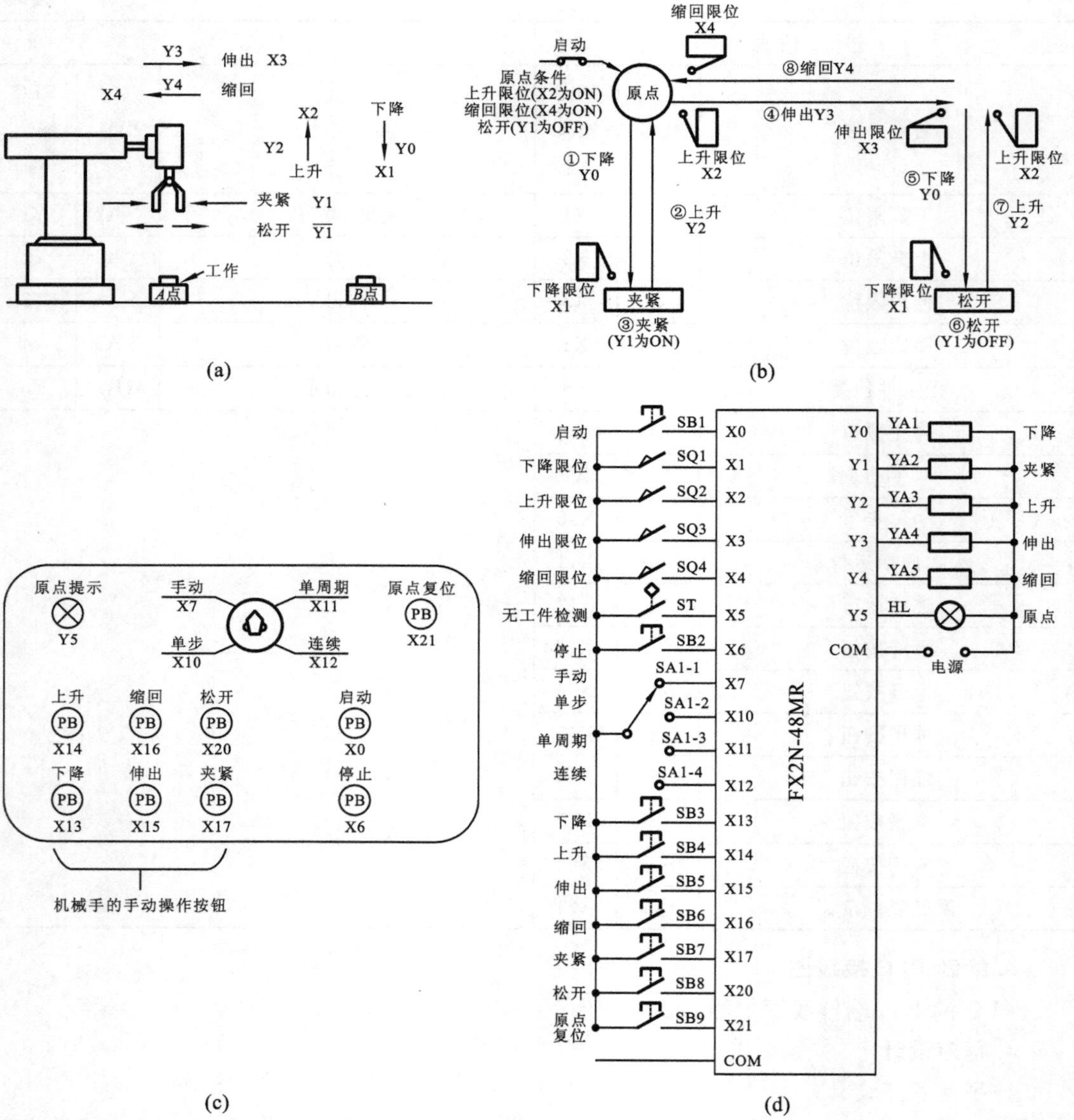

(a)

(b)

(c)

(d)

图 6-24 搬运机械手控制示意图

完成一步动作后自动停止，其状态转移图如图 6-27 所示。

4)原点复位程序设计

原点复位在手动模式下进行，此时面板上的转换开关置于“手动”位置，按下手动按钮后执行复位操作，其状态转移图如图 6-28 所示。

将上述分别编出的程序段，综合整理完善，设计完整的程序。程序中采用条件跳转指令对上述相对独立的程序段进行选择。

当选择手动工作方式（手动、单步）时，X7 或者 X10 接通并跳过自动程序而执行手动程序；但选择自动工作方式（单周期、连续）时，X11 或 X12 接通，X7、X10 断开，则跳过手动程序而执行自动程序。

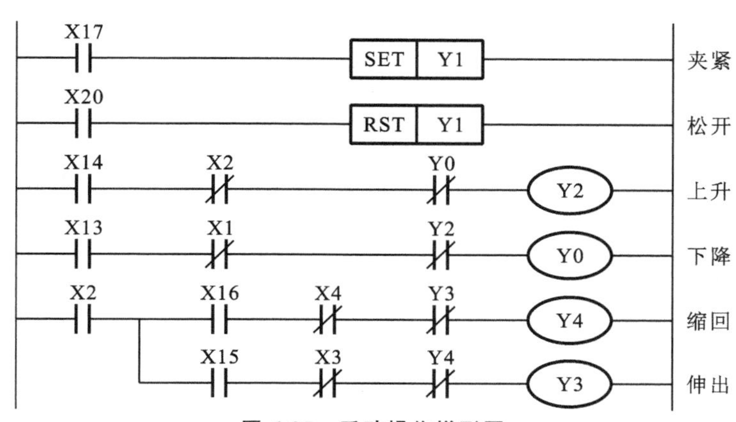

图 6-25　手动操作梯形图

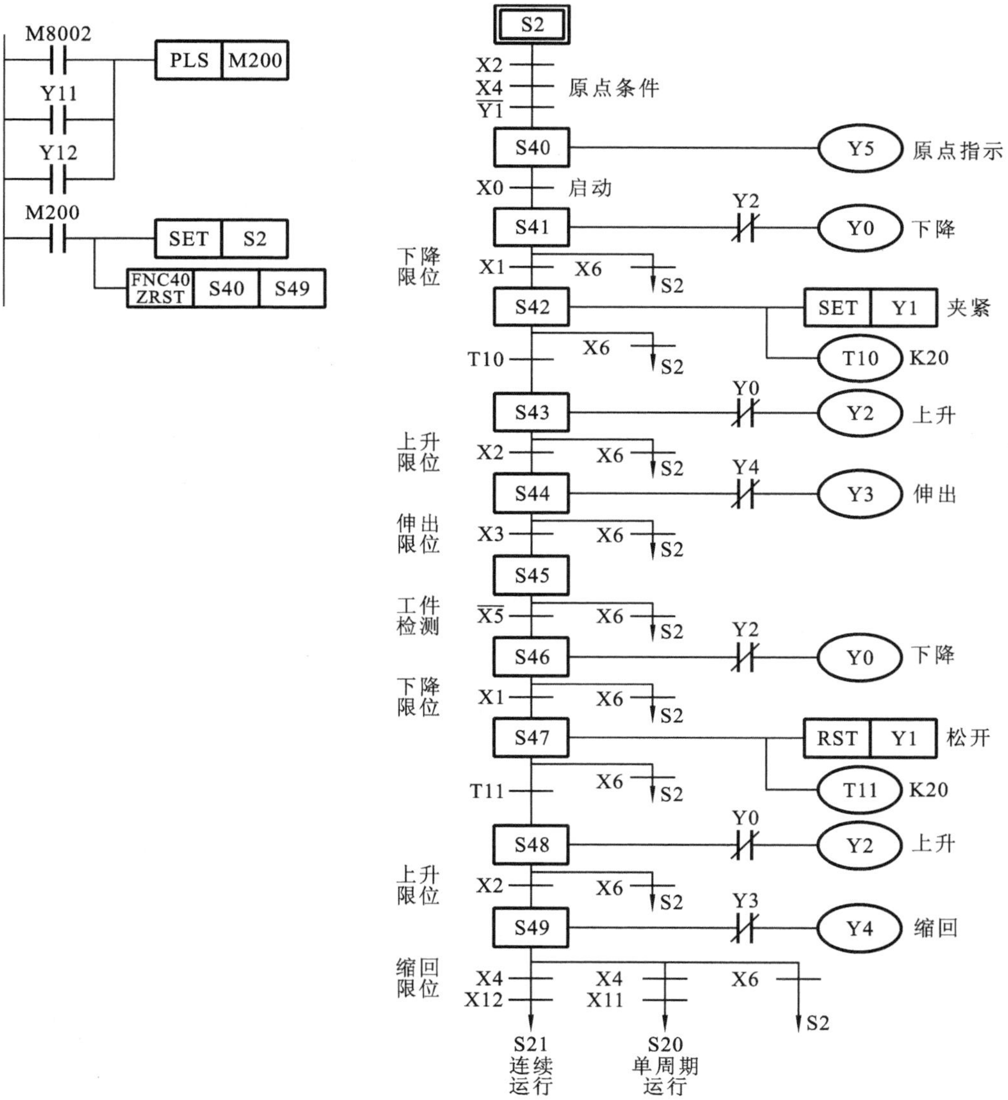

图 6-26　自动运行控制程序的状态转移图

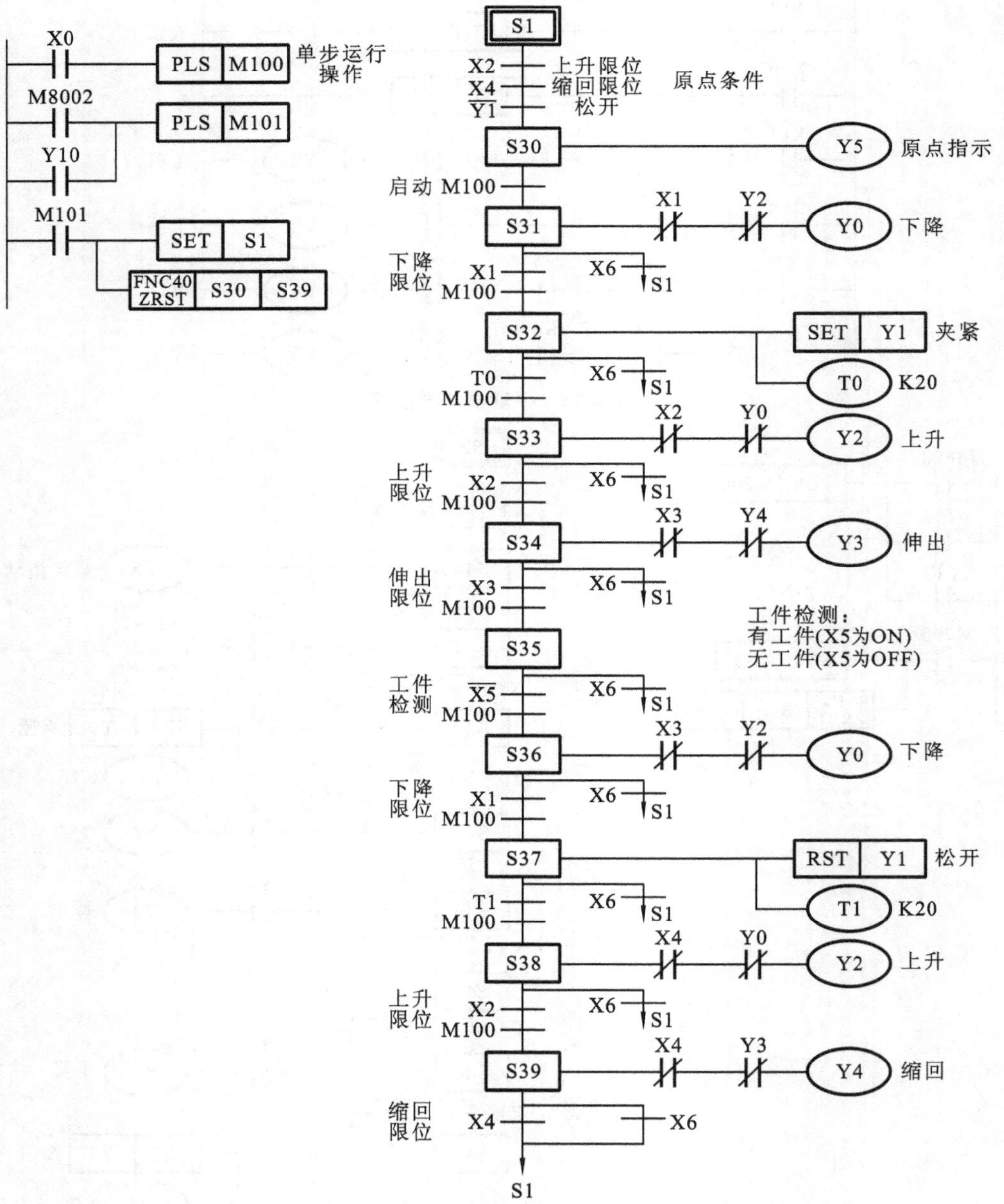

图 6-27　单步运行控制程序的状态转移图

搬运机械手控制系统程序结构框图如图 6-29 所示。

6.2.7　PLC 在机床设备变频调速控制的应用设计

变频调速是近代出现的高新技术，在机床设备中的应用也越来越广泛。变频器就是专用于三相异步电动机调频调速的控制装置。采用变频器构成对异步电动机的变频调速控制系统时，变频器需要接收来自控制系统的频率指令信号和其他运行操作控制信号，并要给系

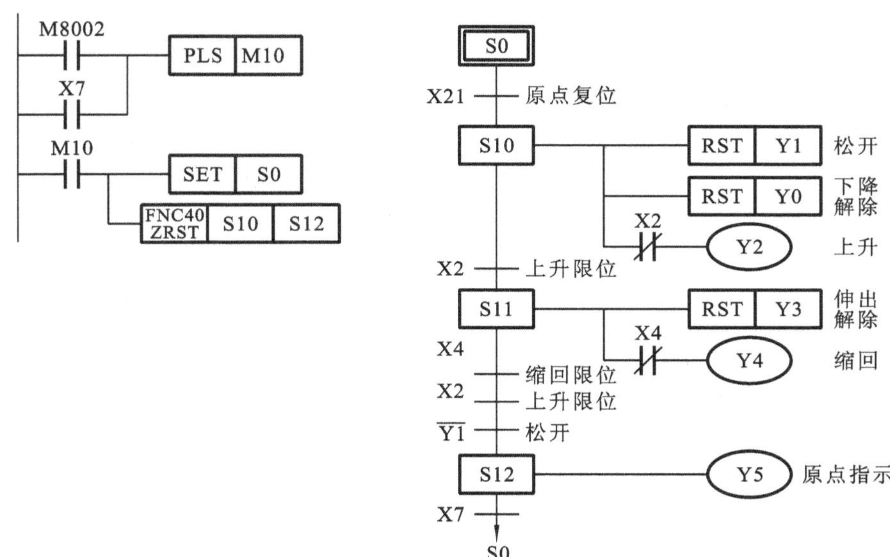

图6-28　原点复位控制程序的状态转移图

统提供变频器运行状态的检测信号。通常，变频器需要和PLC等上位机配合使用。本节以日本三菱FX2N系列PLC及松下VF0变频器为例，来说明PLC在机床设备变频调速控制中的应用设计，主要介绍在变频器的外部操作模式下，采用PLC及变频器控制三相异步电动机进行变频调速的应用设计方法。

1. PLC及变频器控制三相异步电动机进行有级调速

通过变频器对机床等生产设备进行有级调速，在实际生产中应用较为广泛。对于大多数系统，有级调速控制方式不但能满足生产工艺要求，而且控制系统接线简单，抗干扰能力强，使用方便。与用模拟信号进行速度给定的方法相比，这种方式的设定精度高、成本低，无漂移和噪声带来的各种问题。

变频器一般要求能完成较多的控制功能，但其控制端口有限，为了充分地利用变频器的控制端口，厂家在设计变频器时，通常将变频器的一些端口设计为多功能端口，可通过变频器内部参数的设定，自由改变其多功能端口的接点功能，以使变频器具有更多的功能。

利用VF0变频器进行有级速调速控制时，所用变频器的控制端口的功能表如表6-14所示。此时变频器VF0的相关参数设定内容如表6-15所示。通过对多功能端口的功能设定及多级频率指令设定，并通过多功能端口SW1～SW3的编码信号选择某一级频率指令为工作频率，可实现电动机变频调速。用此方法所设定的频率指令一般不连续，因此称为有级调速。

表6-14　有级调速控制所用VF0变频器端口功能表

端口号	端口功能	关联参数	参数设定值
5	运行/停止 正转运行输入端	P08	3
6	运行/停止 反转运行输入端	P08	3
7	多功能控制信号SW1的输入端	P19～P21	0

续表

端口号	端 口 功 能	关 联 参 数	参数设定值
8	多功能控制信号 SW2 的输入端	P19～P21	0
9	多功能控制信号 SW3 的输入端	P19～P21	0

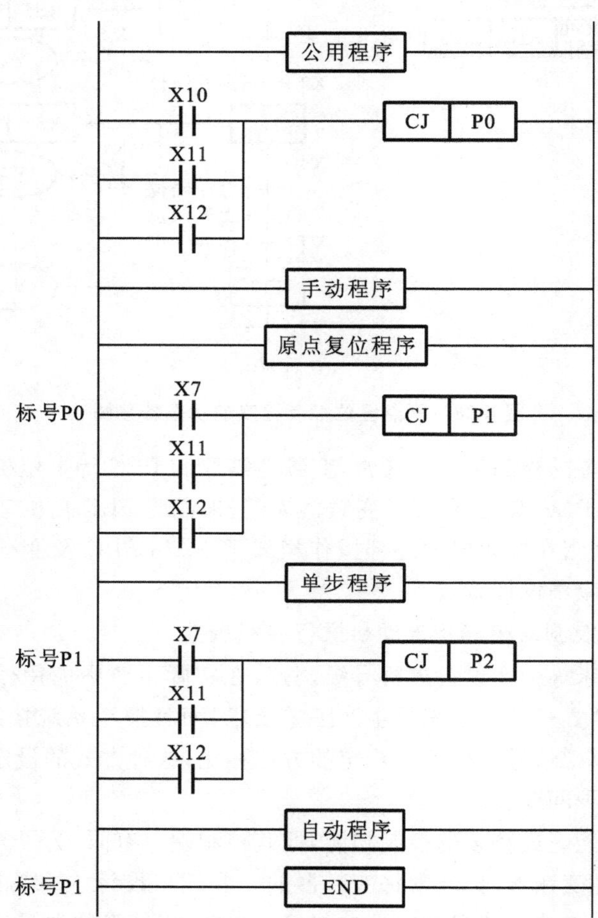

图 6-29　搬运机械手控制系统程序结构框图

表 6-15　有级调速控制 VF0 变频器相关参数设定内容

参数	功 能 名 称	设定值	设定值内容
P08	选择运行指令	3	外控方法进行运行控制。 5 号输入端的信号为“1”时，电动机正转，否则停止； 6 号输入端的信号为“1”时，电动机反转，否则停止 3 5 6 共用端子：ON为正转运行，OFF为停止；ON为反转运行，OFF为停止
P09	频率设定信号	2	外控方法进行频率设定(电位器)

续表

参数	功 能 名 称	设定值	设定值内容
P19	多功能端口 SW1 功能选择	0	多速 SW1 输入
P20	多功能端口 SW2 功能选择	0	多速 SW2 输入
P21	多功能端口 SW3 功能选择	0	多速 SW3 输入

变频器控制端口的输入信号通常利用继电器接点或晶体管集电极开路形式与 PLC 等上位机连接。图 6-30 所示为变频器运行信号与 PLC 等上位机的连接方式。PLC 控制变频器对三相异步电动机进行变频调速时，用 PLC 的开关量输出控制变频器的多功能接线端口，控制电动机的正反转及各级转速频率指令的设定。FX2N-48MR 型 PLC 与 VF0 变频器有级调速接线图如图 6-31 所示。

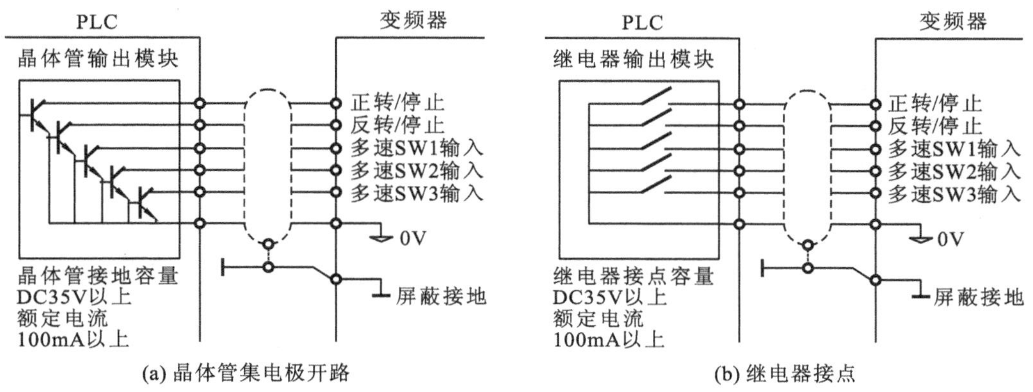

图 6-30 变频器运行信号与 PLC 等上位机的连接方式

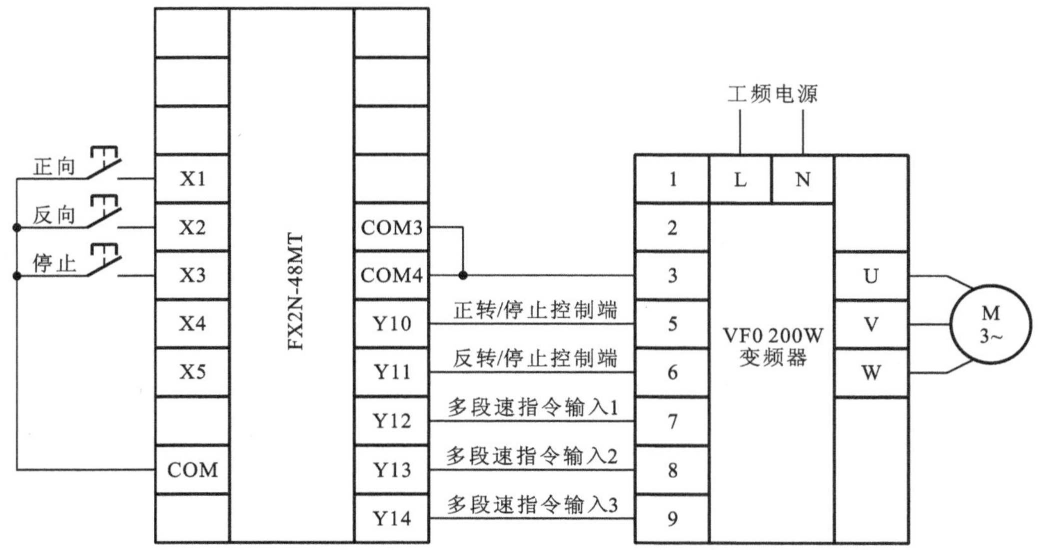

图 6-31 FX2N-48MR 型 PLC 与 VF0 变频器有级调速接线图

如果某机床电动机要求进行 8 级调速，多级频率指令及变频多功能端口对应开关编码波形图如图 6-32 所示。可通过 VF0 变频器内部参数 P32～P37 预先设定每级频率指令值，用变频器的 3 个多功能输入端口 7、8、9 的开关信号组成编码信号，可控制这 8 级频率的指令的设定，使电动机按工艺要求进行变频调速。

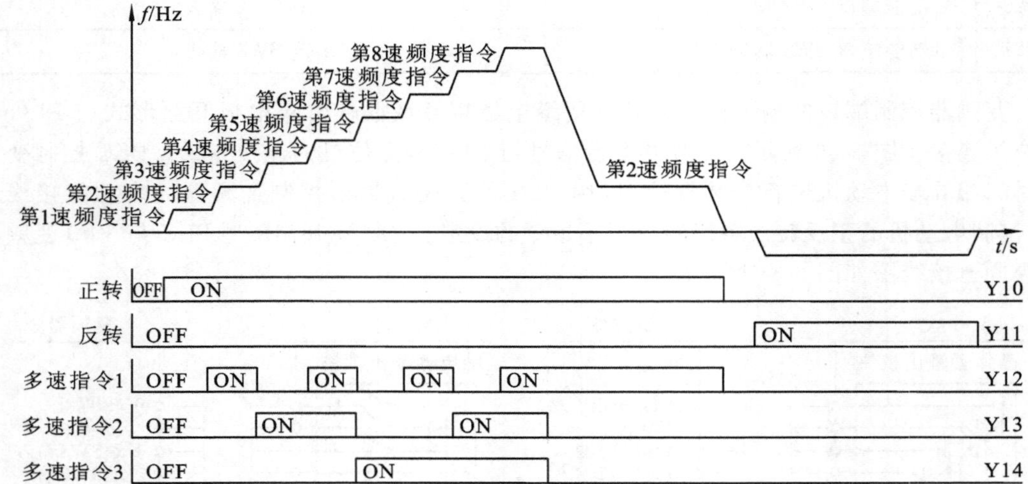

图 6-32　多级频率指令及变频器多功能端口对应开关编码波形图

VF0 变频器多速功能端口与内部参数 P32～P37 所设定的频率指令关系表如表 6-16 所示。

图 6-32 所示的频率曲线要求电动机正转启动后，每隔 10 s 按频率指令 1～8 依次进行加速，电动机转速上升至频率指令 8 所对应的转速后，减速至频率指令 2 对应的转速运行 30 s，之后停车 10 s，再反转启动以频率指令 1 对应的转速运行 1 min 后停车。频率曲线中的频率指令可设置在 P32～P38 中，但按频率曲线顺序变速运行，需对 PLC 编程来实现控制。PLC 与变频器控制三相异步电动机进行多级调速控制状态转移图如图 6-33 所示。

表 6-16　VF0 变频器多速功能端口与内部参数 P32～P37 所设定的频率指令关系

端口号			运行频率	说明
9	8	7		
OFF	OFF	OFF	第 1 速	P09 指定频率设定方式设定的频率
OFF	OFF	ON	第 2 速	参数 P32 的设定值为频率指令
OFF	ON	OFF	第 3 速	参数 P33 的设定值为频率指令
OFF	ON	ON	第 4 速	参数 P34 的设定值为频率指令
ON	OFF	OFF	第 5 速	参数 P35 的设定值为频率指令
ON	OFF	ON	第 6 速	参数 P36 的设定值为频率指令
ON	ON	OFF	第 7 速	参数 P37 的设定值为频率指令
ON	ON	ON	第 8 速	参数 P38 的设定值为频率指令

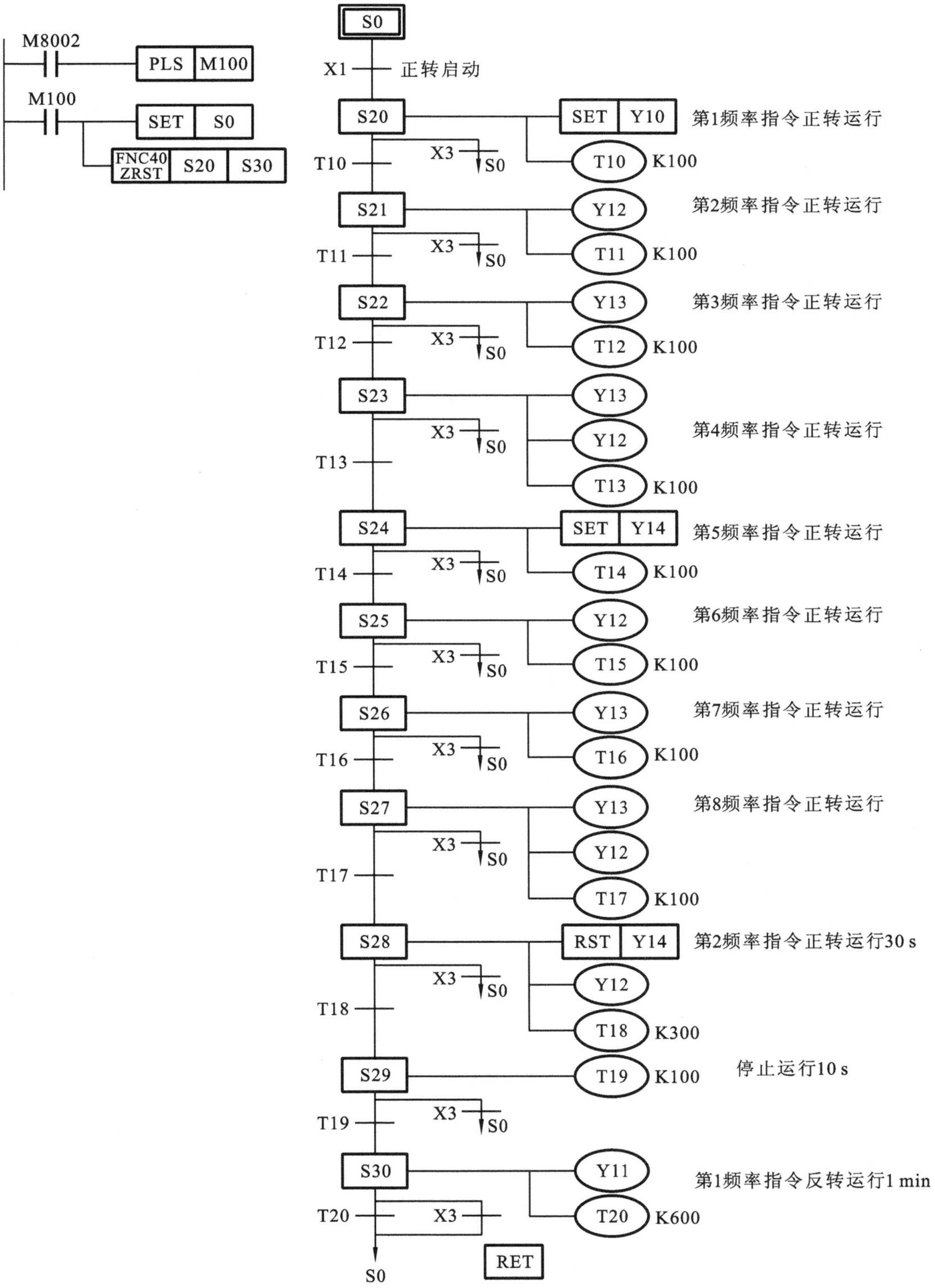

图 6-33　PLC 与变频器控制三相异步电动机进行多级调速控制状态转移图

2. PLC 控制变频器进行无级调速

变频器的频率指令也可以通过其模拟输入端送入，进行无级调速。通过变频器模拟输入端送入的信号一般有 0～5 V、0～10 V、4～20 mA。在实际的控制系统中，频率指令信号可来自调节器(如变位器)或 PLC，调节器可直接与变频器的模拟输入端连接，而对于 PLC，需要选用模拟量输出模块，将输出的 0～10 V 或 4～20 mA 信号送入变频器相应的模拟量输入端。调节器或 PLC 及模拟输出模块与 VF0 变频器的连接方式如图 6-34 所示。调节器的模拟信号是通过 VF0 变频器的 1、2、3 号端口输入的，而 PLC 的模拟输出则是通过 VF0 变频器的 2、3 号端口输入。上述 PLC 输出模拟量给变频器进行无级调速的控制方式的特点是硬件接线简单，但 PLC 的模拟输出模块的价格较高。

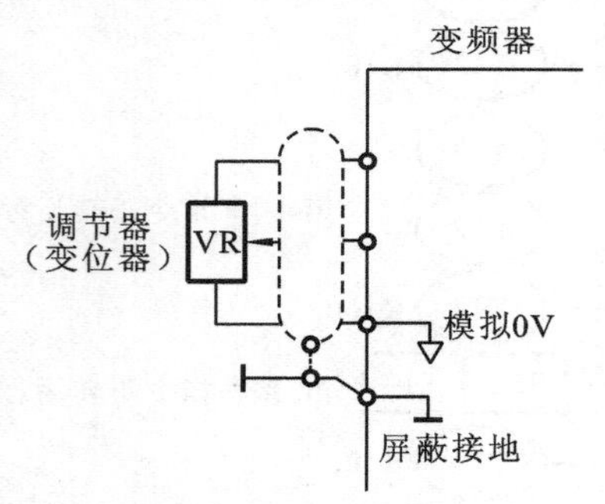

(a) 调节器与VF0变频器连接方式

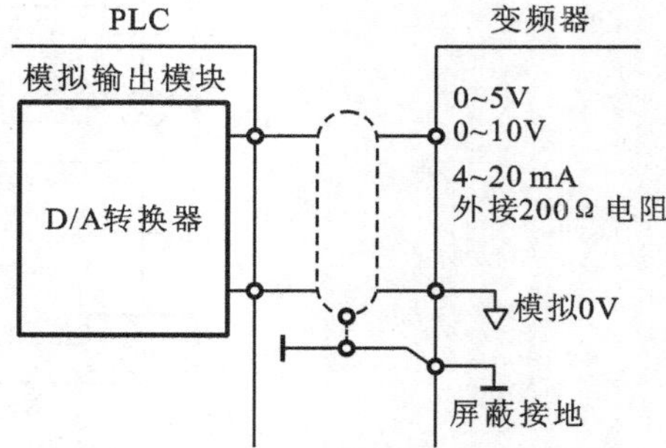

(b) PLC及模拟输出模块与VF0变频器连接 方式

图 6-34　调节器或 PLC 及模拟输出模块与 VF0 变频器的连接方式

此外，一般的通用变频器备有相应的通信接口卡，还可以通过 PLC 的 RS-433 串行通信口将频率指令信号送入变频器的通信接口来进行无级调速。但通信接口模块的价格较高，且熟悉通信接口模块的使用方法和解读通信程序需要一定的时间，在此不做详细介绍。

3. PLC 与变频器监测信号的连接

在变频器的工作过程中，需要将变频器的内部运行状态和相关信息输出到外部，以便系统检测变频器的工作状态。变频器的监测输出信号通常包括故障检测信号、速度检测信号、输出频率信号、输出电流信号等，这些信号可与其他设备配合以构成控制系统。变频器输出的监测信号又分为开关量监测信号和模拟量监测信号两种。表 6-17 列出了 VF0 变频器的监测信号及其输出端口，表 6-18 至表 6-20 列出了 VF0 变频器由参数设定的监测信号输出端口的功能。

表 6-17　VF0 变频器的监测信号及其输出端口

种类	端口号	信　号　名	输出端口的功能
开关量监测信号	10	开路式集电极输出端口(C 为集电极)	由参数 P25 的设定值决定
	11	开路式集电极输出端口(E 为发射极)	
	A	继电器接点输出端口(NO 为出厂配置)	由参数 P26 的设定值决定
	B	继电器接点输出端口(NC 为出厂配置)	
	C	继电器接点输出端口(COM)	
模拟量监测信号	4	多功能模拟信号输出端口	由参数 P58 的设定值决定
	3	公共端	

表 6-18　VF0 变频器开路式集电极输出(输出端口 10～11)的功能
(参数 P25 设定值决定输出内容)

参数 P25 设定值	功能	开路式集电极为 ON 的条件
0	运行信号	运行信号 ON 或变频器输出时
1	到达信号	输出频率为设定频率的±2Hz 以内时
2	过载报警	输出电流为额定电流的 140％以上或达到热敏电平时
3	频率检测	输出频率为用参数 P27 设定的检测频率以上时
4	反转信号	变频器处于反转运行状态时
5	异常报警(1)	变频器处于异常跳闸状态时
6	异常报警(2)	变频器处于通常状态时(处于异常跳闸状态为 OFF)
7	输出状态信号	输出与输出频率或与输出电流成比例的信号

表 6-19　VF0 变频器继电器输出(输出端口为 A—C)的功能
(参数 P26 设定值决定输出内容)

参数 P26 设定值	功能	继电器为 ON(A—C 之间为 ON,B—C 之间为 OFF)的条件
0	运行信号	运行信号 ON 或变频器输出时
1	到达信号	输出频率为设定频率的±2Hz 以内时
2	过载报警	输出电流为额定电流的 140％以上或达到热敏电平时
3	频率检测	输出频率为用参数 P28 设定的检测频率以上时
4	反转信号	变频器处于反转运行状态时
5	异常报警(1)	变频器处于异常跳闸状态时
6	异常报警(2)	变频器处于通常状态时(处于异常跳闸状态为 OFF)

表 6-20　VF0 变频器模拟量输出(输出端口 4)的功能
(参数 P58 设定值决定输出内容)

参数 P58 设定值	功能内容
0	输出与输出频率成比例的信号
1	输出与输出电流成比例的信号

变频器的开关量监测信号与 PLC 的连接如图 6-35 所示。开关量是通过继电器接点或晶体管集电极开路的形式输出的,其额定值均在 24V/50mA 以上,符合 FX 系列 PLC 对输入信号的要求,因此可以将变频器的开关量监测信号与 PLC 的输入端直接连接。变频器模

拟量监测信号与PLC的连接对应的是PLC的模拟量输入模块，必须注意PLC的输入阻抗的大小，以保证输入电路的电流不超过其额定电流。

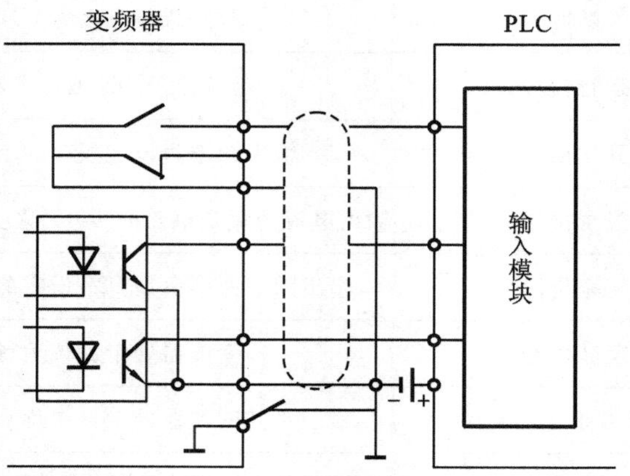

图6-35　变频器的开关量监测信号与PLC的连接

本章小结

本章在已初步掌握阅读和分析典型通用机床电气控制电路及PLC基本知识的基础上，介绍了设计机床PLC控制系统的基本内容、设计方法和设计步骤，给出了一些通用机床PLC控制系统典型设计举例，力图使学生举一反三，掌握PLC控制系统设计的方法。

设计机床PLC控制系统有技术改造和研发创新两大类。对传统机床旧设备进行PLC改造设计常采用翻译法；对机床新设备进行研发设计，常借助于流程图、状态转移图。对传统机床旧设备进行PLC改造设计，选择第5章所讲述的C650型卧式车床、M7130型卧轴矩台平面磨床、T68型卧式镗床及Z3040型摇臂钻床、钻镗组合机床作为代表进行分析与研究，详细介绍了这几台机床的典型电气控制环节。对机床新设备进行研发设计，选择了搬运机械手、变频调速控制等具有先进水平的新设备、新技术进行分析与研究，详细介绍了借助状态转移图进行编程设计、变频器与PLC连接方法等PLC控制系统的软件和硬件设计方法。

设计机床PLC控制系统必须认真遵照基本原则及基本步骤进行设计，对传统机床旧设备进行改造时要尽量保证原有的控制功能不变，并尽量保留原有的电气元件，不添加新元件，这样才能避免一些常见的故障，保证控制电路的安全、可靠。

思考复习题6

1. 叙述题

(1)如何运用翻译法对传统机床旧设备进行PLC控制技术的改造设计？

(2)分析如图6-6所示的C650型卧式车床控制梯形图，试述主轴电动机反向反接制动的工作原理。

(3)分析如图6-23所示的钻镗组合机床控制梯形图，试述动力头电动机启停控制的工作原理。

2. 编程题

(1)试写出如图 6-10 所示的 M7130 型卧轴矩台平面磨床 PLC 梯形图对应的指令程序表。

(2)下图为三相异步电动机 Y-△降压启动控制电路,请将继电器-接触器控制系统改造为 PLC 控制系统。

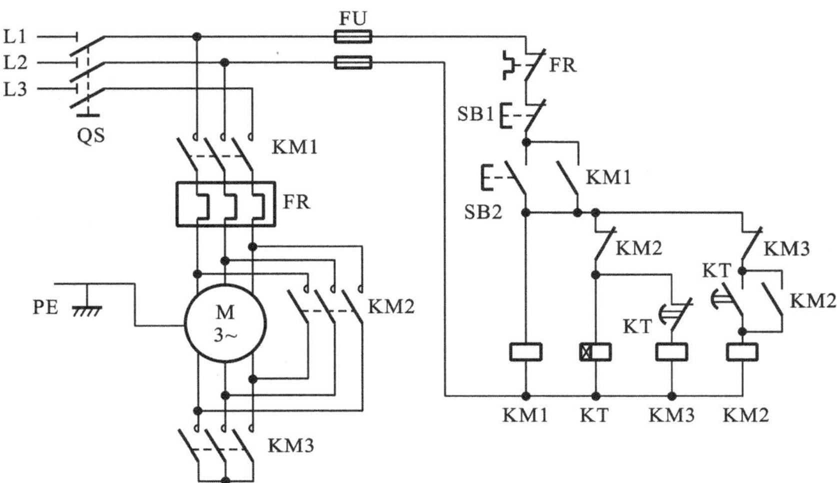

(3)下图为三相异步电动机正反转控制电路,请将继电器-接触器控制系统改造为 PLC 控制系统。

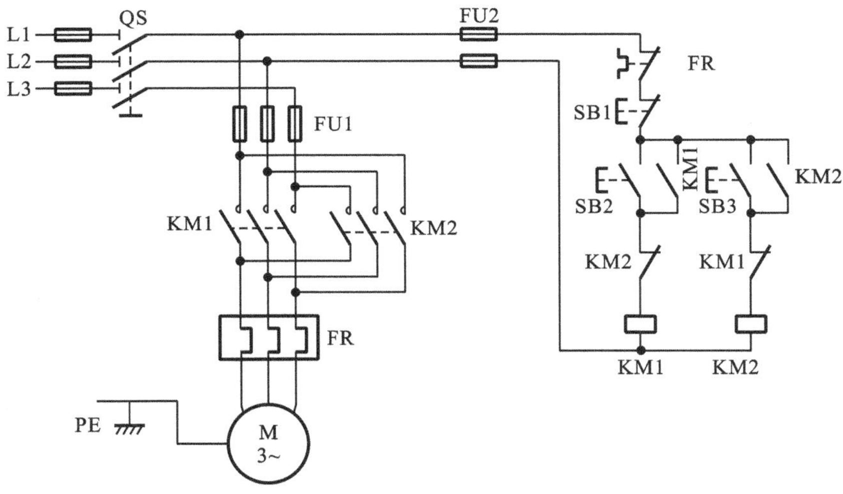

(4)下图为 CA6140 型卧式车床电气控制系统,请对其进行 PLC 改造。

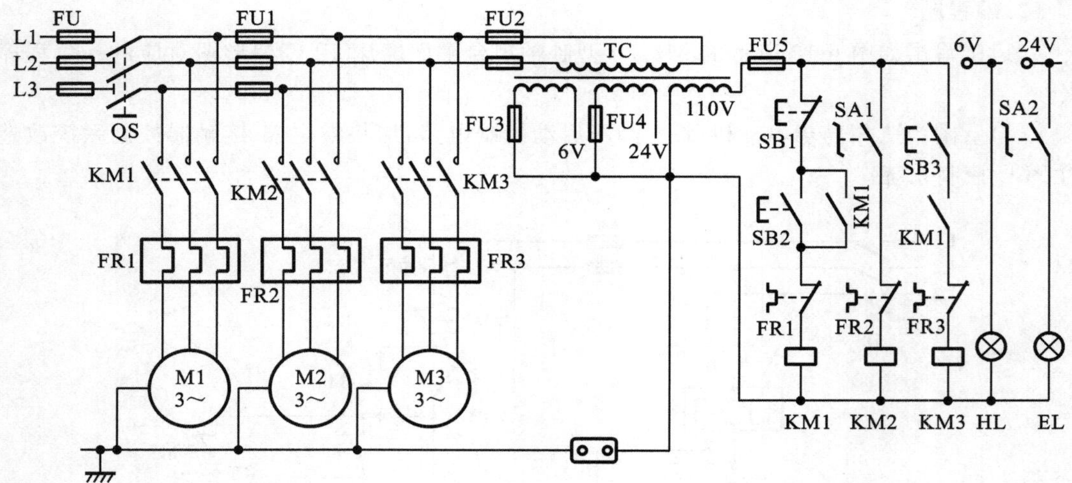

(5)试将如图 6-33 所示的 PLC 与变频器控制三相异步电动机进行多级调速的状态转移图改写为步进梯形图。

附录 A　机床电气控制电路常用图形与文字符号新旧标准对照表

名　　称		新国家标准		旧国家标准	
		图形符号	文字符号	图形符号	文字符号
接触器	线圈符号		KM		C
	常开主触头				
	常闭主触头				
	辅助触头				
继电器	欠电压继电器线圈	$U<$	KV	$V<$	QYJ
	过电流继电器线圈	$I>$	KI	$I>$	QLJ
	欠电流继电器线圈	$I<$	KI	$I<$	QLJ
	中间继电器线圈		KA		ZJ
	常开触头		同继电器线圈符号		同继电器线圈符号
	常闭触头		同继电器线圈符号		同继电器线圈符号

续表

名称		新国家标准		旧国家标准	
		图形符号	文字符号	图形符号	文字符号
速度继电器	转子		KS		SDJ
	常开触头				
	常闭触头				
时间继电器	一般线圈		KT		SJ
	通电延时线圈				
	断电延时线圈				
	延时闭合常开触头	或			
	延时断开常闭触头	或			
	延时断开常开触头	或			
	延时闭合常闭触头	或			

续表

名　　称		新国家标准		旧国家标准	
		图形符号	文字符号	图形符号	文字符号
热继电器	热元件		FR		RJ
	常闭触头				
熔断器			FU		RD
电磁铁			YA		DCT
电磁吸盘			YH		DX
单极开关		或	QS	或	SJ
三极开关			QS		K
刀开关					DK
组合开关					HK
手动三极开关一般符号			QS		K
空气自动开关			QF		ZK

续表

名称		新国家标准		旧国家标准	
		图形符号	文字符号	图形符号	文字符号
行程开关	常开触头		SQ		XWK
	常闭触头				
	复合触头				
按钮开关	带动合触点的按钮		SB		QA
	带动断触点的按钮				TA
	复合按钮				AN
发电机		G	G	F	F
直流发电机		G	GD	F	ZF
交流发电机		G	GA	F	JF
电动机		M	M	D	D
直流电动机		M	MD	D	ZD
交流电动机		M	MA	D	JD

续表

名　　称	新国家标准		旧国家标准	
	图形符号	文字符号	图形符号	文字符号
三相笼式异步电动机	M 3~	M		D
三相绕线式异步电动机	M 3~	M		D
电抗器	或	L		DK
接插件		X		CZ
单相变压器	或	T		B
控制电路电源变压器		TC		
照明变压器		T		ZB
整流变压器				ZLB
半导体二极管		D		D
信号灯		HL		XD
照明灯		EL		ZD
接地一般符号		E		
普通电容器符号		C		C
电解电容器符号				

续表

名　称	新国家标准		旧国家标准	
	图形符号	文字符号	图形符号	文字符号
电阻的一般符号		R		R
导线的连接	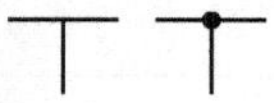		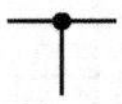	
直流		DC		ZL
交流		AC		JL
交直流				

附录B　三菱 FX2N 系列 PLC 的特点及系统配置

表 B-1　FX2N 系列的基本单元

型　号			输入点数	输出点数	扩展模块可用点数
继电器输出	可控硅输出	晶体管输出			
FX2N-16MR-001	FX2N-16MS	FX2N-16MT	8	8	24～32
FX2N-32MR-001	FX2N-32MS	FX2N-32MT	16	16	24～32
FX2N-48MR-001	FX2N-48MS	FX2N-48MT	24	24	48～64
FX2N-64MR-001	FX2N-64MS	FX2N-64MT	32	32	48～64
FX2N-80MR-001	FX2N-80MS	FX2N-80MT	40	40	48～64
FX2N-128MR-001		FX2N-128MT	64	64	48～64

表 B-2　FX2N 的扩展单元

型　号	总 I/O 数目	输　入			输　出	
		数目	电压	类型	数目	类型
FX2N-32ER	32	16	24V 直流	漏型	16	继电器
FX2N-32ET	32	16	24V 直流	漏型	16	晶体管
FX2N-48ER	48	24	24V 直流	漏型	24	继电器
FX2N-48ET	48	24	24V 直流	漏型	24	晶体管
FX2N-48ER-D	48	24	24V 直流	漏型	24	继电器(直流)
FX2N-48ET-D	48	24	24V 直流	漏型	24	晶体管(直流)

表 B-3　FX2N 的扩展模块

型　号	总 I/O 数目	输　入			输　出	
		数目	电压	类型	数目	类型
FX2N-16EX	16	16	24V 直流	漏型		
FX2N-16EYT	16				16	晶体管
FX2N-16EYR	16				16	继电器

表 B-4　FX2N 的特殊功能单元的型号及功能

型　号	功能说明
FX2N-4AD	4 通道 12 位模拟量输入模块
FX2N-4AD-PT	供 PT-100 温度传感器用的 4 通道 12 位模拟量输入
FX2N-4AD-TC	供热电偶温度传感器用的 4 通道 12 位模拟量输入

续表

型　号	功能说明
FX2N-4DA	4通道12位模拟量输出模块
FX2N-3A	2通道输入、1通道输出的8位模拟量模块
FX2N-1HC	2相50 Hz的1通道高速计数器
FX2N-1PG	脉冲输出模块
FX2N-10GM	有4点通用输入、6点通用输出的一轴定位单元
FX-20GM和E-20GM	2轴定位单元，内置EEPROM
FX2N-1RM-SET	可编程凸轮控制单元
FX2N-232-BD	RS-232C通信用功能扩展板
FX2N-232IF	RS-232C通信用功能模块
FX2N-422-BD	RS-422通信用功能扩展板
FX-485PC-IF-SET	RS-232C/485变换接口
FX2N-485-BD	RS-485C通信用功能扩展板
FX-16NP/NT	MELSECNET/MINI接口模块
FX2N-8AV-BD	模拟量设定功能扩展板

表 B-5　FX2N的一般技术指标

环境温度	使用时为0～55 ℃，储存时为－20～＋70 ℃	
环境湿度	35%～89% RH时(不结露)使用	
抗震	JIS C0911标准10～55 Hz 0.5 mm(最大2G)，3轴方向各2h(但用DIN导轨安装时0.5G)	
抗冲击	JIS C0912标准　10G　3轴方向各3次	
抗噪声干扰	在用噪声仿真器产生电压为1 000 V、噪声脉冲宽度为1 μs、周期为30～100 Hz的噪声干扰时工作正常	
耐压	AC 1 500 V　1 min	所有端口与接地端之间
绝缘电阻	5 MΩ以上(DC 500 V兆欧表)	
接地	第三种接地，不能接地时也可浮空	
使用环境	无腐蚀性气体，无尘埃	

表 B-6　FX2N电源技术指标

项　目	FX2N-16M	FX2N-32M FX2N-2E	FX2N-8M FX2N-48E	FX2N-64M	FX2N-80M	FX2N-128M
电源电压	AC 100～240 V，50/60 Hz					
允许瞬间断电时间	对于10 ms以下的瞬间断电，控制动作不受影响					
电源保险丝	250 V，3.15 A，ϕ5×20 mm		250 V，5 A，ϕ5×20 mm			

续表

项　　目		FX2N-16M	FX2N-32M FX2N-2E	FX2N-8M FX2N-48E	FX2N-64M	FX2N-80M	FX2N-128M
功率(V·A)		35	40(32E 35)	50(48E 45)	60	70	100
传感器电源	无扩展部件	DC 24 V,250 mA 以下		DC 24 V,460 mA 以下			
	有扩展部件	DC 5V 基本单元 290mA　扩展单元 690mA					

表 B-7　FX2N 输入技术指标

输入电压	输入电流		输入 ON 电流		输入 OFF 电流		输入阻抗		输入隔离	输入响应时间
	X0～X7	X10 以内	X0～X7	X10 以内	X0～X7	X10 以内	X0～X7	X10 以内		
DC 24 V	7 mA	5 mA	4.5 mA	3.5 mA	≤1.5 mA	≤1.5 mA	3.3 kΩ	4.3 kΩ	光电绝缘	0～60 ms 可变

注：输入端 X0～X17 内有数字滤波器，其响应时间可由程序调整为 0～60 ms。

表 B-8　FX2N 输出技术指标

项　　目		继电器输出	晶闸管输出	晶体管输出
外部电源		AC 250 V,DC 30 V 以下	AC 85～240 V	DC 5～30 V
最大负载	电阻负载	2A/1 点,8A/4 点共享, 8A/8 点共享	0.3A/1 点 0.8A/4 点	0.5A/1 点 0.8A/4 点
	感性负载	80 V·A	15 V·A/AC　100 V 30 V·A/AC　200 V	12 W/DC 24 V
	灯负载	100 W	30 W	1.5 W/DC 24 V
开路漏电流		—	1 mA/AC 100 V 2 mA/AC 200 V	0.1 mA 以下/DC 30 V
响应时间	OFF 到 ON	约 10ms	1ms 以下	0.2ms 以下
	ON 到 OFF	约 10ms	最大 10ms	0.2ms 以下[①]
电路隔离		机械隔离	光电晶闸管隔离	光电耦合器隔离
动作显示		继电器通电时 LED 灯亮	光电晶闸管驱动时 LED 灯亮	光电耦合器隔离驱动时 LED 灯亮

注：响应时间 0.2 ms 是在条件为 24 V/200 mA 时，实际所需时间为电路切断负载电流到电流为 0 的时间，可用并接续流二极管的方法改善响应时间，大电流时为 0.4 mA 以下。

表 B-9　FX2N 性能技术指标

运算控制方式	存储程序反复运算方法(专用 LSI),中断命令
输入/输出控制方式	批处理方式(在执行 END 指令时),含有输入/输出刷新指令

续表

项目			性能规格	
运算处理速度	基本指令		0.08 μs/指令	
	应用指令		(1.52 μs～数百 μs)/指令	
程序语言			继电器符号＋步进梯形图方式(可用 SFC 表示)	
程序容量存储器形式			内附 8 KB RAM,最大为 16 KB(可选 RAM、EPROM、EEPROM 存储卡盒)	
指令数	基本、步进指令		基本(顺控)指令 27 个,步进指令 2 个	
	应用指令		128 种 298 个	
输入继电器(扩展合用时)			X0～X267(八进制编号)共 184 点	合计最大 256 点
输出继电器(扩展合用时)			X0～X267(八进制编号)共 184 点	
辅助继电器	一般用①		M0～M499①共 500 点	
	锁存用		M500 ～ M1023② 共 524 点，M1024 ～ M3071③共 2 048 点	合计 2 572 点
	特殊用		M8000～M8255 共 256 点	
状态寄存器	初始化用		S0～S9 共 10 点	
	一般用		S10～S499①共 490 点	
	锁存用		S500～S899②共 400 点	
	报警用		S900～S999③共 100 点	
定时器	100 ms		T0～T199(0.1～3 276.7s)共 200 点	
	10 ms		T200～T245(0.01～327.67s)共 46 点	
	1 ms(积算型)		T246～T249(0.001～32.767s)共 4 点	
	100 ms(积算型)		T250～T255(0.1～32.767s)共 6 点	
	模拟定时器(内附)		1 点①	
计数器	增计数	一般用	C0～C99①(0～32 767)(16 位)共 100 点	
		锁存用	C100～C199②(0～32 767)(16 位)共 100 点	
	增/减计数用	一般用	C220～C234①(32 位)共 20 点	
		锁存用	C220～C234②(32 位)共 15 点	
	高速用		C235～C255 中有:1 相 60kHz 2 点,1 相 10kHz 4 点,2 相 30kHz 1 点,2 相 5kHz 1 点	
数据寄存器	通用数据寄存器	一般用	D0～D199①(16 位)共 200 点	
		锁存用	D200～D511②(16 位)共 312 点,D512～D7999③(16 位)共 7 488 点	
	特殊用		D8000～D8195(16 位)共 106 点	
	变址用		V0～V7,Z0～Z7(16 位)共 16 点	
	文件寄存器		通用寄存器的 D1000③以后可每 500 点为单位设定文件寄存器(MAX 7000 点)	

续表

项目			内容
指针	跳转、调用		P0～P127 共 128 点
	输入中断、计时中断		I0 口～I8 口共 9 点
	计数中断		I10～I60 共 6 点
	嵌套(主控)		N0～N7 共 8 点
定时器	100 ms		T0～T199(0.1～3276.7 s)共 200 点
	10 ms		T200～T245(0.01～327.67 s)共 46 点
	1 ms(积算型)		T246～T249(0.001～32.767 s)共 4 点
	100 ms(积算型)		T250～T255(0.1～32.767 s)共 6 点
	模拟定时器(内附)		1 点①
计数器	增计数	一般用	C0～C99①(0～32,767)(16 位)共 100 点
		锁存用	C100～C199②(0～32,767)(16 位)共 100 点
	增/减计数用	一般用	C220～C234①(32 位)共 20 点
		锁存用	C220～C234②(32 位)共 15 点
	高速用		C235～C255 中有:1 相 60kHz 2 点,1 相 10kHz 4 点,2 相 30kHz 1 点,2 相 5kHz 1 点
数据寄存器	通用数据寄存器	一般用	D0～D199①(16 位)共 200 点
		锁存用	D200～D511②(16 位)共 312 点,D512～D7999③(16 位)共 7 488 点
	特殊用		D8000～D8195(16 位)共 106 点
	变址用		V0～V7,Z0～Z7(16 位)共 16 点
	文件寄存器		通用寄存器的 D1000③以后可每 500 点为单位设定文件寄存器(MAX 7000 点)
指针	跳转、调用		P0～P127 共 128 点
	输入中断、计时中断		I0 口～I8 口共 9 点
	计数中断		I10～I60 共 6 点
	嵌套(主控)		N0～N7 共 8 点

参考文献

[1] 齐占庆,王振臣.机床电气控制技术[M].4版.北京:机械工业出版社,2008.

[2] 鲁远栋,张明军,程艳婷,等.机床电气控制技术[M].4版.北京:电子工业出版社,2013.

[3] 朱朝宽,张勇.典型机床电气控制解析与PLC改造实例[M].北京:机械工业出版社,2011.

[4] 王永华.现代电气控制及PLC应用技术[M].2版.北京:北京航空航天大学出版社,2008.

[5] 宋运伟.机床电气控制[M].天津:天津大学出版社,2008.

[6] 刘耀元,王欣.机床电气控制与PLC应用技术[M].北京:北京理工大学出版社,2011.

[7] 高安邦,智淑亚,徐建俊.新编机床电气控制与PLC控制技术[M].北京:机械工业出版社,2008.

[8] 邓星钟.机电传动控制[M].3版.武汉:华中科技大学出版社,2001.

[9] 张万忠.可编程控制器应用技术[M].3版.北京:化学工业出版社,2012.

[10] 周希章.机床电器故障的诊断与维修[M].北京:机械工业出版社,2004.

[11] 廖常初.FX系列PLC编程及应用[M].2版.北京:机械工业出版社,2013.

[12] 李响初,等.实用机床电气控制线路200例[M].北京:中国电力出版社,2009.

[13] 赵燕,徐汉斌.PLC——从原理到应用程序设计[M].2版.北京:电子工业出版社,2013.

[14] 俞国亮.PLC原理与应用(三菱FX系列)[M].2版.北京:清华大学出版社,2009.